化学工业出版社"十四五"普通高等教育规划

国家级一流本科专业建设成果教材

普通高等教育智能制造系列教材

增材制造与再制造的原理及应用

朱协彬　主编

孙中刚　刘　凯　伊　浩　副主编

化学工业出版社

·北京·

内容简介

本教材是材料成型及控制工程专业和增材制造工程专业的专业技术基础教材，为普通高等教育国家级一流本科专业建设成果教材。本教材从打造新形态、立体化教材出发，凸显当前增材制造与再制造领域代表性技术，以校企合作模式，利用信息化技术优势，以满足高等院校增材制造与再制造应用型人才培养的需求。本教材阐述了增材制造的基本原理、材料及组织特性、专用设备及其特征和典型应用等，以及基于喷涂和熔覆成型原理等的再制造技术及应用，使学生对增材制造与再制造基本原理与方法有较深入和系统的理解，为后续课程的学习奠定理论基础。本教材分为十章，第 1 章概述了增材制造与再制造技术概念、起源与发展，以及对社会的作用；第 2～9 章主要讲述增材制造基本原理、技术及应用；第 10 章主要讲述再制造原理、技术及应用。

本教材可作为普通高等学校材料成型及控制工程专业和增材制造工程专业本科生教材，也可作为相关专业研究生和工程技术人员的参考用书。

配套资源

图书在版编目（CIP）数据

增材制造与再制造的原理及应用 / 朱协彬主编 ； 孙中刚，刘凯，伊浩副主编. -- 北京 ：化学工业出版社，2025. 8. --（普通高等教育智能制造系列教材）.
ISBN 978-7-122-48410-9

Ⅰ．TB4

中国国家版本馆 CIP 数据核字第 2025CE2617 号

责任编辑：周　红　张海丽　　　　文字编辑：孙月蓉
责任校对：李露洁　　　　　　　　装帧设计：刘丽华

出版发行：化学工业出版社
　　　　　（北京市东城区青年湖南街 13 号　邮政编码 100011）
印　　装：三河市君旺印务有限公司
787mm×1092mm　1/16　印张 18¾　字数 433 千字
2025 年 10 月北京第 1 版第 1 次印刷

购书咨询：010-64518888　　　　售后服务：010-64518899
网　　址：http://www.cip.com.cn
凡购买本书，如有缺损质量问题，本社销售中心负责调换。

前言

PREFACE

本书是为满足高等院校智能制造人才培养需要，为材料成型及控制工程专业和增材制造工程专业编写的。

本书从打造新形态、立体化教材出发，凸显当前增材制造与再制造领域代表性技术，以校企合作模式，利用信息化技术优势，以满足高等院校增材制造与再制造应用型人才培养的需求。本教材全书分为十章，着重介绍了增材制造的基本原理、材料及组织特性、专用设备及其特征和典型应用等，以及基于沉积成型、喷涂成型、熔覆成型、电弧堆焊成型原理的再制造技术及应用，使学生对增材制造与再制造基本原理与方法有较深入和系统的理解，为后续课程的学习奠定理论基础。本书主要包括以下内容：

（1）金属材料增材制造技术，包括 SLM（激光选区熔化）、LMD（激光熔化沉积）、WAAM（电弧增材制造）及其他增材制造技术原理、材料及组织特性、专用设备及其特征和典型应用。（2）非金属材料增材制造技术，包括 SLA（光固化成型）、SLS（激光选区烧结）、FDM（熔融沉积成型）及其他增材制造技术原理、材料及组织特性、专用设备及其特征和典型应用。（3）基于沉积成型、喷涂成型、熔覆成型、电弧堆焊成型原理的再制造技术及应用。

安徽工程大学朱协彬教授任主编统稿全书，并编写第 1 章；中国科学院合肥物质科学研究院核能安全技术研究所翟玉涛副研究员编写第 2 章；南京工业大学孙中刚教授任副主编统稿第 2～5 章，编写第 3 章和 5.1 节，戴国庆副教授编写第 5 章 5.4 和 5.5 节；武汉理工大学刘凯教授任副主编统稿第 6～9 章，编写第 6、8 章及第 9 章 9.1、9.2、9.4、9.5 节；铜陵学院王东生教授编写第 5 章 5.2 节、第 7 章；重庆大学伊浩副教授任副主编统稿第 10 章，编写第 4 章、第 5 章 5.3 节、第 9 章 9.3 节和第 10 章 10.1 节；燕山大学丁明超讲师编写第 10 章 10.2 节；佛山大学魏敏高级工程师编写第 10 章 10.3～10.5 节；重庆工商大学杜彦斌教授编写第 10 章 10.6 节；中国矿业大学杨海峰副教授编写第 10 章 10.7 节；武汉理工大学陈鹏副教授和胡昭博士协助刘凯教授参与编写第6、8、9章。本书出版过程中，安徽省春谷 3D 打印智能装备产品技术研究院有限公司和武汉易制科技有限公司给予了赞助支持，在此一并表示感谢！

  由于编者水平有限，书中可能存在不足之处，敬请读者批评指正。

编者

配套资源

目录
CONTENTS

第1章 绪论 / 001

1.1 增材制造技术概述 / 001
    1.1.1 增材制造技术 / 001
    1.1.2 增材制造技术起源及发展 / 003
    1.1.3 增材制造技术的作用 / 005
1.2 再制造技术概述 / 007
    1.2.1 再制造技术 / 007
    1.2.2 再制造技术起源及发展 / 008
    1.2.3 再制造技术的作用 / 010
1.3 教材编写内容与思维导图 / 010

第2章 金属材料激光选区熔化技术原理及应用 / 012

案例引入 / 012
学习目标 / 013
知识点思维导图 / 013
2.1 引言 / 014
2.2 激光选区熔化基本原理 / 014
    2.2.1 激光选区熔化基本过程 / 017
    2.2.2 激光选区熔化冶金过程 / 018

2.2.3　激光选区熔化技术特征及优缺点 / 019

2.3　激光选区熔化材料及组织特性 / 020

2.3.1　激光选区熔化材料类别及要求 / 020

2.3.2　激光选区熔化冶金组织特征 / 021

2.3.3　激光选区熔化冶金缺陷类型 / 022

2.3.4　激光选区熔化合金力学性能 / 023

2.4　激光选区熔化专用设备及其特征 / 026

2.4.1　激光选区熔化典型设备基本组成 / 026

2.4.2　激光选区熔化典型设备 / 027

2.5　激光选区熔化典型应用 / 028

2.5.1　航空航天领域典型应用 / 028

2.5.2　先进核能领域典型应用 / 029

2.5.3　医疗领域典型应用 / 030

2.5.4　其他领域典型应用 / 031

2.6　本章小结 / 032

思考题 / 032

附录　扩展阅读 / 033

第3章　金属材料激光熔化沉积技术原理及应用　　/ 034

案例引入 / 034

学习目标 / 034

知识点思维导图 / 035

3.1　引言 / 035

3.2　激光熔化沉积基本原理 / 035

3.2.1　激光熔化沉积基本过程 / 036

3.2.2　激光熔化沉积冶金过程 / 037

3.2.3　激光熔化沉积技术特征及优缺点 / 038

3.3　激光熔化沉积材料及组织特性 / 039

3.3.1　激光熔化沉积材料类别及要求 / 039

3.3.2　激光熔化沉积冶金组织特性 / 040

3.3.3　激光熔化沉积冶金缺陷类型 / 047

3.4　激光熔化沉积专用设备及其特征 / 051

3.4.1　激光熔化沉积典型设备基本组成 / 051

3.4.2　激光熔化沉积典型设备 / 051

3.5　激光熔化沉积典型工程应用案例 / 054

3.5.1　航空领域典型应用 / 054

3.5.2　航天领域典型应用 / 056

3.5.3　其他领域典型应用 / 057

3.6　本章小结 / 058

思考题 / 058

附录　扩展阅读 / 059

第4章　金属材料电弧增材制造技术原理及应用　／061

案例引入 / 061

学习目标 / 061

知识点思维导图 / 062

4.1　引言 / 062

4.2　电弧增材制造基本原理 / 063

4.2.1　电弧增材制造基本过程 / 063

4.2.2　电弧增材制造冶金过程 / 064

4.2.3　电弧增材制造技术特征及优缺点 / 065

4.3　电弧增材制造材料及组织特性 / 066

4.3.1　电弧增材制造材料类别及要求 / 066

4.3.2　电弧增材制造冶金组织特征 / 067

4.3.3　电弧增材制造冶金缺陷类型 / 078

4.3.4　电弧增材制造合金力学性能 / 080

4.4　电弧增材制造专用设备及其特征 / 083

4.4.1　电弧增材制造典型设备基本组成 / 083

4.4.2　电弧增材制造典型设备 / 084

4.5　电弧增材制造典型应用 / 085

4.5.1　航天领域典型应用 / 085

4.5.2　船舶领域典型应用 / 086

4.5.3　兵器领域典型应用 / 087

4.5.4 其他领域典型应用 / 087

4.6 本章小结 / 089

思考题 / 089

附录 扩展阅读 / 089

第 5 章 其他金属材料增材制造技术原理及应用 / 091

案例引入 / 091

学习目标 / 091

知识点思维导图 / 092

5.1 引言 / 092

5.2 金属电子束增材制造技术 / 093

5.2.1 金属电子束增材制造基本原理 / 093

5.2.2 金属电子束增材制造工艺特点 / 093

5.2.3 金属电子束增材制造材料与工艺 / 094

5.2.4 金属电子束增材制造典型应用 / 099

5.3 金属3DP 增材制造技术 / 102

5.3.1 金属3DP 增材制造基本原理 / 102

5.3.2 金属3DP 增材制造工艺特点 / 102

5.3.3 金属3DP 增材制造材料与工艺 / 103

5.3.4 金属3DP 增材制造典型应用 / 106

5.4 金属固相增材制造技术 / 107

5.4.1 金属固相增材制造基本原理 / 107

5.4.2 金属固相增材制造工艺特点 / 107

5.4.3 金属固相增材制造工艺分类 / 108

5.4.4 金属固相增材制造典型应用 / 110

5.5 金属间接 FDM 增材制造技术 / 111

5.5.1 金属间接 FDM 增材制造基本原理 / 111

5.5.2 金属间接 FDM 增材制造工艺特点 / 112

5.5.3 金属间接 FDM 增材制造材料与工艺 / 113

5.5.4 金属间接 FDM 增材制造典型应用 / 114

5.6 本章小结 / 114

思考题 /115

附录 1 扩展阅读 /115

附录 2 相关软件介绍 /116

第 6 章 非金属材料光固化成型技术原理及应用   / 117

案例引入 /117

学习目标 /117

知识点思维导图 /118

6.1 引言 /118

6.2 光固化成型基本原理 /119

6.2.1 点扫描光固化 /119

6.2.2 面曝光光固化 /119

6.2.3 光固化成型技术特征及优缺点 /119

6.3 光固化成型材料及组织特性 /121

6.3.1 光固化成型材料类别及要求 /121

6.3.2 光固化成型组织特性 /121

6.3.3 光固化成型缺陷类型 /122

6.3.4 光固化成型产品力学性能 /124

6.4 光固化成型专用设备及其特征 /125

6.4.1 光固化成型典型设备基本组成 /125

6.4.2 光固化成型典型设备 /126

6.5 光固化成型典型应用 /127

6.5.1 电子构件领域典型应用 /127

6.5.2 生物制造领域典型应用 /127

6.5.3 医疗领域典型应用 /128

6.5.4 其他领域典型应用 /129

6.6 本章小结 /129

思考题 /130

附录 1 扩展阅读 /130

附录 2 相关软件介绍 /131

第7章　非金属材料激光选区烧结技术原理及应用 / 132

案例引入 / 132

学习目标 / 132

知识点思维导图 / 133

7.1　引言 / 133

7.2　激光选区烧结基本原理 / 134

　　7.2.1　激光选区烧结成型原理 / 134

　　7.2.2　激光选区烧结机制 / 136

　　7.2.3　激光选区烧结技术特征及优缺点 / 138

7.3　激光选区烧结材料及组织特性 / 138

　　7.3.1　激光选区烧结材料类别及要求 / 138

　　7.3.2　激光选区烧结组织特性 / 144

　　7.3.3　激光选区烧结缺陷类型 / 148

7.4　激光选区烧结专用设备及其特征 / 148

　　7.4.1　激光选区烧结典型设备基本组成 / 148

　　7.4.2　激光选区烧结典型设备 / 149

7.5　激光选区烧结典型应用 / 150

　　7.5.1　铸造砂型（芯）成型 / 150

　　7.5.2　高分子功能零件的成型 / 152

　　7.5.3　铸造熔模的成型 / 154

　　7.5.4　其他领域典型应用 / 157

7.6　本章小结 / 159

思考题 / 159

附录　相关软件介绍 / 160

第8章　非金属材料熔融沉积成型技术原理及应用 / 161

案例引入 / 161

学习目标 / 162

知识点思维导图 / 162

8.1　引言 / 162

8.2　熔融沉积成型基本原理 / 163

8.2.1　熔融沉积成型工艺原理 / 163

8.2.2　熔融沉积成型过程 / 163

8.2.3　熔融沉积成型技术特征及优缺点 / 165

8.3　熔融沉积成型材料种类及性能 / 166

8.3.1　熔融沉积成型材料类别及要求 / 166

8.3.2　熔融沉积成型缺陷类型 / 170

8.3.3　熔融沉积成型力学性能 / 176

8.4　熔融沉积成型专用设备及其特征 / 177

8.4.1　熔融沉积成型典型设备基本组成 / 177

8.4.2　熔融沉积成型典型设备 / 181

8.5　熔融沉积成型典型应用 / 182

8.5.1　教育科研领域典型应用 / 182

8.5.2　建筑领域典型应用 / 183

8.5.3　医疗领域典型应用 / 183

8.5.4　其他领域典型应用 / 184

8.6　本章小结 / 184

思考题 / 185

附录1　扩展阅读 / 185

附录2　相关软件介绍 / 186

第9章　其他非金属材料增材制造技术原理及应用 / 187

案例引入 / 187

学习目标 / 188

知识点思维导图 / 188

9.1　引言 / 189

9.2　三维打印成型增材制造技术 / 189

9.2.1　三维打印成型增材制造基本原理 / 189

9.2.2　三维打印成型增材制造工艺特点 / 190

9.2.3　三维打印成型增材制造材料与工艺 / 190

9.2.4　三维打印成型增材制造典型应用 / 191

9.3　墨水直写成型技术 / 194

9.3.1　墨水直写成型基本原理 / 194

9.3.2　墨水直写成型工艺特点 / 195

9.3.3　墨水直写成型材料与工艺 / 196

9.3.4　墨水直写成型典型应用 / 198

9.4　分层实体制造成型技术 / 202

9.4.1　分层实体制造成型基本原理 / 202

9.4.2　分层实体制造成型工艺特点 / 203

9.4.3　分层实体制造成型材料与工艺 / 204

9.4.4　分层实体制造成型典型应用 / 207

9.5　非金属增材制造前沿新技术 / 209

9.5.1　4D 打印 / 209

9.5.2　微纳尺度增材制造 / 215

9.5.3　太空增材制造 / 221

9.6　本章小结 / 224

思考题 / 225

附录 1　扩展阅读 / 225

附录 2　相关软件介绍 / 226

第 10 章　再制造技术原理及应用 　　　　　/ 227

学习目标 / 227

知识点思维导图 / 227

10.1　引言 / 228

10.2　可再制造性评价技术 / 228

10.2.1　可再制造性评价意义 / 228

10.2.2　剩余服役性能评价指标 / 229

10.2.3　全损伤尺寸可再制造性判断 / 236

10.3　基于沉积成型原理的再制造技术 / 236

10.3.1　气相沉积技术 / 237

10.3.2　电沉积技术 / 240

10.3.3　基于沉积成型原理的再制造技术典型应用 / 243

10.4　基于喷涂成型原理的再制造技术 / 245

10.4.1　热喷涂技术 / 245

10.4.2　冷喷涂再制造技术 / 249

10.4.3　基于喷涂成型原理的再制造技术典型应用 / 251

10.5　基于熔覆成型原理的再制造技术 / 252

10.5.1　激光熔覆技术 / 252

10.5.2　等离子熔覆技术 / 255

10.5.3　基于熔覆成型原理的再制造技术典型应用 / 257

10.6　基于电弧堆焊成型原理的再制造技术 / 259

10.6.1　钨极气体保护电弧堆焊再制造技术 / 259

10.6.2　熔化极气体保护电弧堆焊再制造技术 / 261

10.6.3　等离子电弧堆焊再制造技术 / 266

10.6.4　冷金属过渡堆焊再制造技术 / 270

10.6.5　基于电弧堆焊成型原理的再制造技术典型应用 / 273

10.7　多能场复合增材再制造技术 / 276

10.7.1　激光-电弧复合能场堆焊技术 / 276

10.7.2　磁场辅助堆焊技术 / 277

10.7.3　超声能场辅助堆焊技术 / 279

10.8　本章小结 / 280

思考题 / 281

附录　相关软件介绍 / 281

参考文献　　　　　　　　　　　　　　　　　　　　　　　　/ 282

第1章

绪论

1.1
增材制造技术概述

1.1.1 增材制造技术

增材制造（additive manufacturing，AM）技术，又称 3D 打印（三维打印，3DP），就是快速成型（rapid prototyping，RP）技术，是一种依据三维 CAD（计算机辅助设计）数据通过逐层材料累加的方法制造实体零件的技术，它是基于离散-堆积原理，由零件三维数据驱动直接制造零件的科学技术体系。与传统的"减材制造"技术不同，增材制造技术是一种不再需要传统的刀具、夹具和机床就可以打造出任意形状物件的制造技术。具体来说，它是根据零件或物体的三维模型数据，通过软件分层离散和数控成型系统，利用激光或紫外光或热熔喷嘴等方式将金属粉末、陶瓷粉末、塑料以及细胞组织等特殊材料进行逐层堆积黏结，最终叠加成型，制造出实物模型，甚至可以直接制造零件或模具，从而有效地缩短加工周期、提高产品质量，并减少约 50%制造费用。

按照美国材料与试验协会（American Society for Testing and Materials，ASTM）国际标准化组织F42增材制造技术委员会（ASTM International Technical Committee F42 on Additive Manufacturing Technologies）的定义，增材制造是根据 3D CAD 模型数据，通过对材料进行层层连接来制作物体的工艺（a process of joining materials to make objects from 3D model data，usually layer upon layer）。其核心是将所需成型工件的复杂 3D 形体通过切片处理转化为简单的 2D（二维）截面的组合，依据工件的 3D 计算机辅助设计（CAD）模型，在计算机控制的增材制造装备上直接成型 3D 工件。成型过程如下：①利用增材制造装备中的软件，沿工件模型的高度方向对模型进行分层切片，得到各层截面的 2D 轮廓图。②增材制造装备按照这些轮廓图，分层沉积材料，成型一系列 2D 截面薄片层。③增材制造装备使片层与片层之间相互黏结，将这些片层顺序堆积成 3D 工件实体。④将 3D 工件实体根据需要进行后处理。

关桥院士提出了广义上和狭义上增材制造的概念：广义上，增材制造是以材料累加为基本特征，以直接制造零件为目标的大范畴技术群；而狭义上，增材制造是指不同的能量源与 CAD/CAM（计算机辅助制造）技术结合、分层累加材料的技术体系。按照加工材料的类型和方式分类，广义增材制造技术群可以分为金属零件直接制造、非金属零件直接制造、生物结构直接制造，如图 1-1 所示。

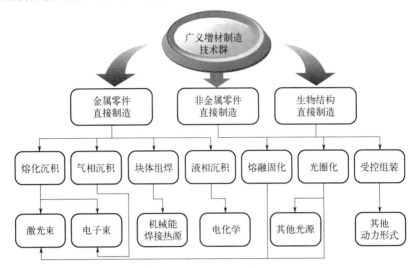

图 1-1　广义增材制造技术分类

根据 ASTM 标准 F2792，ASTM 将增材制造技术分为七大类，如图 1-2 所示，包括黏结剂喷射、定向能沉积、材料挤压、材料喷射、粉末床熔融、片材层压和还原光聚合。

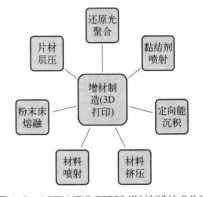

图 1-2　ASTM 标准 F2792 增材制造技术分类

（1）黏结剂喷射（binder jetting，BJ）

黏结剂喷射是一种快速成型和增材制造工艺，将化学黏结剂喷射到涂覆的粉末上形成黏结层。黏结剂喷射可以打印各种材料，包括金属、砂、聚合物、杂化材料和陶瓷，有些材料不需要额外的加工。此外，黏结剂喷射过程简单，快速使廉价的粉末颗粒粘在一起，有能力打印非常大的产品。

（2）定向能沉积（directed energy deposition，DED）

定向能沉积是一种更复杂的成型工艺，通常用于修复或向现有组件添加额外材料。可用于陶瓷、聚合物，但通常用于金属和金属基混合物，以电线或粉末形式成型。

（3）材料挤压（materials extrusion）

基于材料挤压的增材制造技术可用于塑料、食品或活细胞的多材料、多色成型。熔融沉积成型（FDM）是材料挤压系统的第一个例子。FDM 是在 1990 年初发展起来的，该方法以聚合物为主要材料。FDM 通过加热和挤压热塑性长丝，从底部到顶部逐层构建零件。

（4）材料喷射（materials jetting）

材料喷射是一种增材制造过程，打印头喷嘴以液滴形式选择性地喷射沉积建筑材料，在紫外线（UV）下逐层构建零件。

（5）粉末床熔融（powder bed fusion，PBF）

粉末床熔融工艺包括电子束熔化（EBM）、激光选区烧结（SLS）和选择性热烧结（SHS）打印技术。这种方法使用电子束或激光将材料粉末熔化或融合在一起。在这个过程中使用的材料是金属、陶瓷、聚合物、复合材料和混合材料等。

（6）片材层压（sheet lamination）

片材复合是将材料片材黏合在一起，产生物体的一部分的增材制造过程。使用该工艺的增材制造技术的例子是分层实体制造（LOM）和超声增材制造（UAM）。

（7）还原光聚合（vat photopolymerization）

常用的增材制造技术是还原光聚合，通常是指使用激光或紫外线（UV）等固化光反应性聚合物。在光固化成型（SLA）中，它受到光引发剂和辐照暴露特定条件以及任何染料、颜料或其他添加的紫外线吸收剂的影响。还原光聚合的重要参数是曝光时间、波长和功率。最初使用的材料是液体，当液体暴露在紫外线下会变硬。

增材制造技术不需要传统的刀具和夹具以及多道加工工序，在一台设备上可快速精密地制造出任意复杂形状的零件，从而实现了零件"自由制造"，实现了许多复杂结构零件的成型，并大大减少了加工工序，缩短了加工周期。而且产品结构越复杂，其制造速度的作用就越显著。其关键技术主要包括：

一是材料单元的控制技术。即如何控制材料单元在堆积过程中的物理与化学变化是一个难点，例如金属直接成型中，激光熔化的微小熔池的尺寸和外界气氛控制直接影响制造精度和制件性能。

二是设备的再涂层技术。增材制造的自动化涂层是材料累加的必要工序，再涂层的工艺方法直接决定了零件在累加方向的精度和质量。分层厚度向 0.01mm 发展，控制更小的层厚及其稳定性是提高制件精度和降低表面粗糙度的关键。

三是高效制造技术。增材制造在向大尺寸构件制造技术发展，例如金属激光直接制造飞机上的钛合金 S 形筒形结构件，长度可达 6m，制作时间过长，如何实现多激光束同步制造，提高制造效率，保证同步增材组织之间的一致性和制造结合区域质量是发展的难点。

此外，为提高效率，增材制造与传统切削制造结合，发展材料累加制造与材料去除制造复合制造技术方法也是发展的方向和关键技术。

1.1.2　增材制造技术起源及发展

增材制造技术的核心思想起源于 19 世纪末的美国，随着计算机技术、激光技术和新材料的发展，已经从最早的光固化成型（SLA）发展出分层实体制造（LOM）、激光选区烧结（SLS）、熔融沉积成型（FDM）以及三维打印（3DP）等几种常见的经典 3D 打印工艺方法。

增材制造技术的发展起源可追溯至 20 世纪 70 年代末到 80 年代初期。1984 年，Charles Hull 研发了 3D 打印技术。1986 年，Charles Hull 率先推出光固化成型（SLA）方法；同年，Helisys 公司的 Michael Feygin 研发了分层实体制造（LOM）技术。1988 年，美国人 Scott Crump 发明了另外一种 3D 打印技术——熔融沉积成型（fused deposition modeling，FDM）。

1989 年，C. R. Dechard 博士发明了激光选区烧结（selective laser sintering，SLS）技术。1993 年，麻省理工学院教授 Emanual Sachs 创造了三维打印（3DP）技术的雏形，将陶瓷或金属粉末通过黏结剂黏结在一起成型；1995 年，麻省理工学院毕业生 Jim Bredt 和 Tim Anderson 修改了 3DP 技术方案，变为将约束溶剂挤压到粉末床，改良出新的 3DP 技术。

自 20 世纪 90 年代以来，国内多所高校开展了 3D 打印装备及相关材料的自主研发。形成了以清华大学（FDM 技术为主）、西安交通大学（SLA 技术为主）、华中科技大学（SLS 技术为主）、华南理工大学（SLS 技术为主）、北京航空航天大学和西北工业大学〔LENS（激光近净成型）技术为主〕为代表的研究团队。华中科技大学自 1991 年开始快速成型技术的研究，1994 年成功地开发出我国第一台快速成型设备。以卢秉恒院士领衔的西安交通大学快速制造国家工程研究中心团队开展了以 SLA 技术为主的设备开发，于 1997 年研制并销售了国内第一台光固化快速成型机，并分别于 2000 年、2007 年成立了教育部快速成型制造技术工程研究中心和快速制造国家工程研究中心，建立了一套支撑产品快速开发的快速制造系统，研制、生产和销售了多种型号的激光快速成型设备、快速模具设备及三维反求设备。西北工业大学凝固技术全国重点实验室自 1995 年起开创性发展了激光选区熔化（selective laser melting，SLM）技术，专注于金属材料的打印和金属构件的修复再制造，已研制出具有自主知识产权的系列激光打印和修复再制造装备。西北有色金属研究院专注电子束选区熔化（electron beam selective melting，EBSM）打印技术，采用等离子旋转雾化法和气雾化法制备了适用于激光、电子束等高能量打印用的球形钛合金粉末，可用于制造高性能复杂零件。中航工业北京航空制造工程研究所（625 所）的高能束流加工技术重点实验室开展了以高能量密度束流（电子束、激光、离子束等）为热源与材料作用的 3D 打印专用技术开发。北京航空航天大学从 2000 年开始攻关，在 5 年时间里突破了钛合金等高性能金属结构件激光快速成型关键技术及关键成套工艺装备技术，制造出了 C919 大型客机机头工程样件所需的钛合金主风挡窗框，使我国跻身于国际上少数几个全面掌握这项技术的国家行列，并成为继美国之后世界上第二个掌握飞机钛合金结构件激光快速成型技术并装机应用的国家。

目前，增材制造技术已在机械制造、航空航天、军事、建筑、家电、轻工业、医学、考古、工业设计、文化艺术、影视、雕刻、首饰等领域得到了应用，并且随着技术自身的发展，其应用领域将不断拓展。这些应用主要体现在以下十个方面。

① 设计方案评审　通过实体模型的制作，不同专业领域的人员可以对产品设计方案、外观、人机功效等进行实物评价。

② 制造工艺与装配检验　可以较精确地制造出产品零件中的任意结构细节；结合设计文件也可有效指导零件和模具的工艺设计，或进行产品装配检验，避免结构和工艺设计错误。

③ 功能样件制造与性能测试　可直接制造出金属零件，或先制造出熔（蜡）模，再通过熔模铸造金属零件，甚至可以制造出符合特殊要求的功能零件和样件等。

④ 快速模具小批量制造　可以以需制造的原型为模板，制作硅胶、树脂、低熔点合金等快速模具，可便捷地实现从几十件到数百件零件的小批量制造。

⑤ 建筑总体与装修展示评价　可实现模型真彩及纹理打印的特点，可快速制造出建筑的设计模型，进行建筑总体布局、结构方案的展示和评价。

⑥ 科学计算数据实体可视化　借助计算机辅助工程（computer aided engineering，CAE）、地理信息系统（geographic information system，GIS）等科学计算数据，实现几何

结构与分析数据的实体可视化。

⑦ 医学与医疗工程 借助医学 CT（计算机断层扫描）数据的三维重建技术，可以制造器官、骨骼等实体模型，可指导手术方案设计，也可制作组织工程和定向药物输送骨架等。

⑧ 首饰及日用品快速开发与个性化定制 可以制作蜡模，通过精密铸造实现首饰和工艺品的快速开发和个性化定制。

⑨ 动漫造型评价 可实现动漫等模型的快速制造，指导和评价动漫造型设计。

⑩ 电子器件的设计与制作 可在玻璃、柔性透明树脂等基板上，设计制作电子器件和光学器件，如 RFID（射频识别技术）设备、太阳能光伏器件、OLED（有机发光二极管）等。

2014 年 9 月 15 日，第一辆 3D 打印汽车面世。10 月 29 日，在芝加哥举行的国际制造技术展览会上，美国亚利桑那州的 Local Motors 汽车公司现场演示了世界上第一款 3D 打印电动汽车的制造过程。这款电动汽车名为"Strati"，整个制造过程仅用了 45 小时。媒体 2015 年 6 月 22 日报道，俄罗斯技术集团公司用 3D 打印技术制造出一架无人机样机。7 月，美国的 Divergent Microfactories（DM）公司推出了世界上首款 3D 打印超级跑车"刀锋"（Blade）。10 月，中国 863 计划 3D 打印血管项目取得重大突破，由四川蓝光英诺生物科技股份有限公司成功研制的 3D 生物血管打印机问世。2016 年 4 月 19 日，中国科学院重庆绿色智能技术研究院 3D 打印技术研究中心对外宣布，国内首台空间在轨 3D 打印机宣告研制成功。2018 年 12 月 3 日，一台名为"Organaut"的突破性 3D 打印装置，被执行"58 号远征"（Expedition 58）任务的"联盟 MS-11"飞船送往国际空间站。2020 年 5 月 5 日，中国首飞成功的长征五号 B 运载火箭上，搭载着新一代载人飞船试验船，船上还搭载了一台 3D 打印机。7 月，美国明尼苏达大学研究人员在《循环研究》杂志上发表报告称，他们在实验室中用人类细胞 3D 打印出了功能正常的厘米级人体心脏肌泵模型。2024 年 6 月 20 日消息，欧洲空间局科学家首次借助 3D 金属打印技术，在国际空间站上成功打印出一条小型 S 曲线。这一突破标志着在轨制造领域的巨大飞跃。

增材制造已成为先进制造技术的一个重要的发展方向，其发展趋势有三：①复杂零件的精密铸造技术应用；②向金属零件直接制造方向发展，制造大尺寸航空零部件；③向组织与结构一体化制造方向发展。未来需要解决的关键技术包括精度控制技术、大尺寸构件高效制造技术、复合材料零件制造技术。AM 技术的发展将有力地提高航空制造的创新能力，支撑我国由制造大国向制造强国转变。

1.1.3 增材制造技术的作用

增材制造技术引起了制造业的一场革命，它不需要任何专门的辅助工具，并且不受批量大小的限制，能够直接从 CAD 三维模型快速地转变为三维实体模型，而产品造价几乎与零件的复杂性无关。随着材料种类的增加以及材料性能的不断改进，增材制造技术应用领域必将不断扩大，在推动产业和社会发展方面必将发挥越来越重要的作用，主要可以概括表现为以下几方面。

（1）使设计原型样品化

增材制造技术可在几小时或几天内将设计人员的图样或 CAD 模型制造成实体模型样品。采用增材制造技术，可以为设计者创造一个优良的设计环境，实现基于并行工程的快速生产准备，显著地降低新产品的销售风险和成本，大大缩短其投放市场的时间和提高竞争能力，在尽可能短的时间内，使客户以最合理的价格得到性能最符合要求的产品。

（2）快速模具制造

以增材制造制作的实体模型作模芯或模套，结合精铸、粉末烧结或石墨研磨等技术，可以快速制造出企业生产产品所需要的功能模具或工装设备，其制造周期为传统的数控切削方法的 1/10～1/5，而成本却仅为其 1/5～1/3。

（3）为创新设计开辟空间

增材制造新工艺，可以使所想即可得，使人们的设计思想不再受到制造风险的约束，为人们的设计创新开辟了巨大的空间。如美国 GE 公司采用增材制造，用一个零件代替原设计 20 个零件组成的飞机发动机喷嘴，减重 25%，增效 15%，制造成本大幅度降低，已实现大批量生产。

（4）创新产品开发

增材制造技术为汽车车身设计、零部件制造、家电等轻工产品设计、建筑设计、时尚消费品等新产品开发提供了验证手段，使其开发周期、开发费用降低至原来的 1/10～1/3。

经过 20 多年的发展，增材制造经历了从萌芽到产业化、从原型展示到零件直接制造的过程，发展十分迅猛。以增材制造在航空航天领域的应用来说明如下。

在航空航天工业的增材制造技术领域，金属、非金属或金属基复合材料的高能束流快速制造是当前发展最快的研究方向。高能束流快速制造是以激光、电子束、等离子束或离子束为热源，加热材料使之结合，直接制造零件的方法，是增材制造领域的重要分支，在工业领域最为常见。

高速、高机动性、长续航能力、安全高效、低成本运行等苛刻服役条件对飞行器结构设计、材料和制造提出了更高要求。轻量化、整体化、长寿命、高可靠性、结构功能一体化以及低成本运行成为结构设计、材料应用和制造技术共同面临的严峻挑战。面对挑战，需要结构设计、结构材料和现代制造技术的进步与创新。

首先，增材制造技术能够满足航空武器装备研制的低成本、短周期需求，大型整体钛合金结构制造技术成为现代飞机制造工艺先进性的重要标志之一。美国 F-22 后机身加强框、F-14 和"狂风"战机的中央翼盒均采用了整体钛合金结构。另外，增材制造技术对零件结构尺寸不敏感，可以制造超大、超厚、复杂型腔等特殊结构，以及一些具有极其复杂外形的中小型零件，如带有空间曲面及密集复杂孔道结构等。据统计，我国大型航空钛合金零件的材料利用率非常低，平均不超过 10%；同时，模锻、铸造还需要大量的工装模具，由此带来了研制成本的上升。通过高能束流增材制造技术，可以节省材料三分之二以上，减少数控加工时间一半以上，同时无须使用模具，从而能够将研制成本尤其是首件、小批量的研制成本大大降低，达到"快速反应，无模敏捷制造"的目的。

其次，增材制造技术有助于促进设计—生产过程从平面思维向立体思维的转变，快速准确地制造并验证设计思想在飞机关键零部件的研制过程中发挥了重要的作用。采用增材制造技术，实现三维设计、三维检验与优化，甚至三维直接制造，可以大大简化设计流程，从而促进产品的技术更新与性能优化。在飞机结构设计时，设计者既要考虑结构与功能，还要考虑制造工艺，而增材制造技术使飞机结构设计师将精力集中在如何更好实现功能的优化，而非零件的制造上。另一个重要应用是原型制造，即构建模型，用于设计评估，例如风洞模型，通过增材制造迅速生产出模型，可以大大加快"设计—验证"迭代循环。

再次，增材制造技术能够改造现有的技术形态，促进制造技术提升，在铸造行业发挥重要作用。利用快速原型技术制造蜡模可以将生产效率提高数十倍，而产品质量和一致性也得到大大提升；利用快速制模技术可以三维打印出用于金属制造的砂型，大大提高了生产效率和质量。

增材制造技术正在成为发达国家实现制造业回流、提升产业竞争力的重要载体。以增材制造技术或 3D 打印为代表的数字化、智能化制造以及新型材料的应用将重塑制造业和服务业的关系，重塑国家和地区比较优势，重塑经济发展格局，加快第三次工业革命的进程。在国内，一些快速成型设备制造企业各自为政，而且一些研究相关技术的高校及科研院所也有各自为政的情况，这种松散型的行业关系，影响了国内的快速成型技术发展。近些年我国政府部门和行业高度关注新技术的发展，并给予了政策扶持。目前国内成立了增材制造行业协会、产业联盟或产教融合共同体等各类型组织，正在整合国内相关资源，发挥高校、科研单位及生产制造企业各自优势，扬长补短，使国内增材制造技术和设备制造水平不断得到提高，引领制造业加快转型升级。

1.2
再制造技术概述

1.2.1　再制造技术

再制造（remanufacture）就是让旧的机器设备重新焕发生命活力的过程。它以旧的机器设备为毛坯，采用专门的工艺和技术，在原有制造的基础上进行一次新的制造，而且重新制造出来的产品无论是性能还是质量都不亚于原先的产品。科学地说，再制造是一种对废旧产品实施高技术修复和改造的产业，它针对的是损坏或将报废的零部件，是在性能失效分析、寿命评估等分析的基础上，对它们进行再制造工程设计，采用一系列相关的先进制造技术，使再制造产品质量达到或超过新品。

再制造工程被认为是先进制造技术的补充和发展，是 21 世纪极具潜力的新兴产业。它是一个统筹考虑产品零部件全生命周期管理的系统工程，利用原有零部件并采用再制造成型技术（包括新型表面工程技术及其他加工技术），使零部件恢复尺寸、形状和性能，形成再制造的产品。主要包括在新产品上重新使用经过再制造的旧部件，以及在产品的长期使用过程中对部件的性能、可靠性和寿命等通过再制造加以恢复和提高，从而使产品或设备在对环境污染最小、资源利用率最高、投入费用最小的情况下重新达到最佳的性能要求。

如图 1-3 所示为机电产品生命周期过程简图，可见再制造与维修、回收的区别。在产品的生命周期过程中，维修主要是针对在使用过程中因磨损或腐蚀等原因而不能正常使用的个别零件的修复，而再制造是在整个产品报废后，通过采用先进的技术手段对其进行再制造，形成新的产品。再制造过程不但能提高产品的使用寿命，而且可以影响产品的设计，最终使产品的全生命周期费用最小，保证产品创造最大的效益。再制造技术是一种零部件功能性恢复技术，可以从废弃产品中获取零部件的最高价值，甚至获得更高性能的再制造产品。

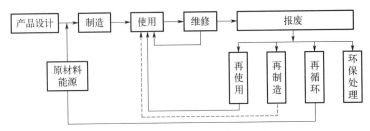

图 1-3　机电产品生命周期过程简图

再制造是一个物理过程，比如，用旧了的发动机，经过一番修复、改造后，最后装成的仍然是一台发动机。再制造也具有化学过程的特征，比如，虽然旧的发动机经再制造后仍是发动机，但是它的原材料或构件已经脱胎换骨，而且再制造的产品是一种全新的产品。再制造的本质是修复，但它不是简单的维修。再制造的内核是采用制造业的模式搞维修，是一种科技含量很高的修复技术，而且是一种产业化的修复，因而再制造是维修发展的高级阶段，是对传统维修概念的一种提升和改写。

"全寿命周期"这个概念就是由再制造生发的。再制造产品的全寿命周期链条拉长为产品的制造、使用、报废、再制造、再使用、再报废。再制造不但能延长产品的使用寿命，提高产品技术性能和附加值，还可以为产品的设计、改造和维修提供信息，最终以最低的成本、最少的能源资源消耗完成产品的全寿命周期。国内外的实践表明，再制造产品的性能和质量均能达到甚至超过原品，而成本却只有新品的 1/4 甚至 1/3，节能达到 60% 以上，节材 70% 以上。

产品的再制造过程一般包括七个步骤，即产品清洗、目标对象拆卸、零部件清洗、零部件检测、再制造零部件分类、再制造技术选择、再制造与检验等。

1.2.2　再制造技术起源及发展

对再制造技术的探索始于 20 世纪 40 年代，第二次世界大战期间由于原材料和能源短缺，美国企业对再制造技术有极大需求。美国学者 Lund 于 20 世纪 80 年代在"综合资源回收项目"报告中首次提出"再制造"理念，即通过拆解、清洗、修复或换件、测试、组装等一系列工业流程将失效或报废产品恢复到不低于新品性能的工艺。

进入 20 世纪 90 年代，美国再制造领域的研发投入和产业发展进一步加速。1999 年，徐滨士院士团队在中国首次系统提出"再制造"工程理论，二十多年来，再制造作为一种以机电产品全寿命周期理论为指导、能利用高技术手段实现废旧产品修复和改造的新型制造模式，其节能省材、绿色低碳的特性成为解决工业废弃物处置难题，降低工业化进程对环境影响的有效途径，在建设循环经济体系以及落实"双碳"目标的过程中发挥了重要作用。

2000 年，欧盟通过了《报废车辆指令》，鼓励报废汽车零部件再利用，对报废车辆建立成套的回收循环利用体系，要求至 2006 年 1 月 1 日前，报废汽车中的材料再利用率与回收率达到 85%。

2003 年，欧盟出台了《报废电子电器设备指令》，并于 2012 年进行了修改和完善。《报废电子电器设备指令》鼓励欧盟成员国对电子电器产品进行回收与再利用，并对相关废品利用、再循环和再使用制定了指导政策和标准。

2005 年，国务院在《关于加快发展循环经济的若干意见》中明确提出支持发展再制造，第一批循环经济试点将再制造作为重点领域。

2006 年，《中华人民共和国国民经济和社会发展第十一个五年规划纲要》[简称"十一五"（2006—2010 年）规划] 发布，"再制造"首次写入五年规划纲要，标志着再制造正式成为我国国民经济和社会发展的重要支撑力量，为我国再制造产业的起步打下了良好的基础。

2009 年，《中华人民共和国循环经济促进法》正式生效，其中第四十条明文规定国家支持企业开展机动车零部件、工程机械、机床等产品的再制造和轮胎翻新，标志着我国从法律层面支持再制造产业发展。同时国家发改委组织开展的汽车零部件和机械产品的再制造试点工作，开启了我国再制造产业的集聚化、规模化发展模式。

2010 年，国家发改委联合科技部、工信部等十部委发布《关于推进再制造产业发展的意见》，明确了再制造产业发展的指导思想和基本原则，指出了重点发展领域和关键技术创新方向，对我国再制造产业发展进行了全面细致的统筹规划，是推进我国再制造产业发展的一部重要指导文件。同年 10 月，国务院发布《国务院关于加快培育和发展战略性新兴产业的决定》，提出提高资源综合利用水平和再制造产业化水平。将再制造提升至战略性新兴产业，标志着我国对再制造在强化高端制造技术、打造绿色节能环保产业领域中的全新定位。随后发布的《中国制造 2025》《"十四五"循环经济发展规划》等一系列政策文件进一步加速了我国再制造产业高质量发展的改革步伐。

2013 年，日本公布《第 3 次循环型社会形成推进基本计划》，制定了打造高质量综合性的低碳循环型社会的发展目标。

2016 年，美国国家标准协会（ANSI）联合美国再制造行业委员会（RIC）批准通过了《再制造工艺技术规范》，为美国再制造产业规范化发展提供了指南和依据，也是美国针对再制造全流程的技术标准。

2017 年，美国国际开发署启动了"扩大可再生能源规模"项目，指出应将再制造作为促进循环经济建设的新型有效商业模式。同年，欧盟在"地平线 2020"计划的推动下，成立了欧洲再制造网络（ERN），并于 2017 年成立了欧洲再制造委员会。

2018 年，欧盟对 2008 年发布的原《废弃物指令》进行了修订，在新增条例中明确指出要大力提倡再制造产品的使用，鼓励再制造技术的研究和创新工作。2018 年日本发布的《第 4 次循环型社会形成推进基本计划》明确表示在打造高质量综合型低碳循环型社会的基础上强化再制造产业在回收和资源再生领域中的作用，并将再制造技术作为日本循环型社会中长期建设的关键技术之一。

美国国家环境保护局先后于 2019 年 11 月和 2021 年 11 月出台了《推进美国回收系统国家框架》和《国家回收战略》，提出以再制造技术为资源回收利用的主要手段，通过再制造促进美国循环经济建设。2019 年，在"第十一个马来西亚计划"指导下，马来西亚国际贸易和工业部发布了《国家再制造政策》，极大促进了马来西亚再制造业发展。

我国在再制造基础理论和关键技术研发领域取得重要突破，开发应用的自动化纳米颗粒复合电刷镀等再制造技术已经达到国际先进水平。再制造是指将废旧汽车零部件、工程机械、机床等进行专业化修复的批量化生产过程，再制造产品能达到甚至超过原有新品的质量和性能，是循环经济再利用的高级形式。与制造新品相比，再制造产品可节省成本50%，节能 60%，节材 70%，几乎不产生固体废物。总而言之，再制造产业前景广阔。

1.2.3　再制造技术的作用

再制造有产业门槛。首先，必须考量再制造产品的经济性。如果产品价值或所耗费的资源十分低廉，就失去了再制造的价值。其次，需要考量再制造产品的可行性。这里有两个门槛：一个是技术门槛，再制造是一种专门的技术和工艺，技术含量较高；另一个是产业化门槛，即再制造的对象必须是可以标准化或具有互换性的产品，而且技术或市场应具有足够的支撑，使得其能够实现规模化和产业化生产。最后，还需考量再制造对象的条件，比如，它必须是耐用产品且功能失效，必须是剩余附加值较高的产品，且获得失效功能的费用低于产品的回收残值等。在资源和能源相对紧缺的今天，再制造显然优势凸显。再制造是一个大有可为的产业。

高分子复合材料技术在发挥在线快速修复优势的基础上，在修旧利废方面同样发挥了巨大的作用。大部分机械设备及其零部件的损坏仅仅是在局部出现了磨损、腐蚀等情况，如果依靠再制造技术，大部分的设备及零件完全能够"青春再现"，可以继续使用甚至使用寿命超过新设备。

以下通过再制造技术对轴类磨损的修复案例，来说明该技术所起到的作用。在工矿业生产过程中，存在大量的轴类磨损现象，通常会通过打麻点、刷镀、堆焊甚至报废更新来解决。金属部件在静配合的状态下，受部件表面光洁度、膨胀系数和装配工艺等因素影响，金属部件之间必存在一定的配合间隙。设备在强负荷的运行过程中，受轴承对轴的径向冲击力的影响，造成配合部件形成"硬对硬"的冲击。金属材质虽然强度较高，但抗冲击性以及退让性较差，所以长期的运行必然造成配合间隙不断增大，产生相对运动，进而造成轴的磨损，导致设备无法正常运行。再制造用高分子复合材料，既具有金属所要求的强度和硬度，又具有金属所不具备的退让性的特点，通过模具修复、部件对应关系、机械加工等工艺，可以最大限度确保修复部位和配合部件的尺寸配合；同时，利用复合材料本身所具有的抗压、抗弯曲、延展性好等综合优势，可以有效地吸收外力的冲击，极大化解和抵消轴承对轴的径向冲击力，并降低间隙出现的可能性，也就能避免设备因间隙增大而造成的相对运动磨损。利用再制造技术，不仅可以修复轴类磨损，对一些设备的轴承室磨损、键槽磨损、螺纹滑丝等静配合磨损同样可以起到有效的修复效果。修旧利废不仅是节省企业设备成本和提高维修效率的手段，更是让设备再制造产生巨大效益的利器。

再制造技术不仅在金属修复上能起到积极作用，还在橡胶类划伤磨损、罐体管道渗漏、泵体等设备的腐蚀冲刷等方面具有巨大的使用价值，广泛应用于汽车再制造、矿山设备再制造、机床再制造与工程机械再制造等产业领域。

1.3
教材编写内容与思维导图

本教材内容主要包括增材制造技术与再制造技术，第 1 章概述了增材制造与再制造技术及其起源与发展，以及对社会的作用；第 2～10 章均以案例引入、学习目标、知识点思维导图正文、本章小结、思考题、附录的编排方式编写，内容包含原理、技术和应用，其中第 2～9 章

均介绍了增材制造技术基本原理、材料及组织特性、专用设备及其特征和典型应用等内容；第
10 章介绍了基于沉积成型原理的气相沉积、电沉积和沉积再制造技术及应用，基于喷涂成型
原理的热喷涂、冷喷涂和喷涂再制造技术及应用，基于熔覆成型原理的激光熔覆、等离子熔覆
和熔覆再制造技术及应用，基于电弧堆焊成型原理的钨极气体保护电弧堆焊、熔化极气体保护
电弧堆焊、等离子电弧堆焊、冷金属过渡堆焊再制造技术及应用，以及多能场复合再制造技术。

　　本教材思维导图如图 1-4 所示。

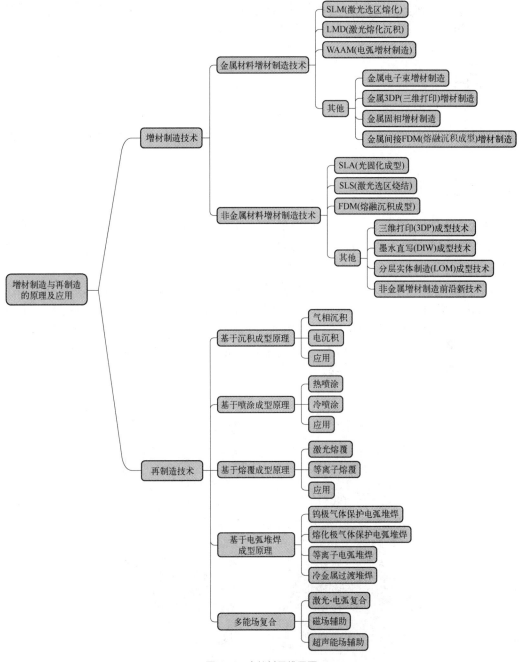

图 1-4　本教材思维导图

第 **2** 章

金属材料激光选区熔化技术原理及应用

案例引入

激光选区熔化（selective laser melting，SLM）技术是金属增材制造领域的重要技术之一，它采用高能密度激光器作为热源，可以得到高自由度的复杂金属构件，具有材料利用率高、加工周期短、个性化程度高等优点。

SLM 技术可以实现复杂结构件的制造，同时可显著改善成型材料的微观组织和力学性能。SLM 成型的 316L 不锈钢零件经适当热处理后具有更高的显微硬度和耐腐蚀性，适用于更严苛的应用环境。传统的航空航天组件加工耗时较长，且需铣削掉高达 95% 的昂贵材料。美国 GE/Morris 公司采用 SLM 技术制造的 Ti-6Al-4V 复杂航空部件，如图 2-1 所示，极大地节约了成本并提高了生产效率。

图 2-1　SLM 成型的复杂航空部件

本章从金属材料的 SLM 技术基本原理出发，深入探讨 SLM 工艺流程、材料及组织特性、专用设备、典型应用等，以加深对该技术的了解。

学习目标

（1）理解 SLM 技术的基本原理和工艺流程，熟悉 SLM 技术的技术特征，掌握工艺参数（如激光功率、扫描速度、层厚等）对成型质量的影响；

（2）熟悉激光选区熔化材料及组织特性，了解激光选区熔化冶金缺陷类型、组织特征和激光选区熔化对不同合金力学性能的影响；

（3）了解 SLM 技术的应用领域，关注其在未来制造业中的发展前景和应用潜力。

知识点思维导图

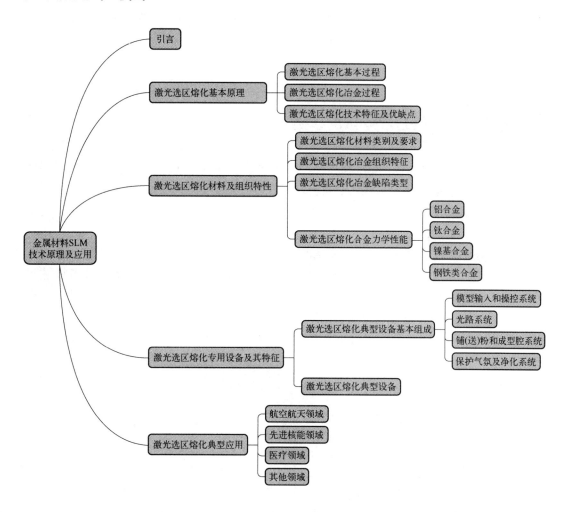

2.1
引言

激光选区熔化（SLM）技术于 1995 年由德国弗劳恩霍夫技术研究院首先提出，可以利用单一金属或混合金属粉末直接制造出高品质的金属零件，随后 MCP、EOS、Renishaw 等公司也相继开发了一系列 SLM 成型系统。SLM 技术是近几年发展最迅速的金属增材制造技术之一，也是其中最重要的技术之一。该技术选用激光作为能量源，按照三维 CAD 切片模型中规划好的路径在金属粉末床层进行逐层扫描，扫描过的金属粉末通过熔化、凝固从而达到冶金结合的效果，最终获得模型所设计的金属零件。SLM 技术克服了传统技术制造具有复杂形状的金属零件带来的困扰，它能直接成型出近乎全致密且力学性能良好的金属零件，为制造业的革新提供了强有力的帮助。

2.2
激光选区熔化基本原理

激光选区熔化（SLM）的基本原理是通过控制激光束的聚焦点和强度，使光能被材料吸收并转化为热能。当激光束照射到材料表面时，材料吸收激光能量，温度升高，材料表面快速熔化。激光束产生于激光器中，经过光路系统聚焦形成一个精细的光点，然后传输到工作台上。

应用于 SLM 技术的激光器主要有 Nd-YAG❶激光器、光纤激光器等，如图 2-2 所示。这些激光器产生的激光波长分别为 1064nm、1080nm、1090nm，激光能量密度超过 $10^6 W/cm^2$。由于金属粉末对较短波长激光的吸收率比较高，而对较长波长激光的吸收率较低。因此在成型金属零件过程中采用较长波长的 CO_2 激光器，其激光能量利用率低。通过激光器进行精确的聚焦，机器在局部区域对材料进行加热，实现对材料的精细加工和控制。

图 2-2　常用的 Nd-YAG 激光器

---

❶ YAG，钇铝石榴子石晶体。

激光选区熔化成型机通过对材料表面进行扫描，将光点移动到需要处理的区域，材料表面被激光束照射后瞬间升高至熔点以上的温度，同时又保证加热时间极短。在扫描过程中，利用控制系统控制光束的运动轨迹和速度，令光点在工作区内按照预定的路径扫描材料表面，材料表面被熔化了一层接一层，最终形成一个完整的 3D 立体结构，从而实现对材料的加工。当前的激光选区熔化成型机采用多控制轴控制扫描过程，能够实现精密的三维结构成型，并且不会产生较大的残余应力和变形等缺陷。

SLM 可用于快速原型制作和批量生产，可用的金属合金范围相当广泛，最终部件也具有与传统制造工艺相同的性能，其原理如图 2-3 所示。设备主要由铺粉系统、激光系统、电脑控制系统三部分组成。成型件的三维信息经电脑软件切片处理后，成型机将金属粉末均匀平铺在基板上，高能激光束按照当前层轮廓信息选择熔化粉末，得到当前层的成型轮廓。之后升降系统下降一个打印厚度的距离，设备继续平铺下一层金属粉末，系统调入下一图层的轮廓信息进行制备，如此层层熔融制备，直至整个零件加工成型。

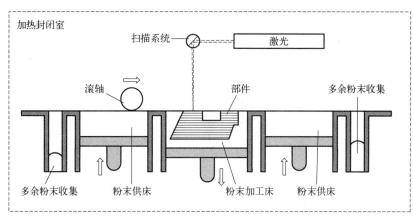

图 2-3　SLM 技术工作原理

SLM 系统主要由硬件系统和软件系统两大系统组成。在 SLM 硬件系统中，最关键部件就是激光振镜，或者称为扫描振镜。模拟量转成数字量信号输入，通过控制振镜的旋转，从而控制激光扫描到工作区域的任意位置。振镜实物如图 2-4 所示，主要由电机、位置反馈单元和反射镜三部分组成。

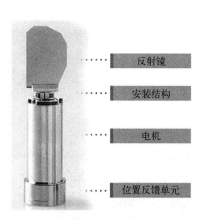

图 2-4　振镜实物图

双轴振镜系统中，两个振镜成直角安装，激光入射后通过两次反射投影到打印平面，如图 2-5 所示。

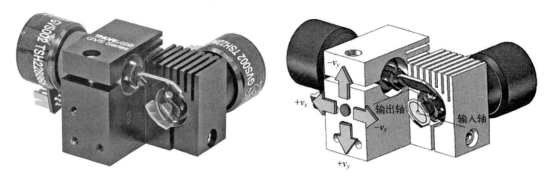

图 2-5　双轴振镜系统（v_x、v_y 为激光在 x 轴、y 轴上的运动速度）

扫描区域如图 2-6 所示，激光束经振镜 1 和 2 反射后，照射到打印平面上，扫描器 1 控制 x 轴的位置，扫描器 2 控制 y 轴的位置，通过控制扫描器 1 和扫描器 2 的旋转，可以使激光照射到打印平面的任意位置；由此可得，扫描区域的面积由扫描振镜的旋转角度唯一确定。

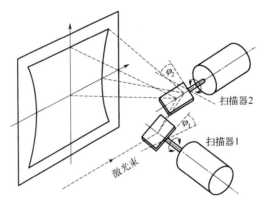

图 2-6　扫描区域面积

三维绘图软件生成 .stl 文件后，导入分层切片软件进行分层切片及路径规划，然后生成控制信号控制振镜旋转。

软件控制系统介绍如下。

（1）STL 格式文件生成

STL 格式文件是一种用三角形描述的图形文件，常见的三维绘图软件都可以直接输出该格式的文件。

（2）分层切片软件生成 NC 格式文件

可以使用 Gura、Simplify3D、Slic3r 等分层切片软件。Cura 是一款使用 Python 和 wxPython 开发的开源软件，其用于分层切片算法的是用 C++ 编写的 GuraEngine 程序。

（3）NC 文件发送到下位运动控制器

PrintRun 是一款用 Python 开发的开源的 G 代码发送软件，可以与下位 3D 打印设备连接进行在线打印工作，连接方式是串口。可以学习其代码，界面用的是 wxPython，如图 2-7 所示。

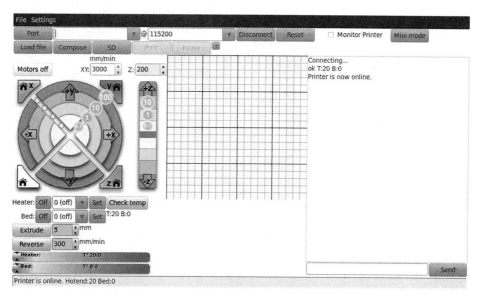

图 2-7　打印运动控制器软件界面

（4）运动控制器控制扫描振镜旋转

NC 代码发送到下位之后，下位机必须进行 G 代码的解析，从而驱动扫描振镜的旋转。开源的代码如 Marlin，可以在 GitHub 上找到，并且能够移植到下位机上，控制运动系统。使用运行在 Linux 系统上的 LinuxCNC 同样可以处理 G 代码，控制下位机的运动。

2.2.1　激光选区熔化基本过程

典型的 SLM 工艺流程按照国家标准 GB/T 39252—2020《增材制造　金属材料粉末床熔融工艺规范》的规定，主要包括模型设计、数据处理及工艺参数设置、成型准备、成型过程、粉末清理、初步检验、后处理、质量检验八个阶段。

具体工作过程：首先，在计算机上利用 Pro/E、UG、CATIA 等三维造型软件设计出零件的三维实体模型，然后通过切片软件对该三维模型进行切片分层，得到各截面的轮廓数据，分层厚度为 20~100μm，得到分层后的文件一般为.stl 格式，将所得文件导入到 SLM 设备当中。其次，对 SLM 设备的成型腔进行抽真空操作，再通入惰性气体形成保护气氛。激光束开始扫描前，铺粉装置先把金属粉末平推到成型缸的基板上，然后在计算机程序控制下，开启激光器，扫描振镜带动激光束，按照零部件的数据对选定区域的合金粉体层进行扫描熔化、沉积，形成型状和零部件对应横截面的金属薄层，然后成型缸下降一个层厚的距离，粉料缸上升一定厚度的距离，铺粉装置再在已加工好的当前层上铺好金属粉末。设备调入下一层轮廓的数据进行加工，如此层层加工，反复进行铺粉—熔化两个步骤，自下而上制造出精密的、与 CAD 模型一致的实体金属零部件，如图 2-8 所示。整个加工过程在通有惰性气体保护的加工室中进行，以避免金属在高温下与其他气体发生反应。

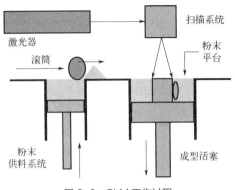

图 2-8　SLM 工作过程

2.2.2　激光选区熔化冶金过程

金属粉末对激光能量的吸收与传递、熔池的受力及流动过程、液相金属蒸发现象、熔化金属与固体表面的润湿现象、粉末对液态金属的毛细作用、熔池形成后的飞溅现象、液态金属间及与环境气体的化学反应过程、熔池凝固过程中的显微组织形成、凝固金属的重熔过程、后热作用导致的相转变过程等众多物理化学现象，如图 2-9 所示。

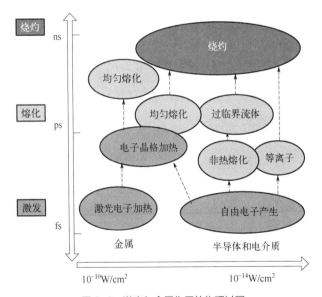

图 2-9　激光与金属作用的物理过程

激光照射在金属粉末时，材料熔化过程分为三个阶段。第一阶段：部分粉末表面熔化，熔化后表面微熔液相导致粉末间相互吸引，黏结周围的粉末，产生微熔黏结的特征。第二阶段：金属粉末吸收的能量增强，熔化的粉末会逐渐增加，在达到某个数量时，就会形成金属熔池。由于激光束位置在不断变化，熔池内熔化的粉末会相对流动，从而产生粉末飞溅。第三阶段：熔体在熔池中的对流现象不仅增强了金属熔体热传递的速度，还会黏结附近的金属粉末，金属粉末在到达熔池后会迅速流入其内部。在激光扫描的方向上，靠近激光的金属粉末不断熔化，并沿着激光扫描的方向，逐步形成连续的凝固熔道。

2.2.3 激光选区熔化技术特征及优缺点

SLM 成型过程中，粉末熔化到其最终凝固所经历的时间极短，通常在数百纳秒到几十微秒之间，因此 SLM 技术具有快热快冷的特点，是典型的非平衡凝固过程；同时，由于SLM 技术是首先熔化粉末形成扫描线，再将多重扫描线搭接形成二维平面，最后通过多层叠加形成三维实体的成型技术，因此每一点都会经历复杂的热循环，成型过程受复杂热循环的影响，熔凝行为非常复杂。

SLM 技术直接制成终端金属产品，省掉中间过渡环节；可得到冶金结合的金属实体，密度接近100%；SLM制造的工件有高的抗拉强度、较低的表面粗糙度（$Ra5 \sim 10\mu m$）、高的尺寸精度（$\pm 20\mu m$）；适合各种复杂形状的工件，尤其适合内部有复杂异形结构（如空腔）、用传统方法无法制造的复杂工件；适合单件和小批量模具和工件快速成型。

（1）SLM 的主要优点

① 构件质量加工尺寸精度高（$\pm 20\mu m$），成型表面质量好（$Ra5 \sim 20\mu m$），达到精铸水平，省去了后续加工环节。

② 成型件的相对密度接近100%，由高速移动的激光带来的极高冷却速度使得其晶粒细小，力学性能优异，通常优于铸件并且等同或者优于锻件。

③ 在设计要求上，可根据用户需求，加工各种小批量、个性化零部件，能够实现任意复杂异形结构金属零部件的制造，提升了设计自由度，满足了个性化、定制化需求。

④ 在生产效率上，直接加工成型，减少了诸多工艺流程和生产时间，提升了生产效率。

⑤ 在材料体系上，可以加工的材料能从单一粉末到复合粉末、高熔点难熔合金粉末，可用于绝大多数金属和合金粉末的加工。

⑥ 在成本控制上，合金粉末可重复利用，材料利用率高。产品近净成型，后续加工简单，节约生产成本。

尽管 SLM 技术不断成熟，但因其工艺过程较复杂，熔化和凝固过程伴随着复杂的物理冶金反应，同时涉及热力学与动力学作用，其粉末成型常发生球化、气化现象，造成孔隙等成型缺陷。激光粉末床熔融过程粉末熔化及缺陷形成如图 2-10 所示，主要归因于金属粉末本身特性，以及金属与激光相互作用。

（2）SLM 的主要缺点

① 传统单光束 SLM 技术成型效率低且成型件尺寸较小。

② 价格昂贵，速度偏低。

③ 精度和表面质量有限，可通过后期加工提高。SLM 成型零部件的质量受工艺参数的控制，需优化调控 SLM 工艺参数以获得理想的零部件质量。

④ 存在如熔体的球化现象、熔池的气孔缺陷、非平衡凝固的微观组织等问题。

⑤ SLM 打印过程是一个非平衡凝固的过程，加上熔池凝固温度梯度很大，这就使得

SLM 打印零部件的微观组织以马氏体 α′相结构为主，进而表现出脆而硬的力学性能，且耐腐蚀性也较传统锻造零部件要低，不能满足实际应用的要求，为了改善 SLM 打印零部件的力学性能，还需要对零部件进行后续的热处理。

彩图

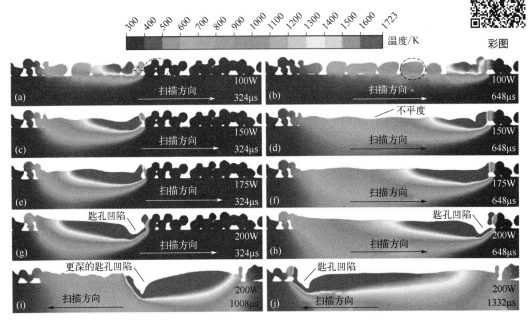

图 2-10　激光粉末床熔融过程粉末熔化及缺陷形成模拟结果

2.3
激光选区熔化材料及组织特性

2.3.1　激光选区熔化材料类别及要求

目前，应用于 3D 打印的金属粉末材料主要有钛合金、镍基合金、钴铬合金、不锈钢和铝合金材料等，材料特性见表 2-1，此外还有用于打印首饰的金、银等贵金属粉末材料。

表 2-1　激光选区熔炼常用材料特性表

类型	粒径范围/μm	熔点/℃	流动性/（s/50g）	松装密度/（g/cm³）	抗拉强度/MPa
铁基（316L，420，M2）	30～80	1535	24		1068
钛基（Ti-6Al-4V，Ti-Al）	20～60	1675	25		
镍基（Inconel 625，Inconel 718，Ni60 等）	25～80	1500	20	4.0	
铝基（Al-Si，Al-Cu，Al-Zn）	20～60	800	70		
高温合金	20～60	1390	20		

钛是一种重要的结构金属，钛合金因具有强度高、耐蚀性好、耐热性高等特点而被广泛用于飞机发动机压气机部件，以及火箭、导弹和飞机的各种结构件。钴铬合金是一种以钴和铬为主要成分的高温合金，它的耐腐蚀性能和力学性能都非常优异，用其制作的零部件强度高，耐高温。采用 3D 打印技术制造的钛合金和钴铬合金零部件，强度非常高，尺寸精确，能制作的最小尺寸可达 1mm，而且其零部件力学性能优于锻造工艺。不锈钢以其耐空气、蒸汽、水等弱腐蚀介质和酸、碱、盐等化学浸蚀性介质腐蚀而得到广泛应用。不锈钢粉末是金属 3D 打印经常使用的一类性价比较高的金属粉末材料。

材料在粉末粒度、纯度、分布及性能方面都有要求，首先为了确保铺粉均匀和熔化一致性，SLM 粉末材料通常要求具有较窄的粒度分布，颗粒均匀性较好，如图 2-11 所示。粉末粒度及其分布直接影响熔池的稳定性和成型件的精度，同时具有良好的流动性，流动性差的粉末会导致铺粉不均，影响零件的成型质量和性能。金属粉末的纯度也是获得良好性能的前提，杂质可能会影响材料的熔化行为和最终零件的性能，因此需严格控制材料中的氧、氮等杂质含量。此外，金属粉末的热导率、熔点、热膨胀系数等热物理性能会影响 SLM 过程中的熔化和凝固行为。

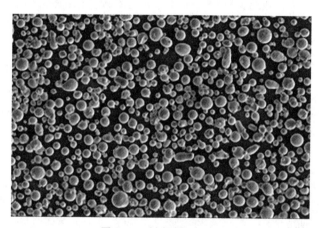

图 2-11 粉末显微效果图

2.3.2 激光选区熔化冶金组织特征

铸造合金的微观组织为典型的枝晶形貌，SLM 制备合金的表面中微观组织主要由蜂窝状枝晶组成，且沿扫描轨迹中心外延生长，亚晶界可以为位错提供更多的成核位点，使 SLM 制备合金表面的平均几何位错密度较高。

SLM 打印过程中具有明显的晶粒细化现象，SLM 成型组织中无论是柱状晶还是等轴晶组织，晶粒尺寸均远远小于锻造样件。在图 2-12（a）中可以观察到熔池逐层叠加形成的鱼鳞状微观形貌，熔池边界光滑且规整。在图 2-12（b）中可以观察到细长的柱状晶区与部分超细的等轴晶区，形成主要原因为：较大温度梯度、较高的冷却速率以及过冷度加大，导致晶粒优先沿最大热流方向成长，并提高了形核率，增加了晶粒的数量，从而形成了大量柱状晶以及超细等轴晶，此为 SLM 打印样件的典型微观组织。在图 2-12（c）中可以观察到锻件中含有较粗大的等轴晶，同时伴随有部分变形孪晶的出现。

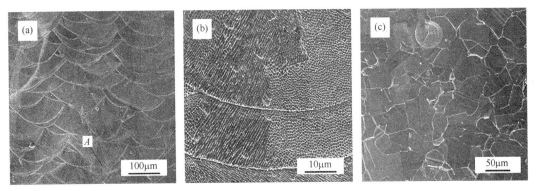

图 2-12 SLM 成型微观组织
（a）SLM 样件微观组织；（b）图（a）中 A 处放大图；（c）锻件微观组织

2.3.3　激光选区熔化冶金缺陷类型

激光粉末床熔融过程较高的冷却速度、小的熔池结构及高能输入，会造成打印结构件存在局部缺陷，如孔隙、裂纹、细小夹杂物等。粉末颗粒在熔化烧结过程中会出现球化现象、表面局部凸起/凹痕、裂纹缺陷和颗粒部分熔融不良等现象而导致具有较高的表面粗糙度。激光选区熔化冶金缺陷类型包括以下几种：

① 气孔与孔隙　SLM 过程中，如果粉末熔化不完全或气体被困在熔化层之间，容易形成气孔或孔隙。孔隙主要由两种情况造成：一是气雾化成型颗粒内部包裹气体或者局部功率过高造成气孔；二是未熔颗粒嵌入基体造成孔隙，如图 2-13 所示。这些气孔和孔隙会减少材料的密度，影响零件的机械强度。

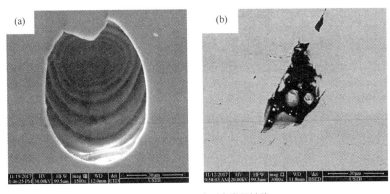

图 2-13 SLM 成型中常见缺陷
（a）气孔；（b）熔合不良

② 未熔合缺陷　当激光能量不足或扫描速度过快时，金属粉末可能无法完全熔化，导致层与层之间出现未熔合区域。

③ 裂纹　快速加热和冷却过程中产生的热应力可能引发裂纹，如图 2-14 所示。这些裂纹通常位于晶界，可能导致零件在使用过程中断裂。

④ 高密度夹杂　激光粉末床熔融过程由于存在气雾化粉末过程，氧、硫等化学物质引入，同时由于熔池表面氧化，最终显微组织包含氧化物及硫化物夹杂物。然而，制造过程中若冷却速度较快，会导致第二相夹杂物尺寸较小。

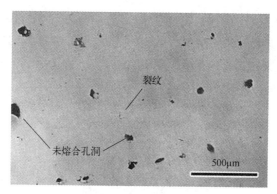

图 2-14　SLM 成型 AlCu₅MnCdVA 合金块体存在裂纹

⑤ 组织的各向异性　SLM 成型件的微观组织可能呈现一定的方向性，这种各向异性可能会导致力学性能在不同方向上存在差异。

⑥ 球化　球化现象是指金属粉末在 SLM 过程中未能完全铺展，形成球形聚集体，导致成型件表面粗糙度增加，影响零件的精度和性能。

⑦ 残余应力　由于 SLM 过程中的快速加热和冷却，成型件内部可能产生残余应力，这些应力可能导致零件变形甚至开裂。

2.3.4　激光选区熔化合金力学性能

激光选区熔化材料主要包括铝合金、钛合金、镍基合金、钢铁类合金粉末等。

（1）铝合金

目前铝合金的 SLM 成型研究较为广泛。SLM 成型的 AlCu₅MnCdVA 合金粉末形貌与粒径分布如图 2-15 所示，经过固溶处理后可获得优异的性能，其屈服强度、抗拉强度、伸长率分别为 217.2MPa、412.7MPa 和 19.18%；热处理后，试样的抗拉强度大幅度提升。屈服强度和抗拉强度分别达到 383.3MPa 和 476.2MPa，断后伸长率为 7.85%，断裂类型表现为混合型断裂。

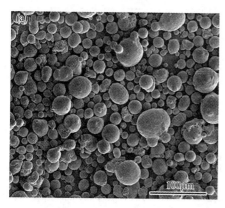
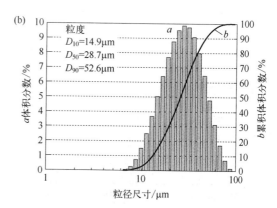

图 2-15　AlCu₅MnCdVA 合金粉末形貌与粒径分布
（a）粉末形貌；（b）粒径分布

（2）钛合金

SLM 成型 TC4 钛合金样品的显微组织中可以发现存在 α′马氏体及柱状 β 相，TC4 合金中元素含量的波动范围较大，因而其抗拉强度通常为 800～1200MPa，伸长率为 4%～16%，如图 2-16 所示，断裂韧性在 50～91MPa·m$^{1/2}$ 之间变化，并且加工工艺和热处理制度等对其力学性能（见表 2-2）也有较大的影响。

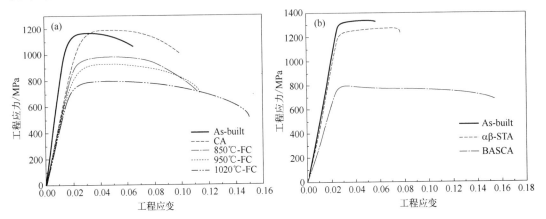

图 2-16　SLM 成型应力-应变曲线
（a）TC4；（b）TC18

As-built—材料或部件在制造完成后未经过任何后续热处理的状态，即其"原始"或"未处理"的状态；FC—材料在经过加热后随炉冷却；CA—材料进行循环退火处理；STA—固溶处理与时效处理，常用于铝合金、镁合金等材料；αβ-STA—αβ固溶与时效处理；BASCA—材料经过 β 退火、缓慢冷却及应力控制的时效处理

表 2-2　SLM 成型 TC4 和 TC18 的室温拉伸性能和断裂韧性

合金	热处理	屈服强度 $R_{p0.2}$/MPa	抗拉强度 R_m/MPa	伸长率/%	断裂韧性 K_{1C}/（MPa·m$^{1/2}$）
TC4	As-built	1065±6.8	1152±11.3	6.1±0.8	—
	850℃-FC	943±5.2	989±6.1	10.2±0.1	84.9±0.4
	950℃-FC	835±3.8	887±7.1	11.9±0.1	90.8±2.1
	1020℃-FC	742±13.5	839±6.2	15.3±0.3	58.7±4.6
	CA	1054±9.6	1196±10.2	9.8±1.8	80.0±3.3
TC18	As-built	789±1.9	799±2.5	15.9±0.3	—
	αβ-STA	1195±10.3	1245±9.9	7.8±0.5	64±2.1
	BASCA	1295±8.7	1320±7.5	5.5±0.1	70.0±2.2

（3）镍基合金

SLM 制备的 Hastelloy X（哈氏合金）力学性能得到显著提升的同时也表现出各向异性的力学性能，如表 2-3 所示。

表 2-3　SLM 制备 Hastelloy X（哈氏合金）力学性能

表面试样截面	屈服强度/MPa	抗拉强度/MPa	伸长率/%	拉伸方向
YOZ	480±10.0	620±15	40.0±1.0	Z
XOY	650±25.0	695±2.0	9.0±3.0	X
YOZ	584±5.6	734±1.0	15.0±4.2	Z
XOY	450±25.0	802±2.0	44.0±5.0	X
YOZ	415±10.0	630±3.0	58.0±2.0	Z

续表

表面试样截面	屈服强度/MPa	抗拉强度/MPa	伸长率/%	拉伸方向
XOY	500.0±10.0	630.0±10.0	35.0±5.0	*X*
YOZ	550.0±8.0	780.0±5.0	30.0±5.0	*Z*
XOY	696.0±3.0	892.0±5.0	22.5±1.1	*X*
YOZ	657.0±7.0	798.0±9.0	27.2±1.0	*Z*
锻造	387.0±6.0	717.0±4.0	42.0±1.5	—

注：*Z* 或 *X* 方向表示与堆积方向平行或垂直，一表示未提供方向。

与锻造标准热处理的同类产品（抗拉强度 TS＝717MPa，屈服强度 YS＝387MPa）相比，沿 *X* 方向加载的 *XOY* 表面试样强度值（抗拉强度 TS＝892MPa，屈服强度 YS=696MPa）较高，伸长率达到 22.5%。拉伸断口呈韧窝形貌，如图 2-17 所示，断裂类型为韧性断裂。

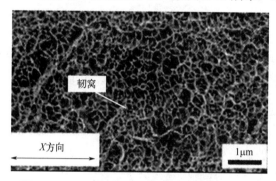

图 2-17　SLM 成型 Hastelloy X 合金断口韧窝形貌

（4）钢铁类合金

SLM 形成的大角度晶界、细长的晶粒与复杂的层状组织和细小的亚晶共同作用使其具有较高的高温强度。其相对于传统制造的 316L 不锈钢样件在 800℃时的抗拉强度（180MPa）较高，断后伸长率较低（47%）。在晶粒尺寸增大时，各向异性变小，断裂后伸长率变大；而抗拉强度几乎没有区别，平均抗拉强度为 647MPa，如图 2-18 所示。因此，对于小面积扫描，抗拉强度不受扫描方向、角度变化的影响。随着晶粒的减小，界面面积增大，晶界偏析生成的杂质不多，界面结合力加强，减缓了微裂纹的扩展。当微裂纹扩展速度不断增加时，会导致原型件容易断裂，抗拉强度变小，断后伸长率变小。

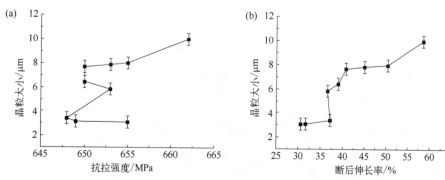

图 2-18　晶粒大小与抗拉强度、断后伸长率关系
（a）晶粒大小与抗拉强度折线图；（b）晶粒大小与断后伸长率折线图

2.4
激光选区熔化专用设备及其特征

2.4.1　激光选区熔化典型设备基本组成

常见激光选区熔化成型装置主要由模型输入和操控系统、光路系统、铺（送）粉和成型腔系统、保护气氛及净化系统等部分组成。

模型输入和操控系统主要用来输入设计模型，控制激光束的能量输出、扫描速度和扫描策略，控制铺粉和成型系统的运转等。光路系统主要是调节激光焦距、能量密度和光斑大小，使光斑聚焦定位到加工面上，使粉末熔化。铺粉和成型系统主要通过控制系统进行铺粉，并驱动活塞上下运动。保护气氛是在成型过程中，对成型腔进行惰性气体保护。气体净化系统是用来过滤掉粉末气化蒸发产生的金属"烟雾"。

以 Concept Laser SLM 成型机为例，其设备系统如图 2-19 和图 2-20 所示，整套系统由主机设备以及氩气发生器、吸粉器与手套箱等附件设备组成。

图 2-19　Concept Laser SLM 成型主机

图 2-20　Concept Laser 附件设备
（a）氩气发生器；（b）吸粉器；（c）手套箱

2.4.2　激光选区熔化典型设备

SLM 设备主要制造商集中在欧洲，如德国的 SLM Solution、EOS、Concept Laser 公司（如图 2-21 所示）和英国 Renishaw 公司等。

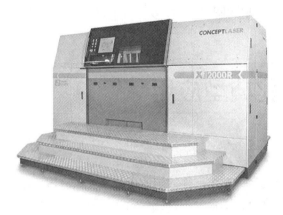

图 2-21　德国 Concept Laser

表 2-4 所示为国外各大公司商用化 SLM 设备主要参数情况。EOS 公司于 2014 年推出了功率为 1kW、最大成型尺寸为 400mm×400mm×400mm 的大尺寸 3D 打印机 EOS M400。英国 Renishaw 公司推出的 AM250 设备拥有抽真空系统，可以减少气体损耗，提高打印零件的表面质量。美国的 3D Systems 公司于 2010 年推出了激光选区熔化复合设备 Avance-25，该机器采用增减材复合加工的方式，在 SLM 加工数层后以微切削的方式降低制品的表面粗糙度。

表 2-4　国外各大公司商用化 SLM 设备主要参数

制造商	设备名称	激光类型及能量	光斑大小/μm	最大成型尺寸/(mm×mm×mm)
MCP-Realizer	SLM-250	400W 光纤激光器	40	250×250×300
EOS	M270	200W Yb 光纤激光器	100～500	250×250×215
	M280	400W Yb 光纤激光器	100～500	250×250×325
	M400-4	400W Yb 光纤激光器（4 个）	100～500	400×400×400
3D Systems	sPro-250	400W	70	250×250×320
Renishaw	M250	SPI 400W 光纤激光器	20～100	250×250×300
Concept Laser	1000R	1000W Yb 光纤激光器	100～500	630×400×500
	2000R	1000W Yb 光纤激光器（2 个）	100～500	800×400×500

国外厂家近期推出的设备如 SLM Solutions 公司 NXG XⅡ 600E 设备，构建体积600mm×600mm×1500mm，配备了 12 台激光器，加工效率较单激光系统快 20 倍。

国内的 SLM 生产单位主要有西安铂力特（XABLT）、华中科技大学（HZKD）、武汉华科三维（WHHKSW）、滨湖机电（HBJD）、湖南华曙高科（HNHSGK）、易加三维（YJSW）、中瑞（ZR）、易加（YJ）、永年激光（YNJG）、北京隆源（BJLY）、广东汉邦（GDHB）等。通过自主研发，公司已经形成了系列化 SLM 金属 3D 打印机，最大成型空间可达（1200×600×

1500）mm³，成型效率达 300cm³/h。HZKD 研发的金属 3D 打印机，采用 100W 连续模式光纤激光器，成型速度≥7000mm³/h，最大成型尺寸为 250mm×250mm×400mm。HNHSGK 公司研发了全球首款开源可定制化的 FS271M 及 FS121M 型金属 3D 打印机，可实现多种金属材料的打印。YJSW 公司开发的 EP-M1250 金属 3D 打印机，配备了 9 台激光器，成型体积达 1258mm×1258mm×1350mm。

2.5
激光选区熔化典型应用

我国在选区激光熔化技术方面，积极投入相关研究，通过引进技术并消化吸收后开始自主研发设备，已逐步展开该技术的产业应用，在高温合金航空发动机叶片、钛合金人体嵌入物、钛合金飞机机翼等关键零部件的制造上开始尝试应用，已具有较好的综合使用性能。覆盖高温合金、钛合金、铝合金、铁基合金、钨基合金等材料，类型涉及格栅、复杂薄壁、中空微单元点阵等零件。

2.5.1　航空航天领域典型应用

在航空航天领域，SLM 技术被用于制造复杂且要求极高的金属部件，如发动机叶片［图 2-22（a）］、齿轮、支架和喷油嘴［图 2-22（b）］等。航空航天的关键零部件服役于高速、高载及极端温度等特殊环境，有特殊的性能要求，通常采用镍和钛合金等难加工贵重材料。SLM 工艺可在短流程内将设计变为实物，且不受结构复杂度的限制，可成型出近全致密的镍和钛合金零件，通过相应的热处理工艺，可直接作为功能零件使用。

图 2-22　SLM 成型的部件
（a）不锈钢空心叶片；（b）发动机喷油嘴

SLM 技术制造的钛合金如 Ti5Al2.5Sn（Gr.6）由于在低温下具有良好的强度和延展性，在低温技术中以回火状态使用，用于涡轮泵和高压航天飞机。Inconel 718 合金是在航空领域使用较多的高温镍基合金之一，因为其在高温下依然具有抗蠕变变形、抗疲劳性、耐腐蚀性、强度等力学性能良好的特点，在航空发动机的零件上（涡轮、轴承和叶片等）以及航天散热器部件（见图 2-23）上被广泛应用。超轻航空航天部件，在满足各种性能要求的前提下，与传统方法相比，用 SLM 方法制造的重量可以减轻 90%左右。

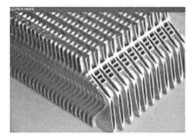

图 2-23　功能优先的散热器

2.5.2　先进核能领域典型应用

利用 SLM 技术制造的核级阀门，可以内置更加复杂的流量控制结构，从而提高核电站的安全性和运行效率。同时通过 SLM 技术制备的高密度铅合金或钨合金屏蔽材料，可以用于核废料运输和储存环节，提供更可靠的防护效果。

中核北方核燃料元件有限公司完成了 CAP1400 型燃料组件的管座样品打印，图 2-24 所示为 CF3 型燃料组件的下管座样品及镍基合金格架样品。

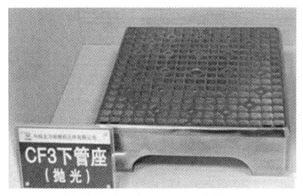

图 2-24　燃料组件的管座样品

中国科学院合肥物质科学研究院以中国抗中子辐照钢（CLAM 钢）为原材料，通过 SLM 技术开展了聚变堆包层第一壁［图 2-25（a）］和铅基堆燃料组件管座部件［图 2-25（b）］

的试制，并对其组织和性能进行了研究分析。

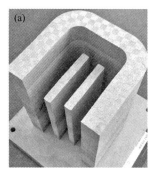

图 2-25　SLM 成型示例
（a）聚变堆包层第一壁；（b）铅基堆燃料组件管座

中广核利用增材制造技术成功制造出核电站复杂流道仪表阀阀体。试制件采用 SLM 技术实现了内部流道一次成型，其化学成分和基础力学性能均满足核电标准 RCC-M 的要求，如图 2-26 所示。

图 2-26　复杂流道仪表阀阀体

西门子公司通过增材制造技术制造出了核电站消防水泵用叶轮，如图 2-27 所示。叶轮直径 108mm，其作用是为消防系统提供压力，已成功安装于斯洛文尼亚的克尔什科核电站，并完成了相关测试。

图 2-27　核电站消防水泵用叶轮

2.5.3　医疗领域典型应用

在医疗领域，SLM 技术用于制造个性化的医疗器械和植入物，如牙科种植体（如

图 2-28 所示）、关节置换物和手术导板等。这些植入物不仅符合患者的个体需求，还具有良好的生物相容性。

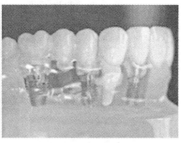

图 2-28　SLM 制作义齿

　　SLM 技术制造的镁合金、钛合金和钴铬合金等具有优异的生物相容性、可降解性及与人骨相近的密度和杨氏模量，在颌骨重建、儿科整形及血管支架、手术夹、螺钉、骨植入物制造等方面得到了一定的应用。如定制化的牙科植入体和人体关节等，如图 2-29 所示。这些材料不仅强度高，而且不会对人体产生不良反应，能确保植入物的安全和有效。

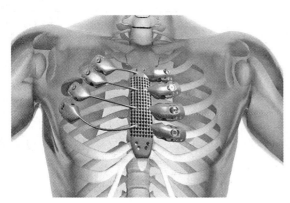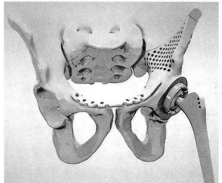

图 2-29　SLM 制作人体骨植入体

2.5.4　其他领域典型应用

　　在汽车领域，汽车发动机内部的热交换器和涡轮增压器等复杂部件，通常需要高度复杂的内部结构和优良的热稳定性。通过 SLM 制造的铝合金或镁合金汽车零部件，不仅能够满足上述要求，而且重量轻、强度高、耐腐蚀，还应用于汽车的弹簧悬架、保险杠、排气阀、连杆上。

　　在模具领域，SLM 技术可以制造具有复杂冷却流道的模具，如图 2-30 所示。复杂的冷却流道可以确保模具温度均匀，从而提高成型件的品质和一致性。用 SLM 方法制造的具有随形冷却流道的刀具和模具，具有更好的冷却效果。

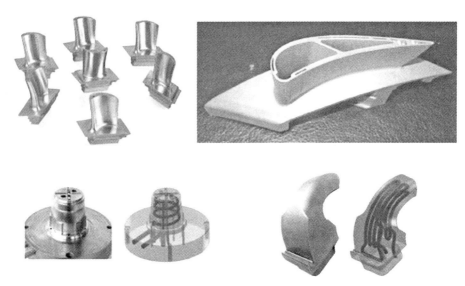

图 2-30 复杂冷却流道涡轮叶片及随形水冷件模具

2.6
本章小结

本章主要介绍了 SLM 技术基本原理、基本过程、材料及组织性能、冶金组织特征、冶金缺陷类型、合金力学性能，以及典型设备与典型应用。随着 SLM 技术的发展，将会有以下趋势：

① 材料种类扩展　随着材料科学的发展，将会有更多种类的材料适用于激光选区熔化技术，并拓宽其应用范围。

② 设备成本下降　随着技术的进步和市场规模的扩大，激光选区熔化技术的设备成本将会下降，更多的企业将能够采用这一技术。

③ 自动化生产　随着人工智能和机器人技术的发展，应用激光选区熔化技术将提高生产的自动化性能，进而提高生产效率和质量。

④ 多材料制造　激光选区熔化技术将实现多材料的制造，使产品具有更多的功能和性能。

思考题

2.1　SLM 技术具有较高的冷却速率，如何解决高裂纹敏感性材料在 SLM 成型过程中的裂纹问题？

2.2　在 SLM 成型部件过程中，如何快速评估成型件应力变化与累积情况？采取何种措施可有效消除或缓解成型应力，以控制成型件的变形与裂纹？

2.3　如何有效消除 SLM 方法成型材料与构件的力学性能各向异性？

2.4　在 SLM 技术中，如何实现多材料的一体化按需成型？

附录 扩展阅读

SLM 技术需要不断改进和发展的几个方面如下。

（1）高性价比趋势

SLM 技术对于目前的机械加工业是一个极大的创新和补充，但是 SLM 设备高昂的价格阻碍了它的推广和应用；为了更好地推广和发展 SLM 技术，SLM 设备必将不断降低成本，向着一个高性价比的趋势发展。

（2）成型大尺寸零件趋势

目前由于激光器功率和扫描振镜偏转角度的限制，SLM 设备能够成型的零件尺寸范围有限，难以成型较大尺寸的金属零件，这限制了 SLM 技术的推广应用。研发大尺寸零件的成型设备，将成为 SLM 设备发展的主要趋势之一。

（3）与传统加工方法结合的趋势

SLM 技术虽然具有很多的优势，但它也有制造成本高、成型件表面质量差等缺陷。因此，将 SLM 技术和传统机加工方法结合起来，开发金属激光成型和高速、高精度的切削复合加工设备，实现"增材"与"减材"的复合加工，将成为 SLM 设备发展的趋势之一。

（4）智能化、定制化趋势

在 SLM 成型过程中实现智能实时监控成型缺陷，在出现微小缺陷时就自动调整工艺参数消除缺陷，这样就可以得到高质量、高精度的金属零件。因此，未来的 SLM 设备需要具有智能化的过程控制功能，数字化智能时代的到来为 3D 打印的发展提供了无限的空间。

第3章

金属材料激光熔化沉积技术原理及应用

案例引入

在航空航天领域中，一些关键的零部件如整体框梁、壁板等，要在恶劣的环境中服役，对结构性能和制造精度提出了较高要求，传统制造方法往往难以满足结构一体化成型的需求。激光熔化沉积（LMD）已成为当前大型复杂结构一体化制造的利器，在航空航天领域得到广泛应用。

钛合金具有密度低、比强度高、热膨胀系数低等一系列优点，因此广泛应用于航空航天领域中，尤其是 TC4 双相钛合金被广泛应用，同时随着复合材料等用量增加，钛合金用量也呈现快速增长，但是钛合金成型难度大，变形困难，加工周期长，成本高，为解决钛合金加工难题，LMD 技术被广泛引入。目前人们已应用 LMD 技术成功制备出无人机框梁、大型飞机中央翼盒缘条等结构，其为航天航空结构设计带来了显著效益。

本章将重点讨论金属材料的激光熔化沉积（LMD）的概念、技术要求、冶金过程、冶金组织特性、专用装备、典型应用等。

学习目标

（1）掌握激光熔化沉积的基本原理、基本过程、冶金过程；

（2）了解激光熔化沉积常见合金冶金组织的特性、缺陷类型；了解激光熔化沉积专用设备及其特征，并了解激光熔化沉积在实际中的应用。

知识点思维导图

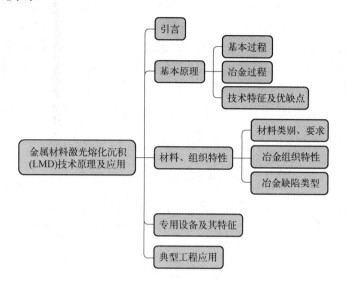

3.1
引言

激光熔化沉积（laser melting deposition，LMD），也称为定向能沉积（directed energy deposition，DED）、激光近净成型（laser engineered net shaping，LENS）、定向激光成型（directed laser forming，DLF），是一种通过逐层激光熔覆成型实体零件的增材制造技术。使用计算机设计所需的三维 CAD 模型，通过软件及控制系统在高能激光束作用下将金属粉末熔覆在基板上并逐层堆积，即可实现数字模型现实化。激光熔化沉积制件致密度高，并且不需要模具，对于一些复杂的零部件可实现直接成型，成型件组织成分均匀、力学性能优良，适合在一些特定环境下使用。该技术是金属 3D 打印领域的重要工艺，其发展经历了低熔点非金属粉末烧结、低熔点非金属粉末包覆高熔点金属粉末烧结、高熔点金属粉末直接熔化成型等阶段，广泛应用于航空航天、军工等领域。

3.2
激光熔化沉积基本原理

LMD 技术起源于 20 世纪 90 年代，由美国 Sandia 国家实验室开发，并在美国、英国、中国等国家得到快速发展和应用。激光熔化沉积，以激光作为光源，通常以金属粉末为原材料，近年来也形成了以丝材为填充的新方法，通过三路或者四路喷嘴将粉末聚集到工作平面上，材料在高功率激光作用下熔化，形成微区熔池，并逐点、逐线、逐层实现金属沉积，进而得到三维实体。该工艺还可用于包层应用，通过在部件表面添加金属材料来增加部件的耐磨性。这种方法在磨损部件的修复应用中十分有效,同时也可应用于复杂几何形状的自由形态制造中。与其他类型的焊接相比,LMD造成的热影响区较小,稀释低,组件中的残余应力低。

LMD基本原理如图3-1所示,1000~10000千瓦级半导体或光纤激光器,激光聚焦光斑由激光器功率决定,覆盖范围0.3~1mm以上,通过熔化—沉积—凝固可得到冶金结合致密的实体。同时受制于其成型特点,往往成型后需要加工。但可以实现较大尺寸结构的一体化成型,目前最大可成件达到4m以上。LMD主要应用于四个领域:零部件及工具的表面强化;残损零件和工具的改造和修复;多金属材料复合工件的加工制造;复杂大型工件的直接成型制造。

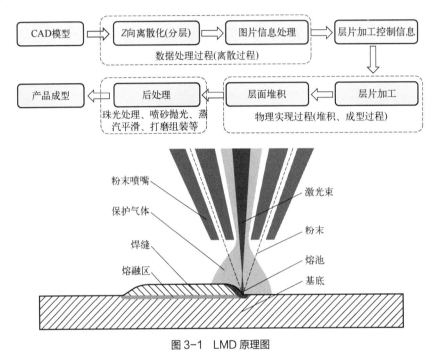

图3-1 LMD原理图

激光熔化沉积技术以合金粉末或丝材为原材料,通过高功率激光原位冶金熔化和快速凝固逐层堆积,利用零件计算机辅助设计(CAD)模型,一步完成全致密、高性能复杂金属结构件的直接近净成型制造。

3.2.1 激光熔化沉积基本过程

激光熔化沉积的基本过程一般可分为如下几个方面:

(1)设计与准备

首先,需要选定适合的金属材料,如钛合金、镍合金、不锈钢等,并使用计算机辅助软件设计相应的CAD模型。选用53~250μm的金属粉末进行成型,金属粉末在激光束下会被加热并熔化,最终沉积于工件表面,形成所需形状的零件。

满足增材制造的金属粉末需要具备低的氧氮含量、良好的球形度、较窄的粒径分布和较高的松装密度等特点。粉末的选择是影响成型质量的关键,与制粉方法密切相关,等离子旋转电极雾化法(PREP)、等离子雾化法(PA)、气雾化法(GA)以及等离子球化法(PS)是当前增材制造用金属粉末的主要制备方法,四者均可制备球形或近球形金属粉末。各类制粉方法与粉末特点如表 3-1 所示。

表 3-1　四种金属粉末制备方法优缺点

金属粉末制备方法	优点	缺点
等离子旋转电极雾化法	表面清洁，球形度高，伴生颗粒少，无空心/卫星粉，流动性好，纯度高，氧含量低，粒度分布窄	粉末粒度较粗，微细粒度粉末收得率低，细粉成本偏高
等离子雾化法	45μm 以下粉末收得率极高，几乎无空心气体夹带，优于气雾化法。Arcam 电子束成型所采用的 TC4 合金均用该法制备	球形度稍差，有卫星粉，丝材成本较高
气雾化法	细粉收得率高，45μm 以下可用于激光选区熔化，成本较低	球形度稍差，卫星粉多，45～406μm 粉末空心率高，存在空气夹带，不适用于电子束选区熔化成型、直接热等静压成型等粉末冶金领域
等离子球化法	粉末形状规则且球化率高，表面光洁，流动性好。可制备高熔融温度的难熔金属，如钽、钨、铌和钼	加热周期长，容易造成挥发性元素挥发，不规则粉末表面积大，氧含量高

这种技术能够生产出具有高球形度和良好流动性的金属粉末，这些粉末应用于增材制造、粉末冶金和其他需要高质量粉末制造领域。射频等离子体粉末球化技术因其能够提供高纯度、低氧含量的粉末而受到重视，尤其适用于生产活性金属和难熔金属粉末。

（2）激光熔化沉积

在激光熔化沉积过程中，激光束在金属粉末和工件表面之间移动。激光束的高能量密度和高聚焦度使得金属粉末被加热至熔点并熔化。随着激光光斑的移动，熔化的金属粉末在工件表面形成高温熔池。熔池中的金属粉末材料凝固后与基材形成良好的冶金结合。这一过程逐层进行，通过层层堆积，最终形成所需的三维零件实体。

（3）后处理

激光熔化沉积完成后，需要对零件进行后处理，如去除支撑结构、打磨、抛光等，以提高零件的表面质量和精度。

激光熔化沉积技术的最大特点是可以实现精密的三维打印加工，能够制造出非常复杂的形状。与传统的锻、铸等方法相比，LMD 成型材料内部成分偏析小，零件致密度较高，组织均匀细小，力学性能及耐蚀性能较好。同时，LMD 技术加工制造速度快，零件制造生产周期短，材料利用率高，且成型过程无需模具，实现了零件的自由制造，降低了零件的加工成本。

3.2.2　激光熔化沉积冶金过程

激光熔化沉积（LMD）的冶金过程是一种精密的增材制造技术，它利用高能激光束将金属粉末逐层熔化并沉积在基底或先前沉积的层上，以构建三维金属零件。这个过程涉及复杂的物理和化学现象，包括熔化、凝固、相变和微观结构的形成。金属粉末通过送粉喷嘴被输送到沉积区域，激光器发射的高能激光束聚焦在沉积区域，将粉末颗粒完全熔化，形成熔池。熔池的温度、形状和大小由激光参数（如功率、束径、扫描速度）和粉末特性

（如粒度、成分）控制。在激光移开后熔池区域迅速凝固，形成固态材料层，极快的冷却速率影响了材料的微观结构和性能。激光熔化区域周围的材料会因热传导而受热，形成热影响区（heat affected zone，HAZ）。快速凝固会导致晶粒细化，可能形成非平衡相和微观缺陷，新沉积的层与先前沉积的层之间形成冶金结合，确保了零件的整体性和强度。由于快速加热和冷却，以及材料的相变，零件内部会产生热应力和残余应力。如果过程控制不当，可能会形成孔洞、裂纹和其他缺陷，这些缺陷会影响零件的质量和性能。打印完成后，可能需要进行热处理（如退火、正火或时效处理）以消除应力，改善微观结构和力学性能。

3.2.3　激光熔化沉积技术特征及优缺点

激光熔化沉积技术具有一系列独特的技术特征，这些特征使其在特定应用领域中具有显著优势。

① 逐层制造　LMD 通过逐层沉积材料来构建零件，使得该技术能够制造出复杂几何形状的零件，包括内部空腔和复杂的内部结构。

② 冶金级结合　每一层材料都是在高温下熔化并与下一层材料结合，形成了冶金级的结合，确保了零件的强度和耐用性。

③ 材料多样性　LMD 技术可以使用多种金属粉末，包括但不限于钛合金、镍基合金、不锈钢、铝合金等，这为材料选择提供了广泛的灵活性。

④ 高沉积速率　与其他粉末床熔化技术相比，LMD 通常具有更高的沉积速率，这可以缩短制造时间，提高生产效率。

⑤ 可控的微观结构　通过调整激光参数和工艺条件，可以控制材料的微观结构，包括晶粒大小和相组成，从而影响材料的最终性能。

⑥ 梯度材料制造　LMD 技术可以在同一零件中沉积不同成分的粉末，从而制造出具有梯度材料特性的零件。

⑦ 修复和再制造　LMD 技术不仅可以用来制造新的零件，还可以用来修复和强化现有的零件，这在航空航天和汽车行业中具有广泛用途。

⑧ 热影响区控制　由于 LMD 过程中的热输入可以精确控制，因此可以精确控制热影响区的大小和特性，减少热应力和变形。

⑨ 实时监控和反馈　LMD 过程可以通过各种传感器进行实时监控，实现闭环控制，提高制造过程的稳定性和可重复性。

LMD 技术因其独特的技术特征，在航空航天、医疗、汽车、模具制造等领域有着广泛的应用。随着技术的进步和成本的降低，在未来的增材制造领域，LMD 将扮演越来越重要的角色。

激光熔化沉积技术的优势在于能够制作大型零件，原则上没有尺寸限制，同时所制作的零件具有较高的力学性能，优于锻件标准，在材料的选择上也更加灵活方便。工艺缺点在于设备的造价较为昂贵，在成型过程中容易产生较大的内应力，目前尚未研发出边打印边退火的方法；此外，该技术打印的零件在尺寸精度与表面质量方面不佳，后续需要较多的机加工。

3.3
激光熔化沉积材料及组织特性

3.3.1　激光熔化沉积材料类别及要求

　　用于激光熔化沉积（LMD）的材料主要以金属材料为主，以激光为热源、金属粉末或金属丝材为原料的增材制造技术，利用高能量激光束对原料进行熔化堆积并逐层加工，最终得到所涉及的零件和构件。目前常用于 LMD 的金属材料有钛合金、铝合金、钢铁材料等。

　　钛合金是以钛元素为基加入其他金属元素组成的重有色金属材料。钛是同素异构体，熔点为 1668℃，在低于 882℃时呈密排六方晶格结构，称为 α 钛，在 882℃以上呈休心立方晶格结构，称为 β 钛。利用钛的上述两种结构的不同特点，添加适当的合金元素，可使其相变温度及相分含量逐渐改变而得到不同组织的钛合金（titanium alloy）。室温下，根据钛合金基体组织进行分类，可以将钛合金分为以下三类：α 合金，（α+β）合金和 β 合金。钛合金具有比强度高、密度低、耐高温及耐腐蚀等优点，成为飞机、航空发动机结构减重、提高推重比和提高燃油率的关键材料。在实际生产中，可以加入一些稀土元素，例如 Y、Ce、La 等，或稀土元素氧化物，例如 Y_2O_3、CeO_2、La_2O_3 等，能够促进钛合金柱状晶粒的细化，提高钛合金的高温瞬时强度和耐久性、抗拉强度等性能，使利用 LMD 生产出的钛合金材料更好地满足服役要求。

　　铝合金是以铝为基添加一定量其他合金化元素的合金，属于轻金属材料。铝合金除具有铝的一般特性外，由于添加合金化元素的种类和数量的不同，又具有一些合金的具体特性，但由于铝合金冶金组织特点，铝合金送粉式增材制造多选择铸造类 Al-Si 系合金，变形铝合金因极易产生缺陷而受到一定限制。

　　合金钢是在普通碳素钢基础上添加适量的一种或多种元素而构成的铁碳合金。根据添加元素的不同，并采取适当的加工工艺，可获得高强度、高韧性、耐磨、耐腐蚀、耐低温、无磁性等特殊性能。目前，以合金钢为代表的钢铁材料，由于其性能优异、来源广泛、价格便宜，已经成为国家和国防重大工程及高端装备中适用范围最广、最为重要的合金材料，同时也是 3D 打印技术研究较早的一类合金材料。在 3D 打印过程中，沉积材料将经历初始熔覆/熔凝沉积过程中的快速熔化、凝固和冷却过程，以及后续熔覆/熔凝沉积对已熔覆沉积体的往复快速再加热退火、回火过程。由于钢具有丰富的固态相变行为，在 3D 打印的复杂热历史条件下，其将会发生复杂的组织相变，相应的力学性能差异很大，所以，钢在 3D 打印完成后，后续热处理对其组织和性能的进一步调控至关重要。目前，3D 打印钢的零部件已在航空航天、汽车、复杂模具、建筑、能源等领域获得了应用。

　　除了以上几种材料外，LMD 还可应用于形状记忆合金、高熵合金、中熵合金，以及异种金属制备中。

3.3.2 激光熔化沉积冶金组织特性

3.3.2.1 钛合金组织

（1）（α+β）型钛合金

LMD 增材制造钛合金多呈现出典型宏观柱状晶和内部细晶组织特点，图 3-2 所示为 LMD 制备的典型 Ti-6Al-4V 微观组织。如图所示，晶粒近似呈规则的正六边形分布，晶粒内部为板条状 α′马氏体，交织相互排列展现了明显的魏氏组织特征［图 3-2（a）］。LMD 增材 Ti-6Al-4V 合金的微观结构受到快速冷却速率、热梯度的方向性以及逐层制造过程的影响，β 相到 α 相的转变被抑制，转变成为非平衡态的 α′组织，后续经过热处理可恢复成双相组织。

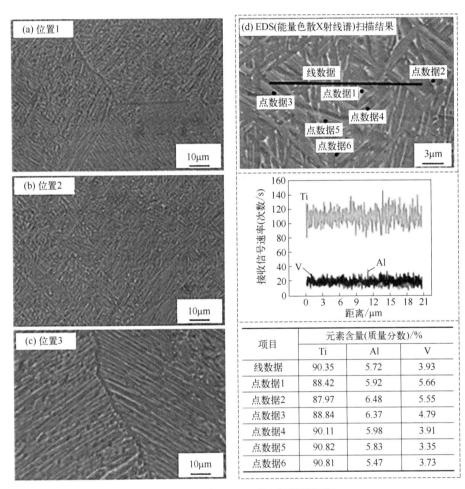

项目	元素含量（质量分数）/%		
	Ti	Al	V
线数据	90.35	5.72	3.93
点数据1	88.42	5.92	5.66
点数据2	87.97	6.48	5.55
点数据3	88.84	6.37	4.79
点数据4	90.11	5.98	3.91
点数据5	90.82	5.83	3.35
点数据6	90.81	5.47	3.73

图 3-2　LMD 态 Ti-6Al-4V 典型微观组织

（2）α 型钛合金

TA15（Ti-6.5Al-2Zr-1Mo-1V）合金为 α 型钛合金，是当前高强度钛合金的典型代表。其增材制造的典型显微组织如图 3-3 所示，呈现出粗大初生柱状 β 相晶粒跨越多个沉积层，并沿堆积方向外延生长。原因在于，LMD 时，熔池底部的温度梯度最大，热量沿沉积层向下扩散，促使凝固时 β 相沿着与热扩散相反的方向生长；由于熔池中的液体和基体的合金成分相同，相邻层之间具有良好的润湿性，理论上熔液的润湿角为 0°，沉积层间不存在形核障碍，因此初生柱状 β 相可在重熔后继续沿前一层的方向外延生长，这与 Ti-6Al-4V 合金相似。

此外，LMD TA15 合金组织由初生 β 相、晶界 α 相、长径比较大的 α 板条簇和大量篮网状 α 组织构成。其中，晶界 α 相存在于初生 β 相晶界处，是在合金温度降低到 β 相转变点以下时优先在 β 相晶界上非均匀形核而形成的。在合金冷却凝固过程中，晶界或夹杂物会优先作为非均匀形核位点。LMD TA15 合金在制备过程中的冷却速率很快，且非均匀形核速率远大于均匀形核速率，因而当温度降低到 β 相转变点以下时，在 β→α 的相变驱动力作用下，α 相优先沿着 β 相晶界异质形核，并逐渐形成连续和不连续的晶界 α 相薄层。

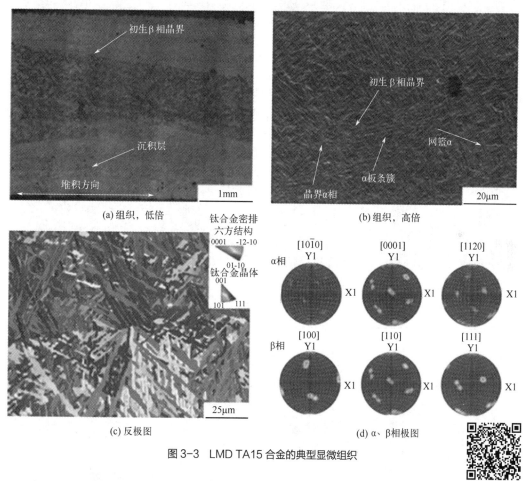

图 3-3　LMD TA15 合金的典型显微组织

彩图

3.3.2.2　铝合金组织

（1）Al-Cu 系合金

时效硬化型 Al-Cu 系合金具有较低的密度、较高的比强度、优异的可塑性、较好的耐腐蚀性、易于锻造和挤压等特点，广泛应用于国防军工、航空航天以及交通运输等领域。

以国产2A50高强度锻造型铝合金为例，激光熔化沉积2A50铝合金元素组成和微观组织如表3-2、图3-4所示，呈现出底部为柱状树枝晶区、顶部为等轴树枝晶区、中间部分为过渡区域现象。靠近基板底部柱状树枝晶区和顶部等轴树枝晶区高倍组织观察，单位面积内枝晶数量随能量密度提高而增加，微观组织明显细化。

表 3-2 2A50 铝合金的元素组成（最大质量分数）/%

Cu	Si	Fe	Mn	Mg	Zn	Ti	Ni	Al
2.2	0.8	0.7	0.6	0.6	0.3	0.15	0.1	余量

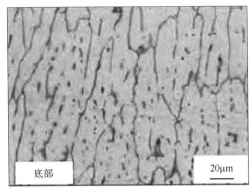 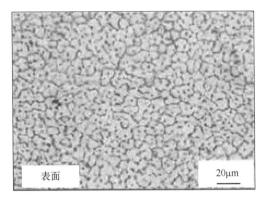

(a) 能量密度222J/mm²

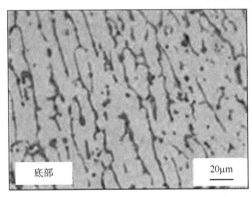 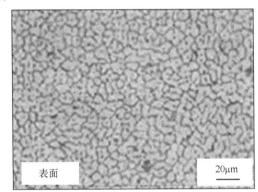

(b) 能量密度333J/mm²

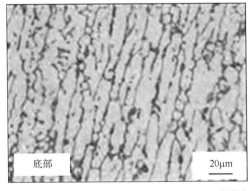 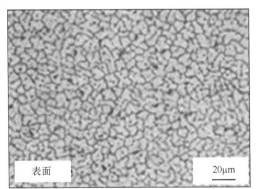

(c) 能量密度389J/mm²

图 3-4 不同能量密度 2A50 铝合金试样微观组织

（2）Al-Si 系合金

AlSi10Mg 合金的沉积态典型微观组织主要是由 Al-Si 共晶和 α-Al 枝晶组成，当采用不同的激光功率时，热输入对 Al-Si 共晶和 α-Al 枝晶的尺寸、形态会有一定的影响。

图 3-5 为较低输入激光功率 480W 制备的样件 *YOZ* 截面的宏观形貌，图中白色部分为 α-Al 枝晶，黑色部分为 Al-Si 共晶组织。可以看出，沉积层组织主要由柱状树枝晶组成，树枝晶的生长方向比较一致。

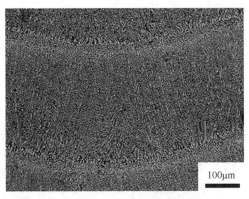

图 3-5　激光功率为 480W 制备样件 *YOZ* 截面的微观组织（白色为 α-Al 枝晶，黑色为 Al-Si 共晶）

扫描电子显微镜（SEM）下沉积层单层组织呈现出细晶区、粗晶区和热影响区三个区域，如图 3-6（a）所示。图中黑色部分为 α-Al 枝晶，白色部分为 Al-Si 共晶。根据 α-Al 枝晶尺寸大小，细晶区组织 α-Al 枝晶间距较小，粗晶区组织 α-Al 枝晶间距较大，热影响区组织特征为网状 Al-Si 共晶发生断裂，并且 Si 相发生球化。

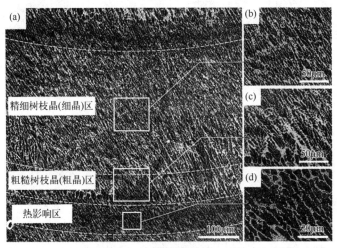

图 3-6　激光熔化沉积样件单层组织 SEM 图（白色为 Si，黑色为 Al）
（a）沉积层；（b）细晶区；（c）粗晶区；（d）热影响区

（3）Al-Mg 系合金

密度低、强度高、热裂纹敏感性低是高强度 Al-Mg 系合金诸多优点中的一部分，所以高强度 Al-Mg 系合金广泛应用于航空航天、军事工程及化学等领域。通过 Sc/Zr 元素改性非热处理强化型 Al-Mg 系合金被认为是开发新一代高性能铝合金的重要措施，其中 Sc/Zr

元素的加入具有两个显著的效果：

① 凝固过程中形成的初生 Al_3（Sc，Zr）粒子可成为 α-Al 晶粒的异质形核质点，并提高形核率，增加等轴晶区的面积分数；

② 后处理人工时效过程中析出的二次 Al_3（Sc，Zr）相可以阻碍位错运动，改善增材制造试样的综合力学性能。

LMD 成型 Al-Mg-Sc-Zr 合金沉积态气孔缺陷数量明显减少，表明合金化是重要的细晶化和消除缺陷的手段，如图 3-7 所示。同时，可以通过施加外部超声波振动来消除缺陷。超声波振动产生的声空化效应和声流效应是减少气孔缺陷的主要原因。在高频振动下，超声波产生的气泡不断生成、破裂或聚集成大气泡，然后上浮至熔池表面并逸出，从而有效去除缺陷。声流效应和机械效应加剧了液态熔池的搅动现象，从而促进了合金元素均匀分布。

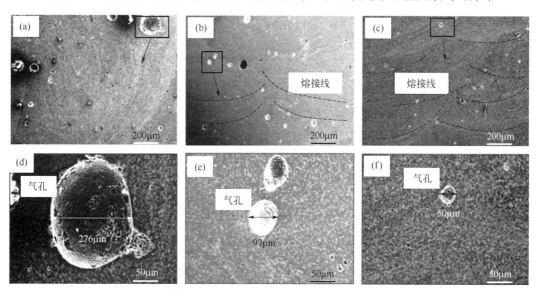

图 3-7 不同工艺条件下的激光熔化沉积 Al-Mg-Sc-Zr 合金微观组织形貌
（a），（d）空冷； （b），（e）水冷； （c），（f）超声波振动辅助

3.3.2.3 钢的冶金组织

（1）热作模具钢

H13 为典型的模具用钢（化学成分见表 3-3），LMD H13 钢沉积层试样形貌如图 3-8 所示，基体主要由回火马氏体和弥散分布的碳化物组成，热影响区是基体上部在沉积过程中被熔池加热所形成，与基体组织相对比，其部分马氏体板条状特征消失。

表 3-3 H13 钢化学成分（质量分数）/%

C	Cr	Mo	V	Si	Mn	Fe
0.32~0.45	4.75~5.50	1.10~1.75	0.80~1.20	0.80~1.20	0.20~0.50	余量

（2）不锈钢

不锈钢包括铁素体不锈钢、奥氏体不锈钢、奥氏体-铁素体双相不锈钢等，由于具有优良的耐腐蚀性，常被应用于建筑和医疗行业中。除此以外，不锈钢在高温下仍能保持优异的力学性能，近年来被广泛应用于 LMD 中。

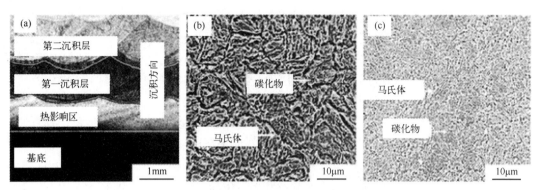

图 3-8　沉积试样形貌

（a）截面 OM（光学显微镜）形貌和沉积方向；（b）基体 SEM 形貌；（c）热影响区 SEM 形貌

图 3-9（a）为多层马氏体不锈钢显微组织的全貌，沉积层组织较致密，界面处结合良好，未出现未熔合和裂纹。沉积层组织具有定向生长特性，主要由细长的枝晶构成。层与层搭接处的显微组织与层内不同，同时含有等轴晶和枝晶，如图 3-9（c）所示，等轴晶的尺寸较小，这是由于每一层沉积过后，表面都会残留一些熔渣，当发生重熔时，部分熔渣由于重力作用，附着在熔池底部，有利于非均质形核，且熔池凝固速度较快，晶粒来不及长大，因此以细小等轴晶的形态存在于层与层的搭接处。

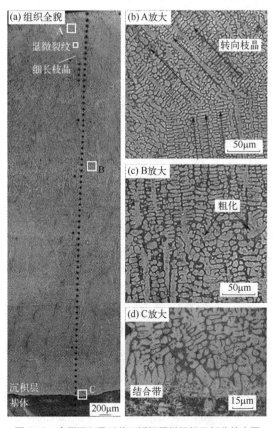

图 3-9　多层沉积马氏体不锈钢显微组织及部分放大图

（3）高强度钢

马氏体时效钢以无碳（或微碳）马氏体为基体，时效时能产生金属间化合物沉淀硬化的超高强度钢。与传统高强度钢不同，它不用碳而靠金属间化合物的弥散析出来强化。这使其具有一些独特的性能：高强韧性，低硬化指数，良好成型性，简单的热处理工艺，时效时几乎不变形，以及很好的焊接性能。因而马氏体时效钢也获得了广泛的应用。

利用激光熔化沉积技术制备马氏体时效钢有以下几点优势：

① 由于马氏体时效钢产生金属间化合物时效硬化，容易热处理，即使经过几秒的热处理也会产生硬化，因此在进行 LMD 制备时，激光头在后续层加工时可进行原位热处理，这种类型的热处理可引发硬化析出物的聚集。

② 由于 LMD 工艺的熔池尺寸较小，冷却速率极高，导致其具有非常细小的胞状微结构，因此 LMD 生产的马氏体时效钢的屈服强度和抗拉强度显著高于未热处理的传统马氏体时效钢。

③ 马氏体时效钢主要应用于航空航天和工具制造行业，这些行业往往要求几何复杂的构件，这样 LMD 技术的灵活性优势就大大显示出来。

18Ni300 是一种马氏体时效不锈钢，图 3-10 所示为用 LMD 制备 18Ni300 涂层的微观组织。从微观晶粒尺寸及生长方向上看，LMD 制备的 18Ni300 涂层主要是由柱状晶和等轴晶组成，其形态与温度梯度（G）和枝晶生长速度（R）密切相关。高能量激光束照射金属粉末在基材表面形成熔池，随着光斑移动，熔池开始凝固。由于基板对熔池具有冷却作用，此时熔池底部的温度梯度最大，枝晶生长速度最慢，温度梯度垂直于熔合线，因此在熔池底部首先由平面晶生长出细小的柱状晶。随着固液界面的移动，晶粒迅速生长，G/R 数值减小，在弧形的熔池中，晶粒偏向垂直界面生长，在涂层中部多为柱状晶，且存在小的转向区。温度梯度在熔池几何中心处达到最小，材料快速凝固时产生极大过冷度，大量晶核形成，但在熔池顶部由于与空气接触，冷却速率快，晶粒此时的生长受到抑制，因此在涂层顶部易生成晶粒细小的等轴晶。

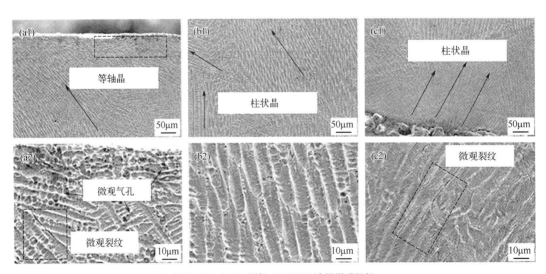

图 3-10　LMD 制备 18Ni300 涂层微观组织
（a1），（a2）顶部；（b1），（b2）中部；（c1），（c2）底部

3.3.3 激光熔化沉积冶金缺陷类型

激光熔化沉积过程中高能量密度的激光、合金粉末与基板之间的相互作用伴随着复杂的冶金过程，熔池行为复杂，且沉积过程中冷却速度快，温度梯度高，容易在零件内部形成裂纹、孔隙等冶金缺陷，影响沉积零件的力学性能。

在 LMD 过程中，沉积零件在高能激光束的作用下会经历长时间周期性的快速加热和冷却过程，熔池流动性、温度场和热累积的不断改变会导致熔池发生波动，可能在零件内部，沉积层与沉积层或沉积道与沉积道之间会产生各种内部冶金缺陷，如夹杂、气孔、熔合不良等。零件的内部缺陷会降低其力学性能，甚至在沉积过程中，由于应力集中而形成裂纹，零件直接失效。因此研究 LMD 过程中工艺参数对于成型质量的影响，对于改善沉积零件内部缺陷具有非常重要的意义。

3.3.3.1 裂纹

在激光熔化沉积过程中，熔池周围存在较高的温度梯度，局部加热诱导已沉积试样膨胀收缩不均匀，从而在沉积零件内部会产生热应力。此外，钛合金在不同温度下具有不同晶体结构的同素异构体，冷却过程中钛合金发生的固态相变同样会产生应力。这些应力构成残余应力，从而影响沉积零件的力学性能，当残余应力超过强度极限时，在沉积零件内部萌生裂纹，导致零件发生开裂。两种激光熔化沉积成型裂纹缺陷如图 3-11 所示。

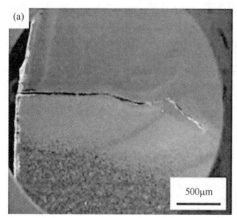

图 3-11　激光熔化沉积成型裂纹缺陷

（a）熔合不良产生的裂纹；（b）夹杂产生的裂纹

裂纹作为激光熔化沉积技术中最棘手的问题，其控制方法自然成了当前研究的重点。目前大量实验证明，行之有效的抑制裂纹的方法有以下几种：

（1）调节成型材料成分，提高材料的塑韧性

镍基自熔合金粉末中的 B、Si 元素在造渣的同时使得熔覆层硬脆相含量增加、延性降低，提高了裂纹的敏感性。若将 Ni 粉混入 Ni60 合金中进行成型，Ni 会提高熔覆层的塑韧性，降低了裂纹敏感性。

有研究表明，在钴基合金粉末中加入 CeO_2 纳米颗粒后，加入了 CeO_2 纳米颗粒的熔覆

层明显比未加入的成型质量好，且内部冶金结合良好，无裂纹、气孔等缺陷。

（2）优化工艺参数，尤其是激光功率、送粉速度和扫描速度

裂纹的产生和扩展与激光能量密度（LED）有很大关系，在满足粉末能够完全熔化的条件下降低能量输入，是有效抑制裂纹产生和扩展的方法。

研究表明，激光熔化沉积增材制造 TA15 合金时，激光比能量和激光能量密度对残余压力的影响较大，激光能量密度增加，残余压力也不断增大，裂纹的敏感性提高；使用激光熔化沉积技术对铁基复合材料进行成型实验，在激光功率为 300W、扫描速度为 0.6m/min 条件下，裂纹尺寸最小；而在激光功率为 500W、扫描速度为 0.3m/min 时，激光能量密度明显提高，成型裂纹率提高了 9.1%。

（3）对基体进行预热，降低温度梯度，减小热应力

韩国的 Shim 分别在基体预热和不预热的前提条件下进行激光熔化沉积 M4 工具钢对比试验。结果表明，预热后的成型组织由柱状晶转化为等轴晶，大量的等轴晶能够提高晶界的抗变形能力，因此改善了成型后组织的延展性和强度，不仅使其裂纹缺陷明显减少，而且使其力学性能也大幅提高。未预热的成型组织伸长率较低，这是细粒度的马氏体结构造成的，预热后的组织没有明显的马氏体特征。

（4）激光重熔

当前激光重熔的方式主要为逐层进行重熔和最后的表面重熔。Kampen 等采用逐层重熔的方式对增材制造 M2 高速钢进行处理，发现重熔层的冷却速度比成型时还要高，造成非平衡态组织增加，脆性马氏体使得成型件更容易开裂和变形。Cabeza 则是对成型后的14Ni 马氏体时效钢进行表面重熔，对比发现重熔后表面的组织形貌得到改善，气孔、微观裂纹、未熔合粉末等缺陷都明显减少，成型件的耐磨性提高，但内部的缺陷没有变化，可见这种做法只能控制表面缺陷，对于内部缺陷无效果。

3.3.3.2 孔隙缺陷

（1）熔合不良

由于激光热输入过低、激光能量密度分布不均匀、送粉速率过高等原因，沉积层与沉积层之间或沉积道与沉积道之间未能形成完全冶金结合，从而形成不规则的熔合不良缺陷。当激光能量不足时，合金粉末因熔化不完全而黏结在沉积道表面，之后的沉积过程中激光难以熔化残余粉末而形成熔合不良缺陷。除了激光能量外，搭接率也会对沉积道与沉积道之间的结合产生影响。当搭接率过低时，相邻沉积道之间存在明显的凹陷区域，更容易形成熔合不良，降低零件的沉积致密度。而不当的层间抬升量会导致激光的离焦量随逐层沉积而剧烈变化，激光能量密度降低，使得熔池深度不够，相邻沉积层之间无法形成紧密重熔，造成沉积层间形成尺寸较大的熔合不良缺陷。形成熔合不良缺陷的本质原因是输入的激光能量过低而不能将同轴输送的合金粉末完全熔化并与基材或之前的沉积层熔合在一起。图 3-12 为两种熔合不良缺陷的形貌以及控制之后的形貌。

因此，可以通过提高激光功率、减少粉末送粉量等方式调整工艺参数，对熔合不良缺陷进行控制。只要保证适量的粉末在合适的激光能量下完全熔化，并加以适当的搭接率则

能避免这种缺陷。

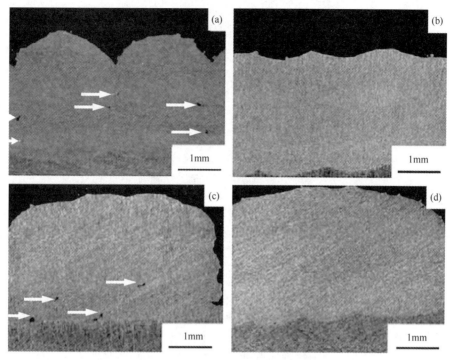

图 3-12　激光熔化沉积成型熔合不良缺陷
（a）道间熔合不良；（c）层间熔合不良；（b），（d）缺陷控制后

（2）气孔

气孔通常是因为熔池内气体的逸出速度小于熔池凝固速度，气体来不及从熔池逸出而被凝固组织包裹所形成的一种缺陷。在激光熔化沉积过程中，形成气孔缺陷的气体来源主要有三种：首先，粉末本身存在残留气体，这是由于激光熔化沉积技术所使用的粉末通常采用气体雾化法等方式制备，制备过程处于惰性气体（氩气或氦气等）氛围，所制备得到的粉末内部会有少量残留的惰性气体，在沉积过程中，这些粉末内部的惰性气体会转移到金属构件中，从而形成气孔；其次，在送粉过程中，由于粉末流动性较差而吸附的或因紊流而卷入的保护气体进入熔池，这些气体在熔池凝固前未及时逸出就会被留在凝固组织内形成气孔缺陷；此外，当输入的激光能量密度过大时，熔池内金属快速汽化，产生强烈的反冲压，推动熔池液体向下流动，形成了又窄又深的匙孔，在匙孔内部，激光束多次反射，激光吸收率提高，匙孔底部金属发生汽化形成气泡，之后匙孔坍塌，气泡被困在熔池中，被随后的凝固组织捕获，从而形成气孔缺陷。钛合金沉积零件中通常含有数量较多的孔隙缺陷，容易形成应力集中，促进裂纹萌生，会严重恶化零件的抗疲劳性能。图 3-13 为激光熔化沉积成型气孔缺陷形貌。

目前有两种解决方式：

① 降低粉末的气体含量，同时选择球形度高、流动性好、孔隙率低的粉末。

② 优化激光熔化沉积工艺参数并控制保护气体流量，选取适合的参数，减少卷入熔池的保护气体量。较大的保护气体流量增加了熔池的流动性，有利于气体的逸出。

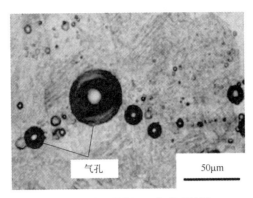

图 3-13　激光熔化沉积成型气孔缺陷

　　国内外对气孔缺陷的研究思路局限于气体产生的来源，而忽略了对气孔产生及逸出机理的分析。熔池中存在过饱和气体固然是形成气孔的原因之一，但气孔的形成还是如同晶体一样具备形核、长大过程，同时气孔还存在上浮逸出时间段，因此气体在液态金属中的扩散系数以及液态金属的浓度也对气孔的形成有着显著影响。

　　对 LMD 制备零构件存在的问题以及建议如下：

　　① LMD 制备合金物理冶金基础研究与过程监控　从原理上看，激光熔化沉积是金属粉末在激光作用下快速熔化而形成熔池，一个个微小快速移动的金属熔池相互融合有快速凝固的过程。在这个复杂物理冶金的过程中，任何缺陷的形成必然与熔池的形成、融合与凝固有关。针对这一问题，国内外学者通过各种模拟计算的方法来预测这一特殊条件下的反复熔化—凝固过程。虽然人们已经从理论上解释了一些缺陷产生的原因，但准确实时监控整个成型过程并及时调整成型工艺，仍然无法在现有的激光熔化沉积设备上实现。所以，研究准确监控 LMD 成型过程的模拟算法对 LMD 制备钛合金具有至关重要的意义。

　　② 新材料、新结构、多材料　目前激光熔化沉积成型合金研究主要在材料的组织与性能，以及材料缺陷的形成与控制等方面，主要以成熟的工业合金为研究对象，鲜有关于新型合金成分的研究。而在实际工程中应用的合金，包括铸造和变形等多种类型合金，这些合金在最初的设计上，除了满足物理、化学和力学性能外，还兼顾了合金的可铸性、可焊性和可加工性等。因此，要尽快开展 LMD 用合金成型的开发。

　　③ 残余应力的控制　激光熔化沉积过程中逐点、逐线、逐面的加工特点，不可避免地会产生温度梯度分布不均匀的问题，进而造成残余应力的产生。不均匀的温度梯度分布也会导致非平衡的微观组织形貌，其与残余应力会共同影响构件的制造可靠性。因此，在制备金属零构件时，研究大的热应力累积、零件的几何特征、热应力加载模式及成型缺陷等多因素对零构件的影响尤为重要，进而可以通过优化零构件结构及其工艺参数适时消除应力积累，减少和抑制缺陷的产生。

　　④ 质量检测方法　LMD 成型金属零部件是一个非平衡冶金过程，由于金属成分组成元素多，具有多元多相结构，成型过程中由于多点、多层热循环和累加作用，在成型的金属中往往存在着热应力和组织相变应力导致的裂纹和变形开裂、组织不均匀、强韧性差等与常规铸造、锻造技术完全不同的质量问题。但目前对 LMD 制备零件的性能检测基本上

沿用了传统的性能测试方法和设备，导致 LMD 零部件的规模化应用和推广受到了限制。

3.4
激光熔化沉积专用设备及其特征

3.4.1　激光熔化沉积典型设备基本组成

LMD 增材制造系统主要由激光沉积系统、运动控制系统和防护监测系统组成。激光沉积系统是整个增材制造系统的核心，主要由激光器、送粉/送丝设备、冷却器、沉积头和成型平台组成，用于材料输送并熔化沉积到成型平台上；运动控制系统主要由 CNC（计算机数控）机床/机械臂、程序控制器及 CAM 编程软件组成，用于实现沉积头/成型平台的空间定位移动，对不同形状的构件进行制造；防护监测系统主要由安全外壳、气体室、在线监测设备及配套软件组成，用于保护加工安全，监测整个成型过程，保证加工精度。图 3-14 所示为典型 LMD 系统原理示意图。

稳压电源　　水冷机　　送粉器

惰性气氛加工室　　熔覆头　　整机控制及监视系统

气体循环净化除尘系统　　气站　　西门子840D　　成型软件

图 3-14　典型 LMD 系统原理示意图

3.4.2　激光熔化沉积典型设备

激光熔化沉积设备核心器件包括激光加工头、送粉器等，当前激光加工头主要以南京中科煜宸（NJZKYC）公司为核心代表，该公司开发出了多种类型的三路、四路加工头，以及二路～五路送粉器，实现了多种材料高效率增材制造，如图 3-15 和图 3-16 所示。

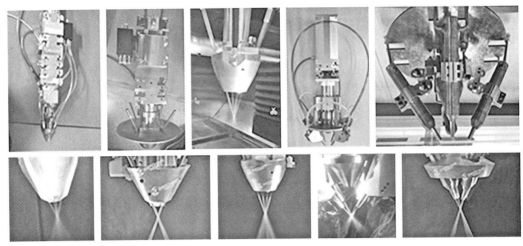

图 3-15　系列激光加工头

图 3-16　智能化送粉器及粉末汇聚效果

苏州大学开发的中空环形激光光内送粉工艺技术，利用圆环-圆锥双反射镜对入射激光束进行分割-聚焦，形成环形光斑，送粉喷嘴被包裹在环形激光束内，避免了粉末分流，大大提高了粉末利用率。如表 3-4 所示为不同喷嘴的技术参数。

表 3-4　不同喷嘴的技术参数

技术参数	四束送粉喷嘴 RC-CN4-00	低功率四路送粉喷嘴 RC-CN2-00	四路送粉喷嘴 D40RC-CN7-00	高功率四路送粉喷嘴 RC-CN3-00	一体式大功率四路送粉喷嘴 RC-CN14-00
适用出光功率/kw	1	3	4	6	10
粉斑直径/mm	2	2～3	3～4	3～4	5～6
工作距离/mm	16	14	40	20	20～40（可调）

　　近年来，德国弗劳恩霍夫（Fraunhofer）激光技术研究所代表性开发了丝材激光金属沉积（wire based laser metal deposition，LMD-W）加工头，采用横向送丝方式，材料利用率可达到 100%。德国 Precitec 公司研制的 CoaxPrinter 金属沉积头，采用激光同轴送丝工艺，具有极高的沉积效率。美国 Additec 公司发明的丝材/粉材激光金属沉积工艺技术 μPrinter，开创性地将送粉和送丝技术结合，在单独进给粉末或丝材的同时，还可实现丝粉同时进给，图 3-17 所示为采用该技术的美国 EFESTO 公司拥有的大型同步送粉 LDM 增材制造设备 EFESTO 557，该机器拥有一个 1500mm×1500mm×2100mm 的超大工作室。它能够 3D 打印各种各样的金属材料，包括钴、镍、钢，以及铝和钛制成的合金材料。

图 3-17　美国 EFESTO 公司 LDM 设备

　　美国 Optomec 公司最早推出商业化 LDM 设备，该公司通过与美国 Sandia 国家实验室合作获得 LENS 技术商业许可，并推出包括 LENS 860-R、LENS 1500 等设备。LENS 860-R 是一款拥有 900mm×1500mm×900mm 加工尺寸的中大型零件增减材一体设备，搭载标准五轴数控机床，16 个用于机加工的 ATC（自动换刀装置）工具，线性分辨率±0.025mm。2016 年成立的美国 Formalloy 公司推出了采用 LMD 技术的 A、L 及 X 系列 3D 打印机，其中 X 系列采有可变波长激光器（红色 970～1070nm、蓝色 450nm）、Formax 沉积头及 Formfeed 高精度送粉器等新技术，粉末利用率达 95%，最高沉积率可达 7kg/h。

　　国内方面，NJZKYC 公司研发了送粉式金属增材制造设备，成型尺寸为 800mm×600mm×900mm，最大打印速度为 5m/min，采用自研的 RC 系列沉积头，适用于高精度、大尺寸零部件的激光直接沉积制造及受损零部件直接修复等。XABLT 公司基于激光熔覆成型（laser solid forming，LSF）技术开发出的 BLT-C1000 金属增材制造高效成型设备，成型尺寸为 1500mm×1000mm×1000mm，主要应用于航空航天、汽车等领域的大尺寸零部件的制造及修复。此外，北京鑫精合（BJXJH）、BJLY 公司等设备制造商都在进行 LMD 技术开发及设备制造。表 3-5 列出了基于 LMD 技术的主要设备制造商及设备型号、成型尺寸等参数。

表 3-5　基于 LMD 技术的典型增材制造设备

厂商	设备型号	成型尺寸 /(mm×mm×mm)	激光功率/W	材料特性
美国 Optomec	LENS 860-R	900×1500×900	4000	粉末
美国 Formalloy	X 系列	1000×1000×1000	8000	粉末
德国 DMG Mori	LASERTEC 125 3D	1250×1250×745	3000	粉末
德国 Trumpf	TruLaser Cell 7040	4000×2000×750	6000	粉末
法国 BeAM	Magic 800	1200×800×800	4000	粉末
韩国 InssTek	MX-Mini	200×200×200	3000	粉末
中国 NJZKYC	RC-LDM8060	800×600×900	10000	粉末
中国 BJXJH	TSC-S4510	4500×4500×1500	10000	粉末
中国 XABLT	BLT-C1000	1500×1000×1000	6000	粉末
中国 BJLY	AFS-D800	900×900×700	6000	粉末
美国 Additec	μPrinter	160×120×450	1000	粉末/丝材
西班牙 Meltio	M450	150×200×450	1500	粉末/丝材

3.5
激光熔化沉积典型工程应用案例

3.5.1　航空领域典型应用

在航空领域中，材料普遍要求有良好的强度、韧性、耐腐蚀性、耐高/低温性能等，且在重量及成本控制上有着特殊要求。增材制造技术具有零件生产周期快、材料利用率高、节能环保等优势，其高精度和近净成型特点，满足航空领域现阶段的需求，在快速迭代和成本控制方面也有优势。现阶段 LMD 增材制造技术主要应用于航空领域相关部件一体化、免组装大型零件轻量化、拓扑优化结构件及生产成本和周期的控制方面。

我国激光熔化沉积技术研发和工程应用始终处于国际领先地位，在民用和军用领域已得到广泛应用，其中，北京航空航天大学王华明院士已经率先在军用飞机上实现型号应用。当前在民用飞机中也在积极推广 LMD 技术，其主要潜在应用如图 3-18 所示。我国在民用飞机领域先后进行了多次尝试，"十二五"期间，北京航空航天大学王华明院士采用激光熔化沉积技术完成了 C919 机头工程样机 TC4 钛合金主风挡窗框激光成型研制；2011 年西北工业大学黄卫东团队采用激光熔化沉积技术制备了 C919 大型客机钛合金缘条，长度 3070mm，质量 196kg；沈阳飞机设计研究所、沈阳航空航天大学、中科煜宸、南京工业大学增材制造团队联合完成了飞机整体框梁结构的一体化增材制造。

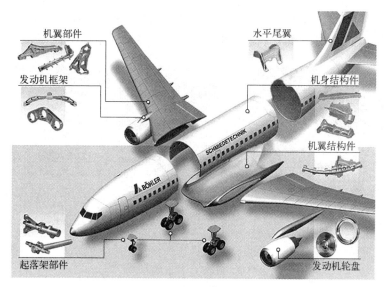

图 3-18　民用飞机领域激光熔化沉积潜在应用结构

除此之外，人们还对中国商用飞机的应急门、铰链臂、发动机吊挂框等的 LMD 制造方面进行了研究，如图 3-19 和图 3-20 所示。

图 3-19　激光熔化沉积钛合金典型承力结构

未来，还会尝试将 LMD 技术应用在飞机整体制造中，如美国波音公司设计了未来一体化的机身结构，且这类结构的设计理念已经摒弃了传统制造工艺的影响。其优势在于，将传统的装配结构改为一体化制造，实现融合区域结构减重，减少疲劳薄弱环节，提高寿命，改善结构动力学品质，缩短制造周期，降低制造成本，如图 3-21 所示。

| (a) 制造过程 | (b) 制造毛坯件 | (c) 制造后 |

图 3-20 吊挂框、应急门、铰链臂的 LMD 制作示例

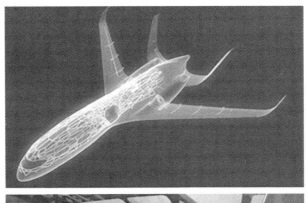

图 3-21 空客公司飞机大型整体结构制造概念图

3.5.2 航天领域典型应用

航天制造业是战略性高技术产业，是衡量国家科技发展及经济发展水平的重要标志之一，也是推动国防现代化建设、增强我国综合实力的重要体现。当前航天运载能力、使用寿命和飞行速度等服役性能要求越来越高，迫切需要面向服役要求的新材料、新结构和新制造方法。在火箭发动机、运载火箭、卫星中已进行了广泛的应用验证，如图 3-22 所示为美国国家航空航天局（NASA）采用激光熔化沉积技术制造的火箭发动机的燃烧室，其采用镍-铜合金复合材料结构，制造成本大约是传统加工、连接和组装所需成本的一半，时间只有传统加工、连接和组装所需时间的六分之一。

图 3-22　NASA 制造的双金属燃烧室

3.5.3　其他领域典型应用

　　LMD 增材制造技术一个最好的应用领域是对部件损伤的修复，包括涡轮叶片、外壳、轴承和齿轮等，能够用于重建各种部件所损失的材料，并保持结构的完整性。致力于使 LSF 技术商用化的美国 Optomec 公司，已将 LSF 技术应用于 T700 发动机零件的磨损修复上，如图 3-23 和图 3-24 所示，实现了已失效零件的快速、低成本再生制造。

图 3-23　Optomec 公司采用 LSF 技术修复的航空发动机零件

图 3-24　采用 LSF 技术修复的钛合金整体叶轮

德国 MTU 公司与汉诺威激光研究中心将 LSF 技术用于涡轮叶片冠部组里面的硬面覆层或几何尺寸恢复。英国 Rolls-Royce 航空发动机公司则将 LSF 技术用于涡轮发动机构件的修复。德国 Fraunhofer 研究所重点研究了 LSF 技术在钛合金和高温合金航空发动机损伤构件修复再制造中的应用，图 3-25 为整体叶盘激光修复流程图。

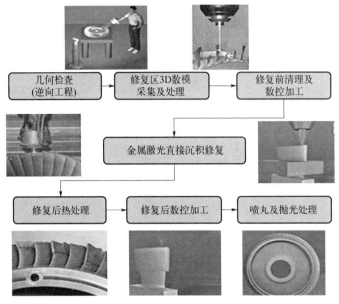

图 3-25　整体叶盘激光修复流程图

3.6
本章小结

激光熔化沉积工艺是一种先进的激光增材制造技术，通过高能激光束将金属粉末逐层熔化并沉积在基板上，构建出三维金属结构。其基本原理是利用高功率激光作为热源，将金属粉末熔化后沉积在基材上，形成熔池并逐层堆积。基本过程包括设计与准备、激光熔化沉积和后处理。在设计与准备阶段，选定金属材料并设计 CAD 模型，同时制备适合的金属粉末。激光熔化沉积阶段，激光束在金属粉末和工件表面之间移动，熔化金属粉末并形成熔池。后处理阶段则是对零件进行打磨、抛光等处理，以提高表面质量和精度。

LMD 工艺具有逐层制造、冶金级结合、材料多样、沉积速率高等技术特征，现有的典型设备能够制造出具有优异力学性能和微观结构的零件。此外，该工艺还具备实时监控和反馈机制，提高了制造过程的稳定性和可重复性。LMD 工艺在航空、航天、部件损伤等领域具有广泛的应用前景。

思考题

3.1　描述激光熔化沉积技术的基本原理，并解释其如何适用于增材制造。

3.2　讨论 LMD 技术与传统的减材制造和等材制造技术相比的优势和局限性。

3.3　解释为什么某些材料（如钛合金、不锈钢）更适合使用 LMD 技术进行加工。

3.4　讨论材料的熔点、热导率和热膨胀系数如何影响 LMD 过程中的微观结构和最终零件的性能。

3.5　列出在 LMD 过程中可以控制的关键工艺参数，并解释每个参数如何影响制造过程和最终零件的质量。

3.6　设计一个实验方案，以研究激光功率对 LMD 制造的不锈钢零件微观结构和力学性能的影响。

3.7　描述一种典型的 LMD 系统的基本组成，并解释每个组成部分的作用。

3.8　讨论在 LMD 过程中，如何通过调整送粉或送丝系统来优化材料的沉积效率和零件质量。

3.9　调查并报告 LMD 技术在航空航天领域的应用案例，并分析其对零件性能的改进。

3.10　讨论 LMD 技术在修复和再制造领域的潜力，并提出一个可能的应用场景。

3.11　列出在 LMD 过程中可能产生的常见缺陷，并提出可能的解决方案。

3.12　分析零件设计、工艺参数和材料特性如何共同影响 LMD 过程中缺陷的形成。

3.13　解释在 LMD 过程中，如何通过调整工艺参数来控制材料的微观结构。

3.14　设计一个实验，以研究不同扫描策略对 LMD 制造的铝合金零件微观结构和力学性能的影响。

3.15　预测 LMD 技术的未来发展，包括可能的技术创新和新的应用领域。

3.16　讨论如何通过跨学科研究来推动 LMD 技术的进步。

附录　扩展阅读

定向能沉积（DED）技术的发展历史可以概括为以下几个阶段。

（1）起源与早期发展

定向能沉积工艺的起源可以追溯到 20 世纪 80 年代，科学家们开始探索如何利用高能束来实现材料的精确沉积；在早期，这项技术主要应用于航空航天领域，制造一些传统方法难以制造的复杂零部件，例如飞机发动机的关键部件。

（2）逐渐成熟与广泛应用

进入 21 世纪，定向能沉积技术不仅在航空航天领域大放异彩，还在汽车、医疗、能源等许多领域得到了应用。在 1997 年，Johns Hopkins 大学开发了一种 DED 技术，并将其商业化。

（3）技术挑战与优化

尽管 DED 技术具有许多优点，但在实际应用中仍面临一些挑战，如过程参数的选择、多重热循环、过程控制和可重复性等问题。DED 技术的产品质量受多种因素影响，如何解决这些问题成为当前研究的焦点。

（4）物理特性、缺陷、挑战和应用

DED 技术中，金属原料以丝材或粉末的形式被引入到能量源（如激光）中熔化。制造的零件质量和性能取决于 DED 技术的类型、建造环境、beam-material（能量束与材料）交互以及沉积参数。DED 沉积零件在逐层沉积过程中暴露在快速、重复的加热-冷却循环中，会产生独特的微观结构特征、非平衡相，存在凝固开裂、定向凝固、残余应力、气孔、分层和翘曲现象。

（5）研究进展与发展趋势

近年来，DED 技术的研究进展包括过程优化、沉积质量分析和组织成分调控。未来的发展趋势可能包括提高制造质量、稳定性以及进一步拓展应用领域。

第 **4** 章

金属材料电弧增材制造技术原理及应用

案例引入

如图 4-1 所示，在生产复杂金属构件时，采用传统的铸、锻、焊等金属构件成型方法存在制备周期长、成本高、成型尺寸受限等问题，并且针对一些复杂的空间结构难以实现一次性成型，甚至无法成型。如何快速制造大型复杂金属构件呢？显然，采用传统加工技术是无法做到的，本章将会介绍一种适用于大型复杂金属构件一体化成型的先进制造技术——电弧增材制造（WAAM）技术。

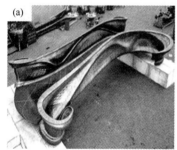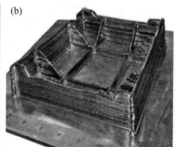

图 4-1　复杂金属构件
（a）金属人行桥；（b）起落架肋；（c）压力容器

学习目标

（1）掌握电弧增材制造（WAAM）技术的基本原理及技术特点；
（2）了解金属材料电弧增材制造（WAAM）成型的典型应用。

知识点思维导图

4.1
引言

电弧增材制造（wire and arc additive manufacturing，WAAM）技术是一种数字化制造技术，它利用电弧或等离子弧作为热源，通过离散堆积原理熔化金属丝，并在基底表面形成三维形状，如图 4-2 所示。WAAM 具有成型效率高、成本低等优点，在大型金属零件成型方面具有独特的优势。适用于大尺寸复杂零件的低成本、高效率近净成型，在航空航天、生物医药、汽车、海洋工程等领域有着广泛的应用。

电弧增材制造技术根据热源的不同通常可分为三种类型：基于钨极惰性气体保护焊（GTAW）、基于等离子弧焊（PAW）和基于熔化极气体保护焊（GMAW）的电弧增材制造。其特征如图 4-2（a）～（c）所示。此外，在 GMAW-WAAM 基础上，研究人员进一步研发了基于冷金属过渡（cold metal transfer，CMT）焊接的电弧增材制造技术，如图 4-2（d）所示，其基本工作原理是：在起弧阶段金属丝材向熔池移动，在金属丝熔融浸入熔池的瞬间实现电路短路、电弧熄灭、焊接电流骤降，随后金属丝快速回抽，进而完成金属熔滴的过渡。该技术具有基体热输入量低、焊接过程稳定、少/无熔滴飞溅的优势，广泛用于多种合金材料的增材制造技术研究。

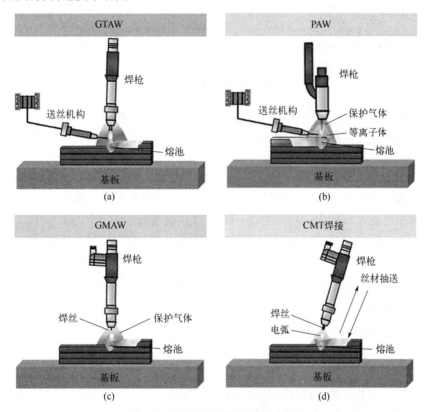

图 4-2　不同电弧熔丝技术工艺原理图
GTAW—钨极惰性气体保护焊；PAW—等离子弧焊；GMAW—熔化极气体保护焊；CMT—冷金属过渡

4.2
电弧增材制造基本原理

4.2.1　电弧增材制造基本过程

电弧增材制造工艺是一种先进的金属 3D 打印技术，它决定着产品结构功能的实现。该工艺基本过程主要由三个步骤组成：预处理、成型过程和后处理。

（1）预处理

预处理是 WAAM 工艺的首要步骤，主要包括建立成型件三维模型、模型调整与优化、确定模型成型方向、设计支撑、切片处理和路径规划，其流程如图 4-3 所示。

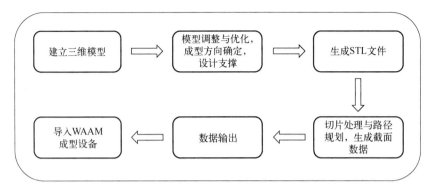

图 4-3　数据预处理流程

首先，在计算机上，利用 CAD、SolidWorks 等三维计算机辅助设计软件，根据产品的要求设计三维模型，或者使用三维扫描系统对已有的实体进行扫描，并通过反求技术得到三维模型。

其次，需要对所得到的三维模型进行必要的调整和修改。确定模型后，根据形状和成型技术的要求选定成型方向，调整模型姿态。在一些特殊情况下还需要设计必要的支撑结构，防止成型过程中发生坍塌，并生成 STL 格式的文件。

最终，对 STL 格式的文件进行切片处理和路径规划。由于增材制造是通过一层层截面形状来进行叠加成型，所以加工前需要使用切片软件对三维模型沿高度方向进行切片处理，提取截面轮廓的数据。切片越薄，精度越高。获得截面轮廓数据之后进行路径规划。

（2）成型过程

成型过程是 WAAM 工艺的核心步骤。WAAM 系统首先根据三维模型切片处理和路径规划得到的逐层数据，在计算机的精确控制下，通过电弧焊接技术将金属丝材熔融并沉积在基板上，完成单层的构建；随后，控制沉积头按照预设的路径移动，同时继续送丝并进行电弧熔化，将新的金属丝材精确地添加到已沉积层的上方，进行下一层的构建；最后，重复上述的沉积与移动过程，逐层堆积，直至最终获得具有所需形状和尺寸的三维金属实体模型。

（3）后处理

零件制造完毕后，应根据需要对制造出的零件进行后处理，以提高其表面质量和力学性能。例如，WAAM 生产的零件通常是近净成型零件，表面质量较差，因此需要进行铣削、磨削和抛光等表面精加工，提高表面光洁度；根据最终零件的要求，进行热处理，可以包括退火、正火、淬火和回火等不同的工艺，旨在减少内部缺陷，改善零件的微观组织以及提高力学性能等。

4.2.2　电弧增材制造冶金过程

WAAM 冶金过程是指 WAAM 技术中涉及材料熔化、冶金反应、相变、微观结构调控、热处理等化学和物理变化的特定阶段，如图 4-4 所示。

（1）材料熔化

在焊接电源的作用下，电弧产生高温，将金属丝材熔化，形成液态金属熔池。

（2）冶金反应

在熔化和堆积过程中，金属丝材会经历一系列冶金反应，如元素的扩散、溶解和析出等。例如，采用 WAAM 技术制造 Al-Zn-Mg-Cu 合金单道壁时，Cu 和 Al 原子向 $MgZn_2$ 相中扩散，并在不影响 $MgZn_2$ 相的晶格结构的情况下取代一部分 Zn 原子，会形成 $Mg(Al，Zn，Cu)_2$ 相。

（3）相变

随着温度的变化，金属还可能发生相变，从液态转变为固态，并可能形成新的晶体结构。例如，在沉积过程中，后沉积层会重新加热已经沉积的层，并且随着层数的增加，热扩散行为变得困难，最终导致沿不同层高发生不同程度的晶粒与组织粗化，从样品底部到顶部，晶粒状态逐渐由柱状晶转变为等轴晶，晶粒间距逐渐扩大。

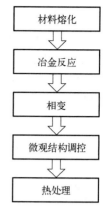

图 4-4　WAAM 冶金过程

（4）微观结构调控

WAAM 技术通过精确控制焊接参数（如焊接速度、送丝速度、焊接电流等），可以调控金属的微观结构，如晶粒大小、形状和分布等。例如焊接电流过大会使组织粗化、空隙变大，从而导致力学性能下降。

（5）热处理

为了进一步优化金属件的性能，可以对其进行热处理，以改变金属内部组织，如析出相的分布和数量，从而影响其强度、塑性和耐腐蚀性等性能。例如，对 7 系 WAAM 构件进行 T6 热处理，可以使得第二相的数量和尺寸减少，并且使元素分布均匀，大大提高了硬度、抗拉强度和伸长率。

4.2.3　电弧增材制造技术特征及优缺点

WAAM 技术采用电弧作为热源，通过精确控制金属丝材的逐层熔化与沉积，依据三维数字模型逐层构建复杂结构，实现高效、低成本且多功能的增材制造过程。在当前应用较多的几种增材制造工艺方法中，WAAM 具有如下优点：

① WAAM 利用电弧作为热源，能够迅速熔化金属丝材，实现快速堆积成型，大大提高了生产效率。

② 相较于其他增材制造工艺，WAAM 的金属丝材利用率更高，且原材料成本相对较低，有利于降低制造成本。

③ WAAM 技术能够直接成型大尺寸的金属结构件，且对复杂结构的适应性较好，适用于航空航天、船舶等领域的大型零部件制造。

④ WAAM 成型件力学性能优良。

WAAM 也存在一些缺点：

① 虽然 WAAM 能够成型大尺寸结构件，但其成型精度和表面质量相对有限，可能需要进行后续加工处理才能满足精度要求。

② WAAM 设备通常较为复杂，包括电弧焊接系统、送丝系统、运动控制系统等多个

部分，对设备的维护和保养要求较高，增加了使用成本。

③ 由于电弧熔丝增材制造过程中涉及高温熔化过程，易在成型件内部产生热应力，可能导致成型件变形或开裂。

④ 虽然 WAAM 技术能够使用多种金属丝材进行成型，但并非所有金属都适合用于 WAAM，且不同材料的成型性能和工艺参数差异较大，需要针对具体材料进行工艺优化。

⑤ WAAM 技术的操作相对复杂，需要具备一定的焊接和增材制造专业知识，对操作人员的技能要求较高。

4.3
电弧增材制造材料及组织特性

4.3.1 电弧增材制造材料类别及要求

用于电弧增材制造（WAAM）的材料主要以金属材料为主，通过连续或断续地将金属丝材送入由电弧产生的高温区域熔化并逐层堆积，形成预定形状的三维实体结构。目前常见的用于 WAAM 的金属材料有钢铁材料、钛合金、镍基合金、铝合金、镁合金等。根据产品的最终需求，可以在金属丝材中加入其他成分，如 TiC、TiB_2 陶瓷颗粒等，为制造具有独特性能的复杂结构件提供了新的可能性。

常见的用于 WAAM 的钢铁材料有低碳钢、低合金钢、不锈钢。低碳钢是指含碳量低于 0.25% 的钢材，因其优异的强度、韧性，常常用于制造一些大型、中小型的机械零件、建筑构件、汽车车身和桥梁等。低合金钢则是一种在低碳钢基础上掺入少量其他元素的钢材，如铬、钼、镍等。不锈钢作为应用最为广泛的一种铬-镍不锈钢，除了具有良好的耐蚀性、耐热性，低温强度和机械特性外，还具备冲压、弯曲等热加工性，适用于医疗器具、建材、化学、食品工业、农业、船舶部件等。

相比于不锈钢，钛合金具有更加优异的综合性能，包括低密度、轻质、高断裂韧性、高耐热性、高比强度、高疲劳强度、高抗裂性和耐腐蚀性，因此钛合金在航空航天、军事和武器、海洋和造船、车辆和生物医学工程等领域被广泛应用。然而，由于钛的高氧化率、低弹性模量和低导热性，在使用机加工过程中，钛会与氧气发生反应，在表面形成硬化的氧化层；同时，机加工过程中产生的热量无法迅速散发，会导致热量大量积聚，从而加速刀具磨损，相反，WAAM 只需后续简单的机加工且加工程序简单，直接生产近净成型部件，无需模具或专用设备。因此，WAAM 成为制造钛合金构件的最佳方式之一。

镍基合金则是以镍为基加入其他合金元素组成的重有色金属材料。根据用途可分为镍基高温合金、镍基耐蚀合金、镍基耐磨合金、镍基精密合金、镍基形状记忆合金以及其他镍基合金。镍基高温合金通常含有铬、钨、钼、钴、铝、钛、硼、锆等元素，广泛应用于制造航空发动机的涡轮叶片、燃烧室、喷嘴、导向叶片等部件，以及工业燃气轮机、核电站、石化工业的高温部件。镍基形状记忆合金则具有形状记忆效应和超弹性，能在一定温度范围内改变形状，然后恢复原状，广泛应用于医疗领域的血管支架、牙齿矫正器等，以及航空航天、汽车工业领域的传感器和执行器。

与钢材相比，铝合金具有高强度重量比、低密度和优异的力学性能，因此广泛应用于航空航天领域。常见的用于电弧增材制造的铝合金系列主要有 2×××（铝-铜）、4×××（铝-硅）、5×××（铝-镁）、6×××（铝-镁-硅）、7×××（铝-锌）等。对于可热处理的铝合金，如 2×××（铝-铜）、6xxx（铝-镁-硅）、7×××（铝-锌）等，在热处理后可以将过饱和的第二相粒子溶解到基体中，随后的时效处理可以促使增强相重新析出，如 2319 铝合金在 T6 热处理后 θ' 相的析出，可进一步增强材料的强度。

在轻金属合金类别中，镁的密度与塑料相似，只有铝的三分之二和钢的四分之一，被认为是最轻的结构金属。随着航空和汽车行业减排目标的提出，用镁合金替代铝合金和钢，可进一步减轻飞机和汽车的重量，从而减少燃料消耗和燃烧产物的排放。然而，电弧增材制造镁合金的晶粒尺寸和组织不均匀性是一个重要问题。例如，随着焊接电流和焊接速度的提高，组织中可能形成粗大晶粒，而焊接速度过快则会在组织内形成大量气孔。这些因素都会影响镁合金的力学性能。因此，为了进一步提高电弧增材制造镁合金的力学性能，人们也尝试在电弧增材制造镁合金时引进能场辅助，如超声振动等。

除了传统金属材料外，更多新兴的材料正逐渐被用于 WAAM 技术中，未来对用于 WAAM 材料的研究与开发正朝着以下方向发展：

① 提高材料适应性　开发更多种类的金属材料，特别是针对特殊环境和需求的功能性材料，如耐高温、耐辐射、生物相容性材料等。

② 增强工艺兼容性　优化材料成分设计，使其更适用于电弧增材制造过程，例如降低热裂纹敏感性、提高熔敷效率和成型精度。

③ 环境友好型材料　研发低能耗、低排放的绿色材料，减少制造过程对环境的影响，符合可持续发展的理念。

④ 智能化材料　探索具有自修复、自感知等智能特性的新材料，为未来的智能制造提供可能。

常见的用于 WAAM 材料化学成分见表 4-1～表 4-4。

4.3.2　电弧增材制造冶金组织特征

冶金组织特征直接影响着最终制件的性能表现。在 WAAM 技术独特的制造过程和复杂的热处理作用下，不同材料展现出各自典型的 WAAM 冶金组织特征。了解这些特征对于优化制造工艺和提升材料性能至关重要。本节将对以下几种主要材料系统的电弧增材制造冶金组织特征进行阐述。

4.3.2.1　铁基合金组织

（1）不锈钢

如图 4-5 所示为 WAAM 技术制备的 304L 不锈钢的显微组。（a）、（b）、（c）分别对应试样的顶部、中部和底部区域。可以观察到，整个沉积件的显微组织均由奥氏体和铁素体组成。奥氏体呈现出胞状和柱状树枝晶结构，并沿着沉积方向生长，而部分铁素体由于未完全转变而残留在奥氏体基体上。

表 4-1 WAAM 技术常用钢铁材料成分表（质量分数）

单位：%

牌号	C	Mn	P	S	Si	Cr	Ni	N	Mo	Cu	Nb	V	Ti	Fe
304	0.062	0.86	0.026	0.004	0.42	18.15	8.27	—	0.31	0.23	—	—	—	余量
304 L	≤0.03	≤2	0.045	≤0.03	≤1	19	10	—	—	—	—	—	—	余量
308 L	0.017	1.73	0.019	0.010	0.52	19.80	9.70	—	0.080	0.070	—	—	—	余量
309	0.33	1.25	0.033	0.0197	1.98	26.84	12.86	—	—	0.195	—	—	—	余量
347	0.05	1.80	0.004	0.003	0.50	17.33	9.79	—	—	—	—	—	—	余量
316	0.04	1.75	0.004	0.003	0.47	16.37	10.52	0.05	2.20	—	—	—	—	余量
316 L	0.013	1.17	0.011	0.011	0.59	17.09	10.61	0.09	2.38	—	—	—	—	余量
409	0.014	0.582	0.02	0.007	0.39	11.43	—	—	0.023	—	0.01	0.005	0.18	余量
17-4 PH	0.038	0.54	0.026	0.002	0.30	16.2	4.6	—	0.095	4.6	0.15	0.017	—	余量
CF8M	≤0.04	≤1.5	≤0.04	≤0.03	≤1.5	18.0~21.0	9.0~12.0	—	2.25~2.75	—	—	—	—	余量
15-5 PH	0.028	0.73	0.02	0.01	0.62	15.38	5.08	—	0.22	3.27	0.20	0.08	—	余量
2594	0.02	0.8	—	—	0.3	24.6	8.6	0.25	3.8	0.01	—	—	—	余量
Q235	0.17	1.4	0.04	0.04	0.35	—	—	—	—	—	—	—	—	余量
ER70S-3	0.15	1.4	0.025	0.035	0.45	—	—	—	—	—	—	—	—	余量
ER70S-6	0.15	1.4	0.15	0.03	0.80	0.15	—	—	0.005	0.02	—	0.05	—	余量

表 4-2　WAAM 技术常用钛合金材料成分表（质量分数）

单位：%

牌号	Al	V	Fe	C	N	O	Si	Nb	Mo	Zr	Cr	Sn	Ti
TC4	6.20	4.02	0.02	0.01	0.01	0.09	—	—	—	—	—	—	余量
TC11	6.52	—	0.07	0.01	0.01	0.11	0.30	—	3.39	1.74	—	—	余量
TC17	5.95	—	—	—	—	—	—	—	4.22	1.60	3.84	1.54	余量
TA15	6.69	2.11	0.026	0.039	0.02	0.12	0.022	—	1.65	2.14	—	—	余量
Ti6321	6.2	—	—	—	0.01	0.06	—	2.9	0.6	2.2	—	—	余量
Ti5111	5.13	1.00	—	<0.01	0.001	0.037	0.095	—	0.810	1.02	—	1.01	余量
Ti5553	5.0	4.92	0.43	0.007	0.002	0.129	—	—	4.86	—	2.89	—	余量
Ti6242	6.10	—	0.03	—	0.003	0.12	0.09	—	2.00	4.00	—	2.00	余量
Ti-3Al-8V-6Cr-4Mo-4Zr	3.89	7.49	0.09	<0.01	0.02	0.07	—	—	3.78	3.53	5.5	—	余量

表 4-3　WAAM 技术常用镁合金材料成分表（质量分数）

单位：%

牌号	Al	Zn	Mn	Cu	Si	Fe	Ni	Y	Nd	Gd	Zr	Ca	Mg
AZ31	2.89	0.76	0.35	0.0035	0.001	0.0025	0.0001	—	—	—	—	—	余量
AZ61	6.7	0.63	0.33	—	—	—	—	—	—	—	—	—	余量
AZ91D	8.5~9.5	0.45~0.9	0.17	0.015	0.05	0.004	0.001	—	—	—	—	—	余量
WE43	—	—	—	—	—	—	—	4.08	2.11	1.07	0.54	—	余量
AZ80M	7.6	0.36	0.25	—	—	—	—	0.2	—	—	—	0.15	余量

表 4-4　WAAM 技术常用铝合金材料成分表（质量分数）

单位：%

牌号	Si	Fe	Cu	Mg	Mn	Ti	Zn	Zr	V	Cr	B	Cd	Sc	Al
2024	0.0422	0.111	4.57	1.59	0.668	0.0911	0.0092	—	—	0.0011	—	—	—	余量
2219	≤0.2	≤0.3	5.8~6.8	≤0.02	0.2~0.4	0.02~0.1	≤0.1	0.1~0.25	0.05~0.15	—	—	—	—	余量
2319	—	—	5.91	0.39	0.36	0.16	0.10	0.17	—	—	—	—	—	余量
2325	0.2	0.3	6.3	0.02	0.3	0.1	0.1	0.2	0.1	—	—	—	—	余量
205A	—	—	5.15	—	0.42	0.28	—	0.16	0.12	—	0.03	0.22	—	余量
4043	5.60	0.80	0.30	0.05	0.05	0.02	0.10	—	—	0.05	—	—	—	余量
4047	11.0~13.0	≤0.80	≤0.30	≤0.10	≤0.15	—	≤0.20	—	—	—	—	—	—	余量
A357	6.92	0.14	<0.05	0.64	<0.05	0.17	—	—	—	—	—	—	—	余量
5A56	0.10	0.091	0.0029	4.98	0.37	0.13	0.54	0.094	—	—	—	—	—	余量
5B06	0.09	0.096	0.002	6.41	0.737	0.122	0.009	—	—	—	—	—	—	余量
5183	0.4	0.4	0.1	4.3~5.2	0.5~1.0	0.15	0.25	—	—	0.05~0.25	—	—	—	余量
5356	0.25	0.4	0.1	4.5~5.5	0.05~0.20	0.06~0.20	0.1	—	—	0.05~0.20	—	—	—	余量
5087	0.05	0.10	—	5.05	0.74	0.11	—	—	—	—	—	—	—	余量
6061	0.4~0.8	0.7	0.15~0.4	0.8~1.20	0.15	0.15	0.25	—	—	0.04~0.35	—	—	—	余量
7B55-Sc	0.028	0.041	1.76	2.12	—	—	7.80	0.18	—	—	—	—	0.24	余量
7075	0.5	0.5	1.2~2.0	2.0~3.0	0.15	0.1	5.1~6.1	—	—	0.16~0.3	—	—	—	余量

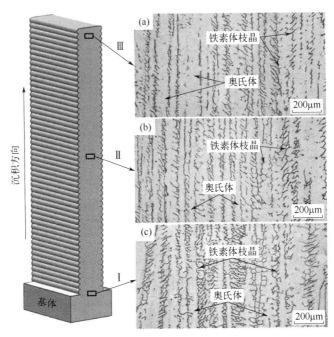

图 4-5　WAAM 制备的 304L 不锈钢显微组织

（2）低碳钢

图 4-6（a）所示为 WAAM 技术制备的 ER70S 低碳钢的显微组织，可以将其划分为三个明显的区域：熔池中心、熔池边界和热影响区（HAZ）。在电镜的观察下可以看到，熔池中心 [图 4-6（b）] 由多边形铁素体（PF）和少量沿晶片层状珠光体（P）组成，而熔池边界 [图 4-6（c）] 包括针状铁素体（AF）、贝氏体（B）和局部的马氏体-奥氏体（MA）混合物。

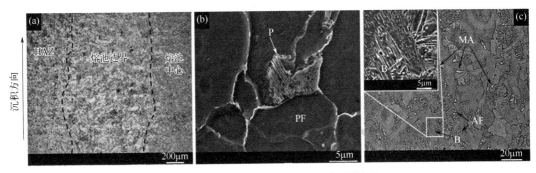

图 4-6　WAAM 制备的 ER70S 低碳钢显微组织

（a）低倍率光学显微照片；（b）熔池中心高倍率 SEM 显微照片；（c）熔池边界高倍率 SEM 显微照片
P—珠光体（pearlite）；PF—多边形铁素体（polygonal ferrite）；MA—马氏体-奥氏体
（martensite – austenite）；AF—针状铁素体（acicular ferrite）；B—贝氏体（bainite）

（3）低合金钢

如图 4-7 所示为 WAAM 技术制备的 ER110S-G 低合金钢的显微组织及 IPF（反极图）图谱，沉积试样的晶粒形态为不规则的细长晶粒，微观组织由高比例的铁素体以及少量的珠光体和渗碳体组成。

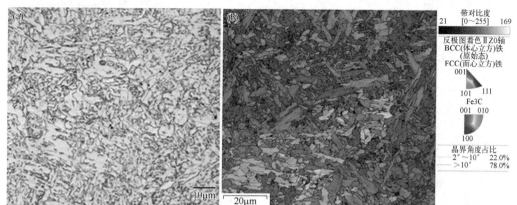

图 4-7 WAAM 制备的 ER110S-G 高强钢
（a）显微组织；（b）IPF 图谱

彩图

4.3.2.2 铝基合金组织

（1）2×××系列合金

如图 4-8 所示为 WAAM 技术制备的 2219 铝合金的晶粒结构，在重熔的影响下，α-Al 晶粒结构在内层区（INZ）和层间区（ITZ）之间表现出明显的非均质带特征。INZ 的下部有柱状晶，INZ 的上部有等轴晶。

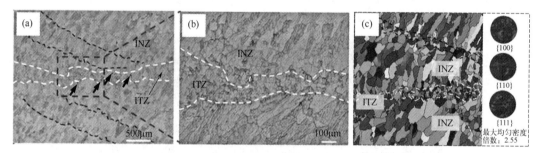

图 4-8 WAAM 制备的 2219 铝合金晶粒形貌

（2）4×××系列合金

如图 4-9 所示为 WAAM 技术制备的 4043 铝合金的宏观形貌和微观组织，由图 4-9（a）中 A 框选的区域可以看出，沉积态零件的微观结构包含周期性图案，沉积试样可大致分为熔池区（MPZ）、部分熔化区（PMZ）和热影响区（HAZ），b 区域如图 4-9（b）所示，显微组织呈现出典型的 Al-Si 合金凝固结构，由 α-Al 枝晶和富 Si 共晶相组成，富 Si 共晶相在 α-Al 基体内成网格分布。由于 WAAM 凝固过程中的冷却速率较高，因此枝晶和共晶组织比铸件更细。图 4-9（c）～（h）为对应着图 4-9（b）中框选区域 c～f 的放大图，不同区域的晶粒形态有所变化。对于新的沉积层，先前沉积的具有部分熔融状态的层在 MPZ 的粗枝晶区域内引起晶粒生长。同时，在先前沉积的层表面产生的氧化物可以被吸入熔池中，从而在熔融线附近形成额外的孔隙，其作为典型的制造缺陷存在于试样内部。

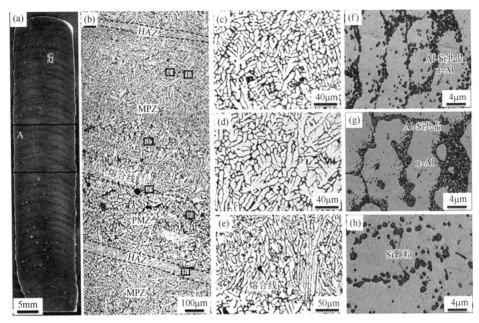

图 4-9　WAAM 制备的 4043 铝合金的宏观形貌和显微组织

（3）6×××系列合金

如图 4-10 所示为 WAAM 技术制备的 AA6061 铝合金的显微组织，为等轴晶和柱状晶交替堆叠结构，熔池中的液体流动会将枝晶臂从枝晶上撕裂下来并将其作为异质成核位点，用于在快速冷却的液体顶层中以随机取向生长新晶。因此，在每层的顶部都可以发现等轴晶。在 SEM 下可以观察到呈网格分布的浅灰色的富 Si 析出相。

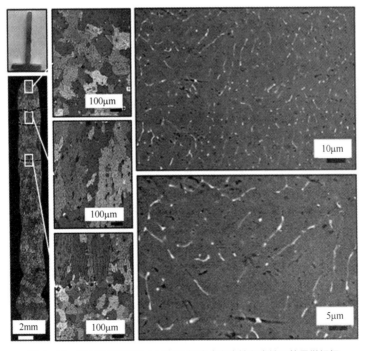

图 4-10　WAAM 制备的 AA6061 铝合金在光镜和电镜下的显微组织

4.3.2.3　钛基合金组织

（1）α 型钛合金

如图 4-11（a）所示为 WAAM 制备的 CP-Ti（商业纯钛）块，α-Ti 相为沉积件的主要成分，由于该相的间隙晶格位点半径 d（约为 0.9Å）大于氧原子的半径（约为 0.6Å）。因此，O 原子很容易与 α-Ti 形成间隙固溶体。在 XRD（X 射线衍射）的扫描下，可以发现沉积件中还含有少量的 Ti_3O 和 TiO，但是在沉积过程中惰性气体的保护下，氧的浓度和氧化动力学有所降低，沉积试样的氧含量仅占 0.45%（原子分数）。从三个方向获取的样品的偏振光学显微照片，如图 4-11（b）所示，可以发现，WAAM 制造的 CP-Ti 微观组织在各个方向上都以粗糙的毫米级颗粒为主，此外，也可以观察到一些细粒嵌套在这些粗粒之间。

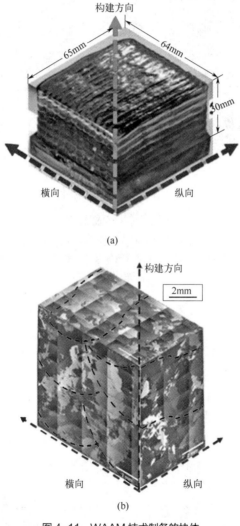

图 4-11　WAAM 技术制备的块体
（a）CP-Ti 块；（b）三维整体结构

（2）（α+β）型钛合金

如图 4-12 所示为 WAAM 技术制备的 Ti-6Al-4V 合金的晶粒结构，主要表现为沿沉积方向生长的粗大柱状原始 β 晶粒，这种柱状晶可以贯穿多个沉积层。如图 4-12（b）是原始 β 晶粒的放大图，显示了原始 β 晶界、远离原始 β 晶界和交叉点处 α 相形态的变化，以及每层与下一层的关系。晶界 α 相（α_{GB}）在 β 晶粒的晶界处优先形核，并且晶界 α 与相邻 β 晶粒之间存在伯格斯取向关系（<0001>α//<110>β）。随着冷却过程的连续进行，具有较大长宽比的单变体 α 从 α_{GB} 向晶粒两侧生长，形成魏氏组织 [图 4-12（c）]。然后平均宽度为（3±0.7）μm 的板条 α 在剩余的原始 β 晶粒内以伪随机方式生长，片层之间相互平行，并被残余 β 相分开，直到彼此相遇，形成网篮组织 [图 4-12（d）]。然而，在局部区域，例如两层之间的交叉处 [图 4-12（e）]，平均 α 板条宽度减小至（1±0.2）μm。

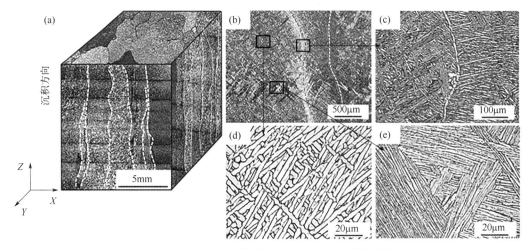

图 4-12　WAAM 技术制备的 Ti-6Al-4V 合金光学显微照片
（a）沉积态 WAAM Ti-6Al-4V 的宏观结构；（b）低倍数下光学显微照片；（c）晶界 α 相两侧魏氏组织；（d）网篮组织；
（e）细层状 α 集束

（3）β 型钛合金

虽然 β 型钛合金的理论研究取得了辉煌的成就，但其在应用方面已经停滞了很长时间，它所占的钛市场份额与其他类型的钛合金相比要小得多，并且 WAAM 技术制备 β 型钛合金的工艺并不成熟，构件的性能稳定性也不能得到保障，因此在该方面仍处于探索阶段。清楚地了解超高强度钛合金成分-工艺-组织-性能之间的联系，了解强韧化机制，对实现 WAAM 制备超高强 β 钛合金的开发与应用有很大帮助。

4.3.2.4　镍基合金组织

（1）镍基高温合金

如图 4-13 所示为 WAAM 技术制备的 Inconel 625 高温合金的显微组织，焊缝附近的微观结构包含蜂窝状和树枝状晶粒的混合物，并具有非常细的枝晶臂。大多数枝晶朝几乎垂直于基板界面的 Z 轴优先生长。

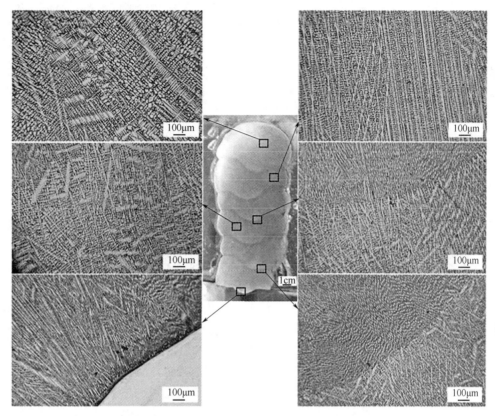

图 4-13　不同沉积高度下 WAAM 技术制备的 Inconel 625 合金光学显微照片

（2）镍基形状记忆合金

如图 4-14 所示为 WAAM 技术制备 NiTi 形状记忆合金（SMA）的显微组织，在 SEM 观察下可以清楚地看到基体中分布着大量聚集的微米级析出物。通过 EDS（能量色散 X 射线谱）分析析出物的元素含量可确定其为常见的 Ti_2Ni 相。

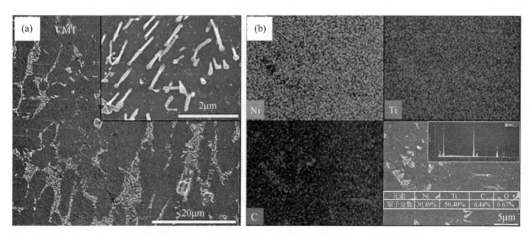

图 4-14　NiTi 沉积试样的 SEM 图像和析出相的 EDS 分析结果

077

4.3.3 电弧增材制造冶金缺陷类型

在 WAAM 过程中，沉积质量会受到多方面的影响，如电弧稳定性差、热输入过多等，导致增材制造沉积存在很多冶金缺陷，常见缺陷表现为孔隙缺陷、裂纹、残余应力分层变形。此外，还包括氧化（表面氧化和氧化异常）、隆起效应（驼峰缺陷）、几何精度差等。这些缺陷会严重影响电弧增材制造合金在使用中的力学性能。

（1）孔隙

孔隙是丝材和电弧熔覆基体以及丝材和电弧增材制造的金属沉积过程中容易出现的缺陷。据研究，影响孔隙率的因素有很多，包括不同的增材制造方式（GMAW、GTAW、CMT）、焊接参数（送丝速度、堆积速度、焊接电流/电压和层间温度等）、电弧模式（CMT、CMT-P、CMT-ADV 和 CMT-PADV 等）、丝材批次、支撑板和焊丝的清洁程度、焊丝表面质量、保护气体参数（流量、成分和纯度）等。

按照不同的形成机理，金属制件中的气孔可分为氢气孔、工艺气孔、凝固缩孔、合金元素挥发诱发的孔隙。

① 氢气孔 氢气孔是电弧增材制造铝合金气孔缺陷中的主要构成部分，一般分布在层间且尺寸很小。当几个氢气孔距离较近时，可能会聚集成一个较大的氢气孔。如图 4-15（a）所示，氢气孔的形状通常较为规则，球形度接近于 1。

② 工艺气孔 工艺气孔通常由其他气体混入熔池导致，如氩气、氧气或者氮气等。如图 4-15（b）所示，与氢气孔不同，因气体混入熔池而形成的工艺气孔一般较大，一般存在于热输入较小的试样截面上。当通过提高堆积速度以加大热输入时，过快的堆积速度可能导致保护气体屏蔽作用减弱，导致试样中大尺寸气孔增多。

③ 凝固缩孔 凝固缩孔主要是因为凝固过程中铝合金的固相和液相之间的体积差异产生的，在熔池冷却过程中，因为液、固相的热收缩系数不同，固相会以更高的速率收缩，当液相有与固相具有相同凝固速率的倾向时，拉应力会超过与液、固相界面相关的表面张力，液、固相之间形成空隙。它们通常出现在初生相（如 α-Al 枝晶）的附近。随着枝晶数量增多以及局部开始凝固，液相的流动阻力变大，同时当凝固速度大于液相的回填速度时，也会形成收缩性孔隙。如图 4-15（c）所示，凝固缩孔的形状通常更不规则和扭曲，具有尖锐的曲率和裂纹样特征。

④ 元素挥发造成的孔隙 如图 4-15（d）所示，合金元素（Mg、Zn、Li）挥发而形成气孔也是电弧增材制造构件有孔隙缺陷的重要原因之一。7055 铝合金经 WAAM 处理后，发现 Zn 含量损失为 11.8%。这是由于锌的沸点较低，在增材制造过程中由于燃烧而损失了大量的锌。此外，在 5000 合金中，WAAM 的镁损失高达 20%。这些燃烧损失产生的金属蒸汽并没有完全逸出熔池，而是凝固后形成气孔。然而，元素损失对力学性能的影响比形成相关孔隙更受人们的关注。

（2）裂纹

裂纹是电弧增材制造过程中破坏性最大的一种缺陷，是制约金属零件增材制造技术应用和发展的首要难题。试样内形成的裂纹通常是在温度应力和其他致脆因素的共同作用下，熔覆层内的部分金属原子结合力遭到破坏，形成了新的界面而产生的缝隙。当内应力超过成型材料的强度极限时,沉积层就会产生裂纹。根据形成的原因和温度范围,可以分为热裂纹、冷裂纹和再热裂纹,如图 4-16 所示。

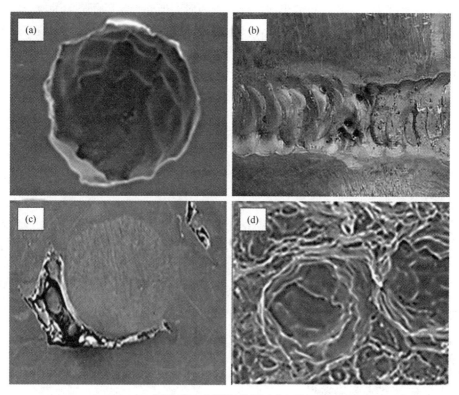

图 4-15 电弧增材制造中的气孔
(a) 氢气孔;(b) 工艺气孔;(c) 凝固缩孔;(d) 元素挥发造成的孔隙

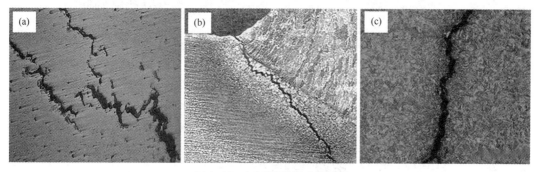

图 4-16 电弧增材制造中的裂纹
(a) 热裂纹;(b) 冷裂纹;(c) 再热裂纹

① 热裂纹 热裂纹一般指在 $0.5T$(T 为金属材料的熔点,单位为 K)温度以上形成的裂纹,在钢中通常指实际加热时亚共析钢奥氏体化温度线以上直至凝固温度的范围,属于高温裂纹。热裂纹的形态包括起源于熔覆层根部沿柱状晶界向焊缝扩展的裂纹、分布于搭接区的裂纹,以及沿晶界分布的横向裂纹和纵向裂纹。根据成因的不同,热裂纹又可分为结晶裂纹、熔化裂纹和高温失塑裂纹。

② 冷裂纹 因氢元素引起的或熔池冷却速度过快而产生的应力裂纹均称为冷裂纹或

低温裂纹。根据成因的不同，冷裂纹可分为氢致裂纹和层状裂纹。其中，氢致裂纹是最常见的冷裂纹，起因为基板或丝材中残存的水分经电弧高温作用而分解出氢并富集在熔覆层中，氢的存在会产生一定的内压并形成气泡，受内应力或外力作用而扩展为冷裂纹。冷裂纹的形成源于马氏体相变后的低温脆性，实际开裂温度通常远低于马氏体转变终止温度，一般发生在室温至200℃。当成型基体较大时，约束应力大，残留应力高。在熔池热影响区或靠近热影响区的部位，由于母材受到温度梯度方向的应力，在堆积方向产生的具有层状和台阶状形态的裂纹称为层状裂纹。层状裂纹大部分呈穿晶分布，具有典型的冷裂纹特征。

③ 再热裂纹　再热裂纹产生于后续热处理过程。经过去应力退火，或者不经任何热处理但处于一定温度下服役的增材制造件，在熔覆层的热影响区（粗晶区）产生的沿原奥氏体晶界分布的纵向裂纹，称为再热裂纹或去应力退火裂纹。

（3）残余应力与应变

如图4-17所示，残余应力与应变是电弧增材制造工艺固有的缺陷，像其他增材制造工艺一样，是无法避免的。主要是电弧增材制造过程当中，温度骤变，由此产生了热应变和残余应力，而残余应力不但会导致构件变形、尺寸精度下降，而且会致使构件的抗疲劳性能和抗断裂性能降低。因此，对残余应力变化的监测与控制是电弧增材制造领域中的重要挑战。

彩图

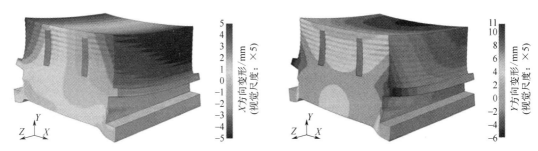

图4-17　由材料水平和垂直轴上的残余应力引起变形的图像

残余应力产生的主要原因，一方面是在热源加热过程中，局部加热和冷却引起了空间温度梯度，另一方面是在这种加热和冷却过程中，材料发生了膨胀和收缩。而且很多工艺参数都对残余应力和变形有影响，如：环境温度、约束条件、熔覆速度及焊接电流等。

4.3.4　电弧增材制造合金力学性能

电弧增材制造（WAAM）以电弧作为热源，其能量密度相对较高，能够快速熔化焊丝和基材，实现高效的材料沉积。然而，不同的材料在WAAM中表现的力学性能不同。钛合金、不锈钢、铝合金、镍合金、铜合金、镁合金等这些合金由于其不同的微观组织成分，表现出的力学性能也大不相同。

在电弧增材制造钛合金构件过程中，由于液态金属凝固速率大，其组织中易出现马氏体、针状α相、魏氏体相等结构。而在不锈钢WAAM中，常见的相包括奥氏体、铁素体以及可能的碳化物、氮化物等，晶粒则可能呈现柱状晶、等轴晶或混合形态。铝合金也是

WAAM 中常见的合金材料，其微观组织主要由 α-Al 基体和可能存在的其他相（如 θ 相、Si 相等）组成。这些相的分布和形态对材料的性能有重要影响。例如，θ 相（通常为 Al_2Cu）是一种强化相，可以提高材料的强度和硬度，而 WAAM 镁合金微观组织主要由 α-Mg 基体和可能存在的其他相（如第二相颗粒）组成。此外，镍基合金也是 WAAM 中广泛运用的合金材料，镍基合金中常含有多种析出相，如 Laves 相、MC 碳化物等。其中，Laves 相可能沿枝晶间析出，而 MC 碳化物则可能呈弥散分布或呈链条状沿枝晶生长方向分布。

微观组织晶粒可能呈现柱状晶、等轴晶或枝晶等形态。细小的等轴晶通常有利于提高强度和韧性；而柱状晶可能导致力学性能的各向异性。此外，相组成的变化也会影响材料的硬度、抗拉强度等力学性能指标，这些性能直接决定了制造出的构件在实际应用中的可靠性和耐久性。因此，需要对增材构件微观组织进行调控，以提高钛合金、不锈钢、铝合金等材料的性能。而通过优化工艺参数和后处理工艺（如热处理），可以调控微观组织，提高合金的强度和韧性等力学性能。常见 WAAM 合金如表 4-5～表 4-9 所示（分别为钛合金、不锈钢、铝合金、镁合金、镍基合金等力学性能表）。

表 4-5　WAAM 钛合金力学性能

材料	工艺	屈服强度/MPa	抗拉强度/MPa	伸长率/%	硬度
Ti-6Al-4V(TC4)	GTAW	—	929 ± 41^v	9 ± 1.2^v	—
		—	965 ± 39^d	9 ± 1^d	
		—	939 ± 24^v	16 ± 3^v	$337\pm7HV_{0.1}$
		—	1033 ± 32^d	7.8 ± 2.3^d	
		803 ± 15^v	918 ± 17^v	14.8^v	
		950 ± 21^d	1033 ± 19^d	11.7^d	
		861 ± 14^v	937 ± 21^v	16.5 ± 2.7^v	$337\pm14HV_{0.1}$
		892 ± 31^d	963 ± 22^d	7.8 ± 2^d	
		710 ± 4^d	820 ± 6.23^d	7.18 ± 0.93^d	—
		746^d	847^d	12.2^d	—
	等离子体	909 ± 13.6^d	988 ± 19.2^d	7 ± 0.5^d	约$345HV_{0.1}$
		877 ± 18.5^d	968 ± 12.6^d	11.5 ± 0.5^d	约$360HV_{0.1}$
		$800\sim820^v$	$850\sim875^v$	$14\sim16^v$	
		$850\sim900^d$	$950\sim990^d$	$9\sim11^d$	
	GMAW	—	1017^v	7.54^v	$350\pm22HV_{0.5}$
		$820\sim850^v$	$960\sim980^v$	$9\sim10^v$	
		$840\sim870^d$	$900\sim920^d$	$8.5\sim9.5^d$	
Ti17	GTAW	1118 ± 30^v	1153 ± 13^v	5.2 ± 0.2^v	$372\sim465HV$
TC11-TC17 双合金	GTAW	—	1045^v	9.7^v	$350\sim420HV$
		971 ± 12^v	1016 ± 20^v	14.8^v	—
TC11	GTAW	806 ± 41^v	873 ± 23^v	23 ± 2.5^v	
		810 ± 23^d	988 ± 33^d	9.17 ± 1.8^d	—
Ti-45Al-2.2V	GTAW	540^d	600^d	0.8^d	$428\sim480HV_{0.5}$

注：v 表示竖直方向；d 表示沉积方向。

表 4-6　WAAM 不锈钢力学性能

材料	工艺	屈服强度/MPa	抗拉强度/MPa	伸长率/%	硬度
H00Cr21Ni10	双丝 PAW	—	约 550	44.7~58.7	约 193HV
	单丝 PAW	—	约 510	20.5~35.4	约 187HV
316	SpeedPulse	418[d]	550±6[d]	—	175~195HV
	SpeedArc	417.9[d]	553±2[d]	—	175~200HV
	CMT	150	550	—	166HV$_{0.3}$
316L	GMAW	328	554	—	182.4HV
308L	CMT	—	686.01[v]	60.85[v]	185~220HV
			730.37[d]	50.60[d]	
304	CMT	297	597	47	—
	CMT+P	334	614	50	—
17-4PH	CMT	—	994	11.9	约 330HV
低碳马氏体不锈钢	CMT	862[v]	957[v]	14[v]	341HV
		964.67[d]	1066[d]	17.1[d]	
2Cr13 不锈钢	CMT	—	844.66[v]	19.88[v]	297.07HV5
			827.78[d]	19.1[d]	
ER2594 双相不锈钢	CMT	620[v]	850[v]	45.2[v]	312HV$_{0.2}$
		650[d]	854[d]	42.7[d]	

注：v 表示竖直方向；d 表示沉积方向。

表 4-7　WAAM 铝合金力学性能

材料	屈服强度/MPa	抗拉强度/MPa	伸长率/%	硬度
2219	127	253	18.5	68.3HV
2219	105	250	12.5	75HV
2319	150	285	18	—
205A	103.2	249.7	11.2	—
2024	177	284	6	96HV
Al-4.3Cu-1.5Mg	185	293	12	106.8HV
Al-4.7Cu-1.5Mg-1.2Ti	166	328	8	—
Al-4.57Cu-1.32Mg	177	284	6	—
5087	142	291	22.4	76.6
2024	175	290	12	—

表 4-8　WAAM 镁合金力学性能

材料	工艺	屈服强度/MPa	抗拉强度/MPa	伸长率/%	硬度
AZ31	GTAW	104±5	263±5	23.0±3.7	—
		76±1[v]	218±1[v]	28.6±0.4[v]	—
		72±1[d]	222±1[d]	31.8±0.6[d]	

材料	工艺	屈服强度/MPa	抗拉强度/MPa	伸长率/%	硬度
AZ80M	GTAW	94.7 ± 2.0^{v}	190.7 ± 23.3^{v}	13.82 ± 3.98^{v}	—
		109.1 ± 17.9^{d}	222.9 ± 5.4^{d}	20.26 ± 3.79^{d}	
		119^{v}	237.3^{v}	12.2^{v}	—
		146^{d}	308.7^{d}	15.4^{d}	
		119 ± 13.4^{v}	237 ± 6.3^{v}	12 ± 0.7^{v}	74HV
		146 ± 46.7^{d}	308 ± 6.5^{d}	15 ± 0.5^{d}	
WE43	CMT	347 ± 13	267 ± 10	7.1 ± 0.6	—
AZ31		71.2 ± 4.5^{v}	151.9 ± 12.9^{v}	7.54 ± 1.32^{v}	$64.1\sim64.6$HV
		131.6 ± 4.2^{d}	210.5 ± 3.5^{d}	10.55 ± 1.61^{d}	
		85.4 ± 3.0^{v}	210.5 ± 18.2^{v}	17.2 ± 4.2^{v}	
		125.9 ± 5.0^{d}	225.7 ± 12.1^{d}	28.3 ± 2.0^{d}	
Mg-Y-Nd		236	159	9.9	79.3HV

注：v 表示竖直方向；d 表示沉积方向。

表 4-9　WAAM 镍基合金力学性能

材料	工艺	屈服强度/MPa	抗拉强度/MPa	伸长率/%	硬度
Inconel 625	GMAW	335	696.5	46.6	$270\sim285$HV$_{1.0}$
	CMT	$376.9\sim400.8$	$647.9\sim687.7$	$43\sim46.5$	$246\sim259.9$HV
Inconel 718	PAW	563 ± 14	872 ± 31	34 ± 3	$249\sim277$HV
	GMAW	473 ± 6	828 ± 8	28 ± 2	266 ± 21HV
Ni-Ti	GTAW	—	927.9	8.7	—
	GTAW	350	571.4 ± 18.6	16.8 ± 2.4	$228\sim245$HV
	GTAW	—	—	—	$700\sim820$HV$_{0.2}$
哈氏合金	GTAW	186 ± 27^{v}	399 ± 12^{v}	43 ± 6^{v}	$200\sim215$HV$_{0.1}$
		287 ± 50^{d}	469 ± 52^{d}	55 ± 3^{d}	
	GMAW	311.08	680.73	$28\sim35$	—

注：v 表示竖直方向；d 表示沉积方向。

4.4
电弧增材制造专用设备及其特征

4.4.1　电弧增材制造典型设备基本组成

　　WAAM 系统是一种先进的制造技术，涵盖了材料科学、工程热物理和机械自动化与控制等多学科问题。其工艺系统较为复杂，如图 4-18 所示，主要包括电弧焊枪、机械系统、控制系统、材料供给系统、保护气输送系统、工作平台等多个单元。

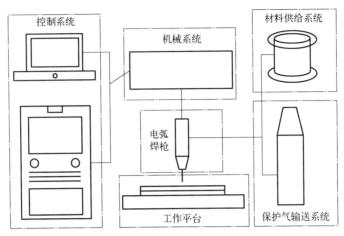

图 4-18 WAAM 系统组成示意图

电弧焊枪作为 WAAM 的关键部件之一，其类似于传统的电弧焊接设备，利用焊机的高电流、高电压产生高热量的电弧，电弧聚集在焊枪终端加热和熔化金属材料，以在基板表面逐层堆积金属，形成所需的结构。机械系统通常包括多轴运动系统，用于控制电弧焊枪在工作平台上的移动，以便焊枪在三维空间内精确移动和定位，并按照预定的路径堆积金属材料。控制系统用于控制整个 WAAM 过程的计算机系统，包括运动控制、参数控制（如电流、电压、焊接速度等）、材料供给控制等，以确保沉积过程的精确性和稳定性。材料供给系统用于确保金属材料能够持续供给到焊接区域，确保打印过程能够持续稳定地进行。保护气输送系统在 WAAM 过程中具有非常重要的作用，适当的保护气具有防止氧化、减少气孔和夹杂物、稳定焊接过程及提高表面质量的效果。工作平台主要用于支承和定位制造件。此外，在一些 WAAM 系统中，工作平台还具有加热或冷却的功能，以控制工件的温度分布，避免因快速冷却而引起残余应力或变形。

4.4.2 电弧增材制造典型设备

随着工业界对 WAAM 需求的高速增长，涌现了众多专注于电弧增材技术的设备制造商。国际上，诸如澳大利亚 AML3D、德国 Gefertec、挪威 Norsk Titanium、英国 WAAM3D、荷兰 MX3D 和 RamLab、西班牙 Addilan 等公司，已陆续推出了多款升级版的 WAAM 设备，而在国内，也有诸如英尼格玛（YNGM）、优弧智熔（YHZR）等为代表的电弧增材设备厂商崭露头角，如图 4-19 所示为这些厂商的 WAAM 成型设备的性能参数。

由于 WAAM 设备相较于其他增材制造技术，成本更低，且材料利用率高，构建速度快，设备维护相对简便，因此 WAAM 技术当前成为了增材制造领域的热门选择。然而WAAM 技术也有其局限性，如零件的细节和尺寸精度的再现效果较差、零件可能存在内部孔隙等缺陷等。因此在原有设备的基础上发展了智能化复合电弧增材制造系统，比如德国的 Gefertec 将弧焊技术和专门开发的带有西门子控制的 CAM 软件集成到一系列 3D 打印机中，实现了更高质量的制造。

公司	国家	典型设备	成型尺寸(长×宽×高)/ (mm×mm×mm)
AML3D	澳大利亚	Arcemy	1500×1500×1500
Gefertec	德国	Arc40X/60X	3000×3000×3000
WAAM3D	英国	RoboWAAM	2000×2000×2000
Norsk Titanium	挪威	Merke Ⅳ	900×600×300
MX3D	荷兰	M1 WAAM	—
RamLab	荷兰	MaxQ	—
Addilan	西班牙	Arclan P1200-4x	—
YNGM	中国	ArcMan S1 Basic	700×500×450
YHZR	中国	BARC- WPAAM301	300×300×300

图 4-19 不同 WAAM 成型设备及其性能参数

4.5
电弧增材制造典型应用

电弧增材制造（WAAM）技术，作为增材制造领域的重要分支，凭借高效、经济、灵活等优势，在航天、船舶、兵器及其他领域得到了广泛应用，推动了制造业向定制化和高性能方向发展。

4.5.1 航天领域典型应用

在航天工程这一高度精密与创新的领域内，WAAM 技术正以其独特的优势，引领着制造方式的深刻变革。该技术不仅能够实现轻量级定制组件的精确制造，还显著提升了航天器的燃油效率和整体运营效能，为航空航天业的发展注入了新的活力。

随着航天技术的不断进步，对高效、安全且轻量化的储氢系统需求日益迫切。在这一背景下，英国谢菲尔德大学 AMRC（先进制造业研究中心）的研究团队，利用铝合金材料，通过 WAAM 技术成功构建了液氢储罐的模型（图 4-20）。

图 4-20 由 WAAM 制造的液氢储罐模型

泰雷兹阿莱尼亚宇航公司（Thales Alenia Space）团队成功制造了用于未来空间探索载人任务的第一个全尺寸钛压力容器原型，如图 4-21 所示。此容器设计用于极端太空环境，其高度约 1m，质量控制在 8.5kg 上下，主体材料选用高性能的钛合金（Ti-6Al-4V），通过电弧增材制造（WAAM）技术制造而成。

图 4-21　全尺寸钛压力容器原型

4.5.2　船舶领域典型应用

在船舶工程这一古老而又充满挑战的领域，WAAM 技术正以其独特的优势，为海事部门带来前所未有的变革性机遇。该技术通过促进螺旋桨、起重机吊钩等关键部件的高效、精准生产，不仅优化了船舶的整体性能，还显著提升了建造与维护的效率。

螺旋桨作为船舶推进系统的核心部件，其性能直接关系到船舶的航行效率与稳定性。传统的螺旋桨制造过程复杂，材料利用率低，且难以实现复杂形状的精确控制。而 WAAM 技术的引入，彻底改变了这一现状。尤为值得一提的是，RamLab 公司作为该领域的代表，已成功生产出世界首个采用金属 3D 打印技术的全尺寸船舶螺旋桨原型——WAAMpeller，如图 4-22 所示，该螺旋桨直径达 1350mm，质量惊人地达到 400kg，完全由高性能的镍铝青铜（NAB）合金制成。这一成就不仅展示了 WAAM 技术在处理大型、复杂金属部件方面的卓越能力，更为船舶螺旋桨的定制化、轻量化设计开辟了新途径。

图 4-22　世界首个由 3D 打印制造的全尺寸船舶螺旋桨——WAAMpeller

Huisam 公司则利用 WAAM 技术成功制造了重约 1000kg 的起重吊钩，并通过了严格的负载测试。

4.5.3 兵器领域典型应用

WAAM 同样以其独特的优势在兵器领域展现出前所未有的应用潜力。其通过高精度、高效率地构建金属结构件，为兵器装备的生产、优化乃至维护保养开辟了全新的路径，标志着兵器领域向智能化、定制化方向迈出了重要一步，如图 4-23 所示。

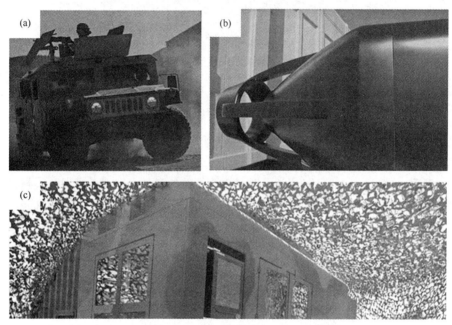

图 4-23　WAAM 技术推动兵器领域优化的案例
（a）作战装甲车辆备件；（b）3D 打印潜艇船体；（c）复合功能涂层制备与修复

中国兵器工业集团材料院宁波所，作为行业内的佼佼者，率先采用了 WAAM 技术，成功制造了微厘空间一号试验卫星的关键组成部分——连接器壳体。

4.5.4 其他领域典型应用

随着科技的飞速发展，WAAM 作为一种前沿的先进制造技术，正逐步突破传统制造的限制，展现出其在多个领域中的广泛应用前景。除了航天、船舶和兵器这些高技术领域外，WAAM 技术还在能源动力、资源再生、建筑和基础设施等多个关键领域展现出了巨大的应用潜力与价值。

（1）能源动力

针对石油、天然气等能源行业中的恶劣工作环境，WAAM 技术能够制造出高度耐腐蚀的管道组件，有效延长设备使用寿命，减少维护成本。如图 4-24 所示，Vallourec 集团生产了第一个由 WAAM 技术制造的密封环，该密封环直径 1m，重 100kg，用于确保法国电力集团（EDF）下的 EDF Hydro 公司水电设施的安全。这种大型且要求严格的部件，通过

WAAM 技术实现了高效、精确的制造。

图 4-24　Vallourec 通过 WAAM 技术制造大型金属密封环

同时，通过创新设计，WAAM 技术还能实现热交换器等关键部件的定制化生产，不仅提高了设备的运营效率，还针对特定工况进行了优化，WAAM 技术的高精度和灵活性使得这些部件的制造更加高效和可靠。

（2）资源再生

在资源再生领域，WAAM 技术以其独特的电弧增材能力，实现了废旧金属材料的高效再利用与循环。该技术不仅将废旧金属转化为新的制造原料，减少了对新资源的开采需求，还显著降低了环境污染，推动了资源节约型社会的构建。WAAM 技术通过优化工艺和设备设计，实现了对未沉积金属粉末的高效回收与再利用，形成了闭环的金属循环利用体系，提高了资源利用效率，为工业绿色发展提供了有力支持。

此外，WAAM 技术在推动可持续生产模式方面发挥着重要作用。相比传统制造工艺，该技术以其高材料利用率和低能耗的特点，成为制造业绿色转型的重要推手。它鼓励企业在产品设计阶段就融入绿色设计理念，考虑资源的循环利用和环境的可持续性。

（3）建筑和基础设施

WAAM 技术以其独特的金属逐层堆积能力，在建筑和基础设施领域展现了广泛的应用前景。它不仅实现了大型、复杂结构件的高效制造，满足了现代工程对定制化、高性能部件的需求，还通过精确的材料沉积技术，为基础设施的修复和维护提供了创新解决方案。如图 4-25 所示，MX3D 与 Takenaka 公司合作，通过 WAAM 技术打印出双相不锈钢结构连接件。这些连接件在破坏性测试中表现出色，其强度和稳定性令人瞩目，不仅验证了 WAAM技术在定制化解决方案上的优势，还展现了其在提升建筑部件性能方面的巨大潜力。

图 4-25　MX3D 与 Takenaka 通过 WAAM 技术制造双相不锈钢结构连接件

此外，WAAM 技术还体现了环境友好与高效生产的双重优势。通过减少材料浪费和降低能耗排放，它积极响应了可持续发展的号召。同时，高速率的材料沉积能力使得生产周期大幅缩短，生产效率显著提升，为建筑和基础设施行业的快速发展注入了新的活力。

4.6
本章小结

本章基于电弧增材制造（WAAM）技术，对其工艺原理特点、打印材料及组织性能、工艺缺陷、应用进展等方面进行了详细介绍。电弧增材制造技术通过电弧高温熔化丝材逐层沉积成型构件，具有沉积效率高、设备成本低、成型尺寸不受限制等优点，适用于大型复杂金属构件的大规模生产制造。同时，该技术利用丝材作为原材料，原料利用率更高，并且适用于多种金属材料的打印，如钛、铝、镍及钢等。由于电弧增材技术具有快速凝固和高温度梯度特点，其凝固组织通常较传统工艺更为细小致密，使得电弧熔丝技术打印的构件拥有优于铸件且接近锻件的力学性能。但其快冷快热和逐层叠加的性质，也使得电弧增材制造构件容易出现气孔、裂纹等缺陷。近年来，电弧熔丝技术已逐渐在航空、航天、船舶、兵器等领域得到了广泛应用，推动了制造业向定制化和高性能方向发展。随着技术的不断进步和完善，WAAM 有望在更多领域发挥重要作用。

思考题

4.1　WAAM 技术的基本过程是如何实现的？它的冶金过程又是如何实现的？

4.2　WAAM 技术的技术特征是什么？WAAM 技术有什么优缺点？

4.3　WAAM 技术分类有哪些？各有什么特点？

4.4　WAAM 技术所用丝材形式有哪些，各有什么优缺点？

4.5　WAAM 过程中，材料的热膨胀系数不匹配会对成品造成哪些影响？

4.6　在使用 WAAM 技术进行零件修复和再制造时，材料选择应考虑哪些因素？

4.7　以钛合金为例，WAAM 技术成型组织相比于传统工艺所获得组织有哪些特点？

4.8　WAAM 技术成型组织受哪些工艺因素的影响？

4.9　为什么 WAAM 试样会存在组织特征不均匀的现象（举例说明）？

4.10　影响 WAAM 构件力学性能的因素有哪些？

4.11　WAAM 构件力学性能提升有哪些相关技术或方法？

4.12　WAAM 构件的成型缺陷有哪些，其主要影响因素是什么？

4.13　WAAM 技术在制造复杂形状的产品时，其精度会受到何种因素的影响？如何解决这些影响？

附录　扩展阅读

近年来，学者对电弧增材制造技术已经开展了大量研究，并取得了许多有价值的成果。为了顺应金属零件在增材制造与再制造领域的高品质发展趋势，未来将在以下方面进行深入研究：

（1）开展能场辅助电弧增材制造工艺

能场辅助电弧增材制造是指至少将激光、磁场、超声以及力场中一种外部能场与电弧增材制造有效结合，利用能场的作用来优化电弧增材制造过程中的关键参数，如熔池的对流、温度的分布以及微观结构的凝固行为。这种结合不仅极大地增强了电弧增材制造工艺的灵活性，还显著提高了制造效率和零件成型质量。目前，能场的引入增加了电弧增材制造工艺的复杂性，会给电弧增材制造工艺控制和参数优化带来一系列复杂且难以预测的变化。需要结合数值模拟进一步分析和揭示能场辅助电弧增材制造耦合机制。同时，能场辅助电弧增材制造装备主要停留在实验室阶段，且处于发展的初级阶段。这些装备主要是通过简单的搭载方式将不同能场与电弧增材制造装备相结合。然而，这种搭建方式往往伴随着稳定性和可重复性问题，需要加强系统集成和工作标准化。

（2）建立具有原位监测的闭环控制系统

电弧增材制造是一个多物理场相互耦合的复杂过程，在零件制造中常会遇到成型偏差和能场分布难以精确控制的问题。建立具有原位监测的闭环控制系统，通过集成的传感设备捕捉与成型质量密切相关的瞬态信号或特征，并基于这些实时反馈的信号对制造过程变量进行稳态调控，可为提高零件质量和工艺可重复性提供有力的支持。同时，通过端到端的交互式训练直接建立控制器，并引入机器学习算法，可显著提高沉积过程控制的智能化水平。因此，基于对沉积过程的在线监控，开发大数据驱动的数字孪生系统和智能装备，对于实现大型金属零件电弧增材制造中的智能协同调控具有极为关键的作用。这不仅将进一步提高制造过程的智能化水平，还能有力支撑新一代大型零件的高质量制造，有效降低生产成本，同时提高生产效率和工作安全性。

第 5 章

其他金属材料增材制造技术原理及应用

案例引入

金属电子束增材制造技术以其精细的控制和高强度的输出，被瑞典 Arcam 公司用于制造骨科植入物。这些定制的钛合金假体不仅与患者骨骼结构精确匹配，还提供了优异的力学性能和生物相容性。美国的 ExOne 公司则利用金属 3DP 增材制造技术为汽车行业生产轻质且强度高的金属组件。德国 Trumpf 公司的金属固相增材制造技术在工具和模具制造领域展现了其精确的加工能力和节省材料的优势，通过在现有金属基板上添加复杂结构，不仅提高了模具的耐用性和精度，还缩短了生产周期。Desktop Metal 公司的 Studio System 则代表了金属间接 FDM 增材制造技术的创新应用，通过先打印塑料原型再转化为金属零件的方法，简化了金属零件的制造流程，降低了成本。

学习目标

了解金属电子束增材制造技术、金属 3DP 增材制造技术、金属固相增材制造技术、金属间接 FDM 增材制造技术的基本原理，掌握这些技术在材料选择、工艺流程和设备操作方面的细节，并分析它们在不同行业，如航空航天、医疗、汽车制造等领域的应用实例。

知识点思维导图

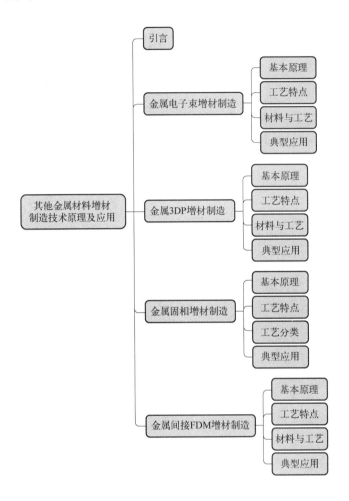

5.1
引言

　　金属增材制造技术是一种先进的制造技术，以计算机三维 CAD 数据模型为基础，利用离散堆积的原理，在软件与数控系统的控制下将金属材料熔化并逐层堆积，以制造高性能金属构件。这种技术具有高度的灵活性和精确性，可以制造出传统制造技术难以实现的复杂形状和结构的金属零件。本章主要介绍金属电子束增材制造、金属 3DP 增材制造、金属固相增材制造、金属间接 FDM 增材制造等技术基本原理、工艺特点、材料与工艺、典型应用，这几种技术有各自的特点，所应用的场景不同，对不同的金属应用的方法也有所不同。

5.2
金属电子束增材制造技术

5.2.1　金属电子束增材制造基本原理

电子束增材制造技术的基本原理是利用高能量的会聚电子束作为热源，对金属粉末进行加热熔化，然后逐层堆积形成金属零件。根据原材料和成型方式不同，电子束增材制造分为基于丝材的电子束自由成型制造（EBFF）技术和基于预置粉末的电子束选区熔化（EBSM）增材制造技术。

电子束自由成型制造技术是在真空环境中，用高能量密度的电子束轰击金属表面形成熔池，送丝装置将金属丝材送入熔池并熔化，同时熔池按照预先规划的路径运动，金属凝固，逐线、逐层堆积，形成致密的冶金结合，直接制造出金属零件或毛坯，如图 5-1（a）所示。电子束自由成型制造具有成型效率高、真空环境材料冶金质量优、丝材成本低、可制造大尺寸结构件等特点。此外，作为定向能沉积工艺方法的一种，电子束自由成型制造技术也可用于零件的修复。

电子束选区熔化增材制造技术是利用计算机把零件的三维模型进行分层处理，获得各层截面的二维轮廓信息并生成成型路径，电子束按照预定的路径进行二维图形的扫描预热及熔化，熔化预先铺放的金属粉末，逐层堆积，最终实现金属零件的近净成型，如图 5-1（b）所示。与激光选区熔化增材技术相比，电子束选区熔化增材技术具有真空环境、电子束扫描速度快（103m/s）、成型效率高、残余应力小等优点。电子束选区熔化工艺可实现高温预热，这使其非常适合室温低塑性材料（如钛铝金属间化合物）的快速成型制造。

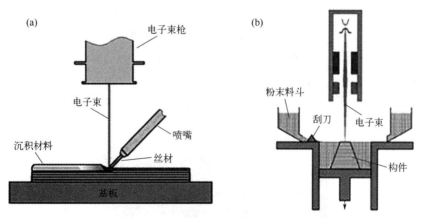

图 5-1　电子束增材制造原理示意图
（a）自由成型；（b）选区熔化

5.2.2　金属电子束增材制造工艺特点

电子束和激光属于高能量密度热源，其能量密度在同一数量级，远高于其他热源。相比于激光热源，电子束还具有以下优点。

① 功率高　电子束可以很容易地输出几千瓦级的功率；而大部分激光器的输出功率

在 200～400W 之间。电子束加工的最大功率可以达到激光的数倍。

② 能量利用率高　激光的能量利用率约为15%,而电子束的能量利用率可以达到90%以上。

③ 无反射　众多金属材料对激光的反射率很高,且具有很高的熔化潜热,从而不易熔化。一旦形成熔池,反射率会大幅度降低,使得熔池温度急剧升高,导致材料汽化。电子束不受材料反射的影响,可以用于激光难加工材料的制造。

④ 对焦方便　激光对焦时,由于其透镜的焦距是定值,所以只能通过移动工作台实现聚焦;而电子束通过聚束透镜的电流来对焦,因此可以实现任意位置的对焦。

⑤ 成型速度快　电子束可以进行二维扫描,扫描频率可达 20kHz,相比于激光,电子束移动无机械惯性,束流易控,可以实现快速扫描,成型速度快。

⑥ 真空无污染　电子束设备腔体的真空环境可以避免金属粉末在液相烧结过程中氧化,提高材料的成型效率。

5.2.3　金属电子束增材制造材料与工艺

5.2.3.1　金属电子束增材制造材料

研究者们目前已经实现了多种金属材料,包括不锈钢、钛合金、TiAl 基合金、Co-Cr 合金、镍基高温合金、铝合金等的 EBSM 成型。本部分主要对航空航天领域常用的 Ti-6Al-4V 钛合金、广受关注的 TiAl 基合金及其梯度材料的 EBSM 成型件进行介绍。

（1）Ti-6Al-4V 钛合金

钛合金具有比强度高、工作温度范围广、抗蚀能力强、生物相容性好等特性,在航空航天和医疗领域应用广泛。Ti-6Al-4V 是目前 EBSM 成型研究使用最多的金属材料之一。

EBSM 成型的 Ti-6Al-4V 中可见沿沉积方向生长的比较粗大的柱状晶。柱状晶内的微观组织却非常细小,如图 5-2 所示,主要为细针状的 α 相和 β 相组成的网篮组织。在一些试样顶部的薄层区域内,组织为马氏体。Antonysamy 等人研究发现,β 柱状晶的生长方向还受成型件形状的影响。这些研究工作表明,EBSM 在制造 Ti-6Al-4V 宏观零件的同时,有条件通过改变成型参数达到微观组织控制的目标,从而获得特定的性能,实现宏观成型、微观组织调控和性能控制相统一。

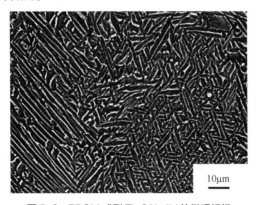

图 5-2　EBSM 成型 Ti-6Al-4V 的微观组织

Ti-6Al-4V 的 EBSM 成型件的抗拉伸强度可达 0.9～1.45GPa，伸长率 12%～14%，与锻件标准相当。由于存在沿沉积方向的柱状晶，其性能存在一定的各向异性。热等静压后处理可以使零件内部的孔隙闭合、组织均匀化，零件的抗拉强度有所降低，但抗疲劳性能得到明显提高。

（2）TiAl 基合金

钛铝基合金，或称钛铝基金属间化合物，是一种新型轻质的高温结构材料，被认为是最有希望代替镍基高温合金的备用材料之一。由于钛铝基合金室温脆性大，采用传统的制造工艺成型钛铝基合金比较困难。哈尔滨工业大学、清华大学、西北有色金属研究院均对钛铝基合金的 EBSM 成型开展了研究工作。研究表明，由于电子束的预热温度高，EBSM 成型技术可以有效避免成型过程中的开裂，是具有良好前景的钛铝基合金先进制造技术之一。

EBSM 成型的 Ti-48Al-2Cr-2Nb 钛铝基合金在经过热处理后获得双态组织，在经过热等静压后获得等轴组织，材料具有与铸件相当的力学性能。相比于传统工艺成型 TiAl 基合金，EBSM 成型的 Ti-48Al-2Cr-2Nb 微观组织非常细小，呈现明显的快速熔凝特征。如图 5-3 所示，钛铝基合金的微观组织受热处理和冷却速率的影响，同时也受 Al 元素含量的影响。需要指出的是，EBSM 在高真空环境下进行，TiAl 基合金中的低熔点元素 Al 会有不同程度的蒸发烧损，最终影响材料的化学成分和性能。

30μm

图 5-3　EBSM 成型 Ti-48Al-2Cr-2Nb 钛铝基合金的微观组织

（3）梯度材料成型

利用两种或两种以上材料进行增材制造，成型梯度结构，可以具备单一材料难以具备的独特性能，满足一些复杂的工作环境要求，如图 5-4 所示，在发动机叶片榫头处使用综合力学性能好的 Ti-6Al-4V 材料，叶片部分使用高温性能优良的 Ti-47Al-2Cr-2Nb，在叶片与榫头的连接处实现两种材料的过渡，以满足工作环境的要求。

利用双金属 EBSM 系统实现了钛合金 Ti-6Al-4V 和钛铝基合金 Ti-47Al-2Cr-2Nb 梯度材料的制备，过渡区致密无裂纹，并对不同区域的化学成分和微观组织进行了分析。如图 5-5 所示为该梯度结构 Al 元素含量的分布图，可见沿着成型高度方向，材料成分实现逐层过渡。

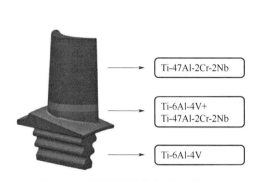

图 5-4　具有梯度结构的发动机叶片示意图

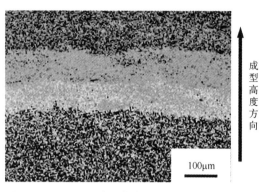

图 5-5　EBSM 制备的梯度结构的 Al 元素含量分布

5.2.3.2　金属电子束增材制造工艺

如图 5-6 所示，EBSM 工艺过程中，多个物理场相互叠加影响，包括：材料对电子动能的吸收、反射，电荷在材料中的积累与传导，粉末材料的烧结、熔化甚至气化、蒸发，粉末颗粒与熔池的润湿效应，热传导、热辐射及熔池热对流，毛细效应，马兰戈尼（Marangoni）效应，重力、热应力及相变应力等复杂的物理现象。由于各个因素的综合作用，电子束形成的熔池虽然寿命极短（毫秒量级），但却呈现高度动态性，最终影响材料的沉积过程以及缺陷的形成。

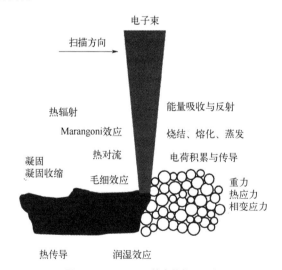

图 5-6　EBSM 工艺中的物理现象

（1）预置粉末层的溃散

在 EBSM 工艺中，预置的粉末层会在电子束的作用下溃散，离开预先的铺设位置，即有"吹粉"现象。"吹粉"的产生会导致成型件孔隙缺陷，甚至导致成型中断或失败。德国 Milberg 等人利用高速摄影技术观测了"吹粉"现象，如图 5-7 所示，并对可能的因素进行了理论计算，认为导电性能差的粉末颗粒在电子束作用下带上静电是粉末溃散的主要原因。由于粉末颗粒上积累了一定电荷，粉末颗粒之间、粉末颗粒与底板间以及粉末颗粒与入射电子间均存在电荷斥力，电荷斥力超过一定值，粉末在被电子束熔化之前就离开了原位置，产生"吹粉"现象。

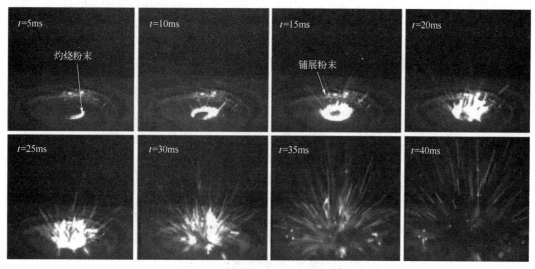

图 5-7　高速摄影拍摄的"吹粉"现象

清华大学齐海波等人研究发现，影响粉末层溃散的主要因素有粉末材料流动性、电子束功率、电子束扫描速度。粉末材料流动性越好，电子束功率越大，电子束扫描速度越快，则粉末层越容易溃散。为防止粉末层溃散，可将球形粉末与非球形粉末混合。降低粉末流动性，能有效地防止成型过程中的粉末层溃散。此外，沉积前电子束预热底板、电子束光栅式扫描预热粉末层等方法可防止粉末层的溃散。

（2）孔隙缺陷的形成

内部孔隙是 EBSM 成型零件的主要缺陷形式，对成型件的力学性能会产生不利影响。球化效应是激光选区熔化或 EBSM 工艺中经常出现的现象，常常导致孔隙缺陷的形成。球化效应，即粉末材料被电子束熔化后形成的扫描道不连续、分离为一连串球形颗粒。Rayleigh 等人建立了简化的液柱模型，利用液柱的毛细不稳定性解释了球化效应。当液柱所受扰动的波长超过液柱的周长时，液柱倾向于分裂为一连串球形液滴，以获得最低的表面能。

EBSM 工艺过程中熔池的流体动力学现象要比简化的液柱模型复杂得多，为更好地解释孔隙缺陷的形成，Körner 等人建立了电子束熔化粉末层的细观模型，模型对每个粉末进行建模，并考虑了包括热对流、热传导、毛细作用力、重力、润湿效应等多个物理现象，模拟了球化效应的发生以及孔隙缺陷的形成和扩展过程。如图 5-8 所示为不同线能量密度下电子束单道扫描的模拟结果，可见随着能量输入的增加，球化效应减小，可以得到连续的扫描道。

如图 5-9 所示为能量输入不足时 EBSM 多层沉积的模拟结果，可见有大量不规则的孔隙，孔隙中有未熔化的粉末颗粒，部分大尺寸孔隙贯穿多个层厚。其模拟结果与实际成型中的缺陷形态（图 5-10）基本吻合。

在优化成型参数下，EBSM 可以得到高度致密的成型件，致密度超过 99%，成型件中仍有一些小型的孔隙缺陷。缺陷的可能来源有两方面：一方面是在工艺过程中引入的，可能由于局部能量输入不足，偶发层间结合不佳；另一方面是粉末原材料引入的，制粉工艺中部分粉末颗粒中卷入了气体，形成空心粉末，这些气孔残留在成型件中。通过对成型件进行热等静压后处理，可以使部分孔隙闭合。

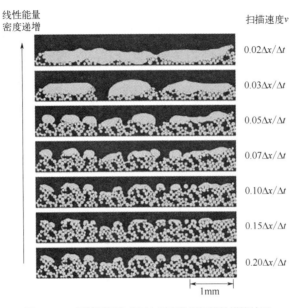

图 5-8　不同线能量密度下电子束单道扫描的模拟结果

图 5-9　能量输入不足时 EBSM 多层沉积的模拟结果

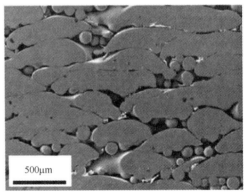

图 5-10　EBSM 成型件中的孔隙缺陷

（3）翘曲变形

电子束形成的高温熔池与粉床基础温度存在较大温差，导致热应力的产生。熔池在粉床表面快速移动，材料被快速加热、熔化及冷却，存在热应力和一定的凝固收缩应力和相变应力，当应力水平超过材料的许用强度时，将导致零件翘曲甚至开裂，如图 5-11 箭头处所示，提高温度场的均匀性是避免成型件翘曲和开裂的有效方法之一。在 EBSM 工艺中，电子束扫描截面之前，可以快速扫描、大面积加热粉床，使其温度上升至一定值，减小截面熔化时粉床基础温度与熔池之间的温度差。对于一些脆性材料，粉床温度甚至可以达到1000℃以上，以避免热应力导致的翘曲或开裂。

合理的扫描路径规划也可以达到控制翘曲开裂的目的。电子束在磁场驱动下可以快速跳转,实现多点熔化。相对于单点熔化,多点熔化的温度场均匀性更好,应力水平更低。Matsumoto 等人通过有限元分析指出,扫描线越长,翘曲变形倾向越大。对于大面积的截面,一个比较优化的路径规划方案是:将扫描区域分解为若干个子区域,以减小扫描线长度,降低成型过程中的热应力。

另外,局部能量输入过高会导致成型件表面变形。如图 5-12 所示,试样宽度约 20mm,当能量输入超过一定值时,试样表面不能保持平整,而是呈波浪形。表面变形的主要原因是能量输入过高,熔池寿命较长,材料被熔化后未能凝固又被往复扫描的电子束加热,电子束的搅拌作用使得熔池剧烈流动,最终形成波浪状的表面形貌。为避免表面变形,应当在扫描线较短的区域适当降低电子束功率。

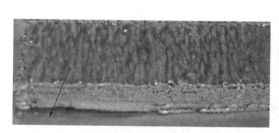

图 5-11 EBSM 成型件的翘曲开裂

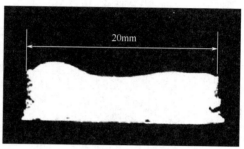

图 5-12 EBSM 成型件的表面变形

5.2.4 金属电子束增材制造典型应用

(1)航空航天领域

EBSM 不仅可以大大缩短成型时间,降低成本,还可以一次整体制造传统工艺难以实现或无法实现的复杂几何构造和复杂曲面特征,因此 EBSM 系统被越来越多的航空航天企业应用。

自 2005 年以来,美国航空航天中心的马歇尔空间飞行中心、从事快速制造行业的 CalRAM 公司、波音公司的 Phantom Works 机构先后购买了 Arcam AB 公司的 EBSM 成型系统用于相关航空航天零部件的制造。如图 5-13 所示为 CalRAM 公司利用 Ti-6Al-4V 粉末通过 EBSM 工艺为美国海军无人空战系统项目制造的火箭发动机叶轮,叶轮具有复杂的内流道,尺寸 ϕ140mm×80mm,制造时间仅为 16h。

如图 5-14 所示为 Chernyshev 利用 EBSM 技术制造的火箭汽轮机压缩机承重体,尺寸 ϕ267mm×75mm,可在 30h 内制造完成。

如图 5-15 所示为 Rolls-Royce 公司采用电子束选区熔化增材制造的 Trent XWB-97 发动机叶环。该发动机叶环直径 1.5m,材料为钛合金。增材制造的 48 个翼形导叶构成一个完整的组件。相较常规的铸造和加工流程,该技术不仅显著缩短了发动机研发周期,也为设计带来了明显的灵活性。

如图 5-16 所示为 GE 公司旗下的 Avio Aero 制造商利用 EBSM 技术成功制造的 γ-TiAl 材料的涡轮发动机叶片,尺寸为 8mm×12mm×325mm,质量 0.5kg,比传统镍基高温合金轻 20%,平均每片叶片的制造时间仅需 7h,而成本与精密铸造接近。

图 5-13 EBSM 技术制造的火箭发动机叶轮

图 5-14 EBSM 技术制造的火箭汽轮机部件

图 5-15 电子束选区熔化增材制造的发动机叶环

图 5-16 EBSM 技术制造的涡轮发动机叶片

德国埃尔朗根-纽伦堡大学（University of Erlangen-Nuremberg）的 Körner 教授团队利用 EBSM 制备出了第二代镍基单晶材料 CMSX-4 的单晶试样，试样直径 12mm，高 25mm，致密，无裂纹。

上述应用和研究成果展现了 EBSM 技术在航空航天领域复杂零件成型制造上的潜力，并且为高性能难加工材料的成型制造提供了一条新的技术路线。可以预见，EBSM 技术将在航空航天领域得到越来越多的应用。

（2）医疗领域

钛合金具有良好的生物相容性，在医疗领域应用广泛。国内外学者通过对 EBSM 工艺成型的实体或多孔钛合金植入体的生物相容性、力学性能、耐蚀性等性能的大量研究证明，利用 EBSM 工艺成型的钛合金植入体具有应用可行性。目前，世界上已有多例 EBSM 成型的钛合金植入体在人体上的临床应用，包括颅骨、踝关节、髋关节、骶骨等。

如图 5-17 所示的 EBSM 成型的具有多孔外表面的髋臼杯钛合金植入体产品已经进入了临床应用。2015 年，北京爱康宜诚医疗器材有限公司利用 EBSM 系统制造的髋臼杯已获得国家食品药品监督管理总局（现国家药品监督管理局）批准，得到三类医疗器械上市许可。

如图 5-18 所示，4WEB Medical 制造了一系列钛脊柱椎间桁架植入物，这些植入物基于多种设计集成并根据机械生物学原理开展工作:细胞和组织的机械特性有助于细胞发育、分化、增殖和愈合。

图 5-17 EBSM 技术制造的髋臼杯医疗植入体

图 5-18 具有桁架结构的钛脊柱椎间植入物

（3）工业领域

与 L-PBF（激光粉末床熔融）相比，EBSM 技术的优势之一是它能够处理纯金属，几乎没有孔隙或氧化缺陷。GH Induction 是一家感应加热用电解铜管制造商，利用这一优势生产了纯度为 99.99% 的铜线圈。这些以 3D Inductors 产品线命名的线圈的使用寿命比传统同类产品长 400%，同时受益于 3D 打印提供的设计自由度。如图 5-19 所示，该公司拥有最大的 3D 打印铜线圈的记录，该线圈建立在定制的 Arcam 系统上，Z 向高度为 350mm。在一个构建外壳中堆叠零件是 EBSM 的另一个独特工艺特性，可以制造任何线圈几何形状，甚至可以将增材制造和传统零件结合起来，以获得更具成本效益的治疗解决方案，如用于曲轴、轮毂和主轴、传动系统、回转轴承等热处理的线圈等。

图 5-19 最大的 3D 打印铜线圈，建立在定制的 Arcam 系统上

5.3
金属 3DP 增材制造技术

金属 3DP（three-dimensional printing，三维打印）增材制造技术，也被称为金属黏结剂喷射增材制造（binder jetting additive manufacturing，BJAM）技术，是一种基于粉末床工艺的金属 3D 打印技术。

5.3.1 金属 3DP 增材制造基本原理

如图 5-20 所示，金属 3DP 增材制造技术的基本原理是通过喷墨打印头喷射黏结剂，选择性地黏结粉末成型。打印机首先会通过软件将三维模型进行切片分层，并生成相应的加工代码文件，导入系统中。随后铺粉机构会在加工平台上铺上一层薄薄的粉末材料，再控制喷头根据这一层的截面形状在粉末上喷出黏结剂，被喷到的区域的薄层粉末固化。然后在这一层上再铺上一层一定厚度的粉末，喷头再依据下一截面的形状喷出合适量的黏结剂。如此从下至上地层层叠加，直至把一个零件的所有层打印完毕。最后对打印坯经过一定的后处理（如烧结、熔渗等）而得到最终的打印制件。金属 3DP 增材制造技术结合了粉末冶金和 3D 打印两者的优点，能够实现复杂形状金属零件的快速制造。

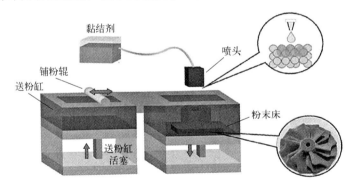

图 5-20　金属 3DP 增材制造技术原理图

5.3.2 金属 3DP 增材制造工艺特点

金属 3DP 增材制造技术的工艺过程可以大致分为两个阶段：

① 打印　通过喷墨打印头逐层选择性地喷射黏结剂，黏结打印零件初坯，其制坯工艺过程如图 5-21 所示；

② 后处理　将打印的初坯进行一定的后处理，得到力学性能良好的零件。

3DP 成型工艺具有以下优点：

① 加工速度快，效率高　3DP 技术通过逐层"打印"的方式，可以实现直接快速制造，且打印喷头通常具有多个喷嘴，成型速度快，无需长时间的机械加工过程，能够显著缩短生产周期，提高生产效率。

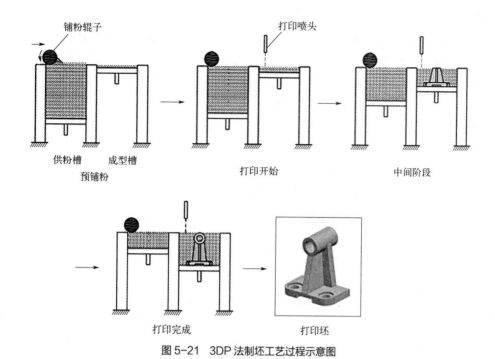

图 5-21　3DP 法制坯工艺过程示意图

② 结构简单，成本低　3DP 技术避免了复杂激光系统的使用，使其整体的制造和运行成本大幅降低，而且喷射结构高度集成化，整个设备系统简单，结构紧凑，进一步降低了其空间占用率。

③ 成型材料广泛，打印过程无污染　3DP 技术所使用的材料种类繁多，且大多具有无味、无毒、无污染、低成本和高性能等特性。而且整个打印过程中不会产生大量的废热，也不会产生挥发性有机物，绿色环保，是一种环境友好型技术。

④ 高度柔性，且无需支撑　3DP 技术在打印过程中不受零件的形状和结构等多种因素的约束，能够完成各种复杂形状零件的制造。而且由于打印过程中每层粉末通过黏结剂粘连固化在一起，相对稳定可靠，故 3DP 技术也通常不需要额外的支撑结构，降低了后处理的复杂性和成本。

但该技术也存在以下问题：

① 成型精度不高　3DP 法的成型精度分为打印精度和烧结等后处理的精度。打印精度主要受喷头距粉末床的高度、喷头的定位精度以及铺粉情况的影响，而在烧结等过程中产生的收缩变形、裂纹与孔隙等都会影响制件的精度与表面质量。

② 制件强度较差　由于采用粉末黏结原理，初始打印坯强度不高，而经过后续烧结的打印制件强度也会受到烧结气氛、烧结温度、升温速率、保温时间等多方面因素的影响，因此确定合适的烧结工艺也是决定打印制件强度的关键所在。

5.3.3　金属 3DP 增材制造材料与工艺

为了解决金属 3DP 技术在制件精度和制件强度方面存在的不足，国内外学者主要对黏结剂、打印材料、打印工艺过程以及打印后处理工艺等方面展开研究。

（1）黏结剂

在打印过程中，液态黏结剂会填充每一层粉末间的间隙，黏结粉末形成所需的形状。选择合理的黏结剂是金属 3DP 技术的关键。首先，黏结剂必须是可打印的，只有黏结剂具有合适的黏度，才能保证形成单个液滴并从喷头的喷嘴中脱落。而黏结剂黏度的选取通常和打印头有关。同时，黏结剂需要有足够的黏结强度才能保证打印的初坯结构完整。此外，黏结剂还需要与粉末有良好的相互作用、清洁燃烧特性及较长的保质期。

金属 3DP 技术目前所使用的黏结剂大致分为液体和固体两类，而目前液体黏结剂应用较为广泛。目前常用的黏结剂如表 5-1 所示。

表 5-1 常用黏结剂与添加剂

分类	黏结剂	添加剂	应用粉末类型
液体黏结剂	不具备黏结作用：如去离子水	甲醇、乙醇、聚乙二醇、丙三醇、柠檬酸、硫酸铝钾、异丙酮等	淀粉、石膏粉末
	具有黏结作用：如 UV 固化胶		陶瓷粉末、金属粉末、砂子、复合材料粉末
	与粉末反应：如酸性硫酸钙		陶瓷粉末、复合材料粉末
固体粉末黏结剂	聚乙烯醇（PVA）粉、糊精粉末、速溶泡花碱等	柠檬酸、聚丙烯酸钠、聚乙烯吡咯烷酮（PVP）	陶瓷粉末、金属粉末、复合材料粉末

液体黏结剂分为三类：一是本身与粉末之间会发生反应进而达到黏结成型作用的，如用于氧化铝粉末的酸性硫酸钙黏结剂；二是本身不具备黏结作用，而是用来触发粉末之间的黏结反应的，如去离子水等；三是自身具有黏结作用的，如 UV（紫外线）固化胶。此外，为了满足打印产品的各种性能要求，常常需要在其中添加促凝剂、增流剂、保湿剂、润滑剂、pH 调节剂等多种发挥不同作用的添加剂。

在黏结剂喷射过程中，黏结剂与粉末床的相互作用直接影响打印件的几何精度、生坯强度和表面粗糙度。从喷嘴中喷出液态黏结剂后会发生一系列的渗透行为，如冲击、铺展和润湿，其中冲击受液滴体积、初始速度、黏度和粉末床粗糙度的影响；润湿受不同液滴速度、黏度、接触角，以及液滴在粉末床的渗透时间的影响。当黏结剂液滴撞击粉末表面时，由于黏结剂润湿，粉末会在黏结剂-粉末界面处形成接触角。一旦黏结剂与粉末接触，粉末颗粒间的孔会充当毛细管将黏结剂吸收到粉末中，接触角减小。随着黏结剂液滴润湿并渗入粉末床，形成初始核，整个孔隙空间充满黏结剂。

黏结剂还会影响脱脂温度、烧结温度和残留物特性。大多数黏结剂需要在烧结前完全分解，因此黏结剂分解温度与打印件烧结温度必须存在一定间隔。黏结剂分解留下的残留物会对最终零件性能造成影响，富含碳或氧的残留物会形成碳化物或氧化物，从而降低不锈钢、Inconel 625 等材料的力学性能。为此，在选用新的黏结剂-粉末体系后可进行热重分析，获得黏结剂分解和粉末烧结的特性，制订合理的脱脂与烧结工艺。

（2）打印材料

目前能适用于金属 3DP 技术的材料包括不锈钢、镍基高温合金、钛合金、铜及其他材料。采用较多的金属材料，如表 5-2 所示。

表 5-2　3DP 金属材料

材料类型	牌号	应用
铁基合金	316L、17-PH、15-5PH、18Ni300	模具、刀具、管件、航空结构件
钛合金	CPTi、TC4、TA15、TC11	航空航天结构件
镍基合金	Inconel 625、Inconel 718、Inconel 738LC	密封件、炉辊
铝合金	AlSi10Mg、AlSi12、6061、7075	飞机零部件、卫星

　　3DP 技术打印的初坯致密度通常较低，而为了获得高致密度金属零件，常用办法是渗入另一种低熔点金属，或者采用一些例如喷射纳米粒子或添加烧结助剂等其他方法。DoT 等利用 3DP 技术打印了三种不同的硼基烧结添加剂（纯 B、BC、BN）与 420 不锈钢双峰粉末混合，降低了打印件的烧结温度，在 1250℃下烧结获得了高致密度（99.6%）。Kwon 等将氮化硅作为烧结助剂，打印了平均粒径 35μm 的 420 不锈钢粉末和平均粒径 2μm 的氮化硅颗粒混合材料，优化后的氮化硅含量（质量分数）为 12.5%，1225℃下烧结 6h，致密度达 95%，弹性模量接近 200GPa。

　　（3）后处理工艺

　　由于 3DP 法采用粉末堆积、黏结剂黏结的成型方式，得到的成型件会有较大的孔隙，因此打印完成后打印坯还需要合理的后处理工序来达到所需的致密度、强度和精度。目前，打印件致密度和强度方面常采用低温预固化、等静压、烧结、熔渗等方法来保证，精度方面常采用去粉、打磨、抛光等方式来改善。

　　① 烧结　金属打印坯一般都需要进行烧结处理，采用的烧结方式主要包括气氛烧结、热等静压烧结、微波烧结等。C.B.Williams 等用多孔的马氏体时效钢粉末进行 3DP 打印，并在还原性气体 Ar-10%H$_2$ 中进行烧结，获得了强度高、质量轻的制件。烧结参数是整个烧结工艺的重中之重，它会影响制件密度、内部组织结构、强度和收缩变形。孙健等将 3DP 技术用于多孔钛植入体的制备，在氩气保护下烧结打印坯，通过对不同温度和保温时间下烧结件的显微硬度、结构、孔隙率、抗压强度等多项性能参数的检测分析，找出了合适的烧结工艺参数，获得了性能良好的产品。封立运等采用多种烧结工艺及烧结参数，最后分析得出结论：热解除碳后烧结工艺能有效控制 3DP 打印的 Si$_3$N$_4$ 试样烧结过程中的收缩变形。

　　② 等静压　为了提高制件整体的致密性，可在烧结前对打印坯进行等静压处理。之前就有学者将等静压技术与激光选区烧结技术结合获得了致密性良好的金属制件，而为了模仿这个过程，研究人员也将等静压技术引入到了 3DP 法中来改善制件的各项性能。按照加压成型时的温度高低，等静压分为冷等静压、温等静压、热等静压三种方式，每种方式都可针对不同的材料来加以应用。W.Sun 等采用冷等静压工艺，使得 3DP 法打印出的 Ti$_3$SiC$_2$ 覆膜陶瓷粉末制件的致密性得到了较为明显提升，烧结完成后制件的致密度从 50%～60% 提高到 99%。

　　③ 熔渗　打印坯烧结后可以进行熔渗处理，即将熔点较低的金属填充到坯体内部孔隙中，以提高制件的致密度。熔渗的金属还可能与陶瓷等基体材料发生反应形成新相，以提高材料的性能。E.Carreno-Morelli 等采用 20Cr13 不锈钢粉末得到了齿轮打印坯，先在 1120℃下烧结得到相对密度为 60% 的烧结件，之后再向其中渗入铜锡合金得到全密度的产品。B.Y.Nan 等先将 3DP 法打印好的混合粉末（TiC、TiO$_2$、糊精粉）初坯在惰性气体中烧

结，得到预制体，再将一定量的铝锭放在其表面，在 1300～1500℃ 下保温 70～100min 进行反应熔渗，制备出了 Ti_3AlC_2 增韧 $TiAl_3$-Al_2O_3 复合材料。

④ 去粉　如果打印坯强度较高，则可以将其直接从粉堆中取出，然后用刷子将周围大部分粉末扫去，剩余较少粉末或内部孔道内无黏结剂黏结的粉末（干粉）可通过加压空气吹散、机械振动、超声波振动等方法去除，特殊的也有采用浸入到特制溶剂中除去的方法。如果打印坯强度很低，则可以用压缩空气将干粉小心吹散，然后对打印坯喷固化剂进行保形；对有些黏结剂得到的打印坯可以随粉堆一起先采用低温加热，固化得到较高的强度后再采用前述方法进行去粉。

5.3.4　金属 3DP 增材制造典型应用

21 世纪以来，金属 3DP 增材制造技术在国外得到了迅猛的发展，对黏结剂喷射成型技术的研究也越来越多。在国外，黏结剂喷射成型技术的研究经历了由软材料到硬材料、由单喷头线扫描印刷到多喷头面扫描印刷、由间接制造到直接制造的过程。而随着该技术的发展，其设备也在不断发展。目前生产 3DP 技术设备的公司主要包括三类：①ExOne，拥有多种类 3DP 打印机，其中 X1 160Pro 设备是目前最大的金属 3DP 打印机，成型缸体积是同类系统的 2.5 倍以上；②Digital Metal，其中 DM P2500 打印机最大打印速率达到 $12000cm^3/h$，打印速度是激光选区熔化（selective laser melting，SLM）技术的 100 倍；③Desktop Metal、General Electric（GE）、3DEO、Hewlett-Packard（HP）、3D Systems、Voxeljet 等公司也推出了 3DP 打印机。ExOne 公司开展了广泛的材料测试，包括 304L、316L、M2 工具钢和 Inconel 718 合金等，其他材料还包括 17-4PH 合金、6061 铝合金、钴铬合金、铜、H13、钛、钨合金等。

与发达国家相比，国内开展黏结剂喷射成型技术研究相对较晚，但近年来在这方面也获得了较大的进展。其中，武汉易制科技有限公司基于华中科技大学技术成果，于 2017 年推出了国内首台金属 3DP 打印机，材料包括 316L、420、铜和钛合金等。3DP 技术提供了一种经济的方法来打印具有悬垂、复杂内部特征和无残余应力的金属零件，在多个行业中具有广泛的应用前景。如图 5-22（a）和图 5-22（b）所示为应用于航空航天领域的钛合金及高温合金点阵夹层产品，免于制造模具，节约材料，成本优势明显，可实现薄壁件、复杂型腔零部件的一体成型，能提升零部件性能。如图 5-22（c）所示为 3DP 应用于五金等功能件领域案例，能满足异形设计和定制化要求，丰富了产品线。如图 5-22（d）所示为 3DP 应用于液压行业案例，制作的液压元件轻量化，节省了空间，可减重 60% 以上。

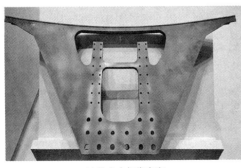

(a) 钛合金捆绑支座

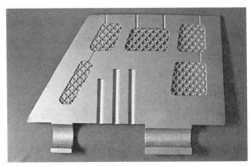

(b) 点阵夹层舵面剖面

(c) 不锈钢水龙头　　　　　　　　　　　　　　　(d) 液压元件

图 5-22　3DP 金属打印应用案例

5.4
金属固相增材制造技术

5.4.1　金属固相增材制造基本原理

金属固相增材制造（solid-state additive manufacturing，SSAM）是一种在不熔化金属材料的情况下将其逐层叠加，形成三维实体结构的技术。其基本原理涉及在特定条件下使粉末或箔材等原材料相互结合，通常通过施加热量和机械压力来实现原子间的扩散结合。具体方法包括冷喷涂、超声振动增材制造等，这些技术可以在较低温度下实现高强度零件的制造，同时减少内部应力和变形。

5.4.2　金属固相增材制造工艺特点

（1）高效能与节能性

由于不涉及金属的完全熔融与再凝固，固相增材制造通常可以更好地保留原有金属粉末的物理和化学性质。这种特性不仅提高了材料利用率，减少了废料生成，而且在某些情况下还能避免合金元素的烧损或挥发。此外，由于加工温度较低，与高能量激光或电子束相比，固相增材制造对环境的影响和能耗也相对较小。

（2）优异的力学性能

在固相下结合的金属颗粒通常会在极高的塑性变形和温度梯度下实现结合，形成细小的晶粒结构。这种细晶结构往往带来更高的屈服强度和抗疲劳性能。此外，由于没有明显的熔化-凝固过程，固相增材制造的零件内部较少出现裂纹、孔洞等缺陷，微观结构的均匀性和一致性更好。

（3）精细的表面质量

该工艺能够实现相对较高的表面光洁度，减少后续加工所需的工序。在许多应用中，表面质量的提高不仅降低了生产成本，还提升了材料的耐腐蚀性能和疲劳寿命。

（4）可控的微观结构

固相增材制造可以通过控制过程参数来调节最终产品的微观结构特征。例如，调整加工速度、压力和温度可以改变金属的晶粒尺寸和相组成，从而优化材料性能。这一特性为材料的设计与制造提供了更大的灵活性和自由度。

（5）支撑材料的需求降低

在传统的增材制造中，为复杂结构提供支撑往往是一个难题。而在固相制造中，支撑材料的需求大幅降低。利用材料自身的流动性和成型特性，可以实现多种复杂结构的支承，不再依赖于额外的支撑材料，从而减少了后期的清理和加工工序。

5.4.3 金属固相增材制造工艺分类

金属固相增材制造工艺主要包括以下三种技术：

（1）超声振动增材制造

金属超声振动增材制造的基本原理是先通过超声波发生源产生高频超声电信号，再由换能器将电信号转化为超声波频率的振动，从而将一系列金属带材连接形成结构体。目前常用的带材宽度为 25mm。为了获得复杂的内部结构和最终的几何外形，超声振动增材制造过程中还需要穿插机械加工，如图 5-23 所示。

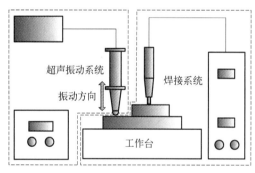

图 5-23　超声振动引入电弧增材制造过程的示意图

与超声金属焊接类似，增材阶段通过换能器驱动超声压头产生高频摩擦运动，振动频率可达 20kHz，通过加工过程中的超声功率器实现振幅的精确控制。同时，压头会被施加一定的下压力并在数控系统的控制下进行滚动，以实现金属带材的连续连接。在必要的情况下，超声焊接系统会通过给基板预热来为自身提供额外的能量。在减材阶段，它通过数控加工对已连接部分进行处理，引入复杂的内部结构，并形成满足精度要求的外形。金属超声振动增材制造属于固相冶金过程，其原理是在高频摩擦振动和下压力的作用下，层间界面处的金属产生高应变率的塑性变形，破坏金属表面的氧化膜，使得金属间发生直接接触，原子扩散，直至形成冶金结合。

（2）固相增材搅拌摩擦沉积制造

AFSD（additive friction stir deposition，增材搅拌摩擦沉积）是一种新兴的固相增材制造技术。在 AFSD 过程中，送进材料在中空工具头内随工具头轴肩旋转。当工具头与基板接触时，摩擦产生的热量使材料温度升高，导致其在基板和搅拌头之间发生塑性变形。送料装置的轴向压力和旋转搅拌头的剪切力共同作用，使材料持续塑化并沉积到基体表面，最终形成增材构件，如图 5-24 所示。技术优点有成型温度低、性能优异、适用材料广泛、适用大尺寸结构件、绿色环保等。

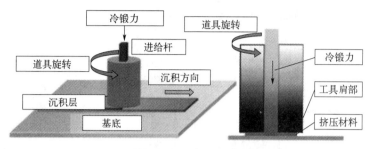

图 5-24　搅拌摩擦沉积增材制造技术示意图

该系统的核心结构为空心工具头轴肩，轴肩主要有以下两方面作用：

① 通过垂直约束控制沉积层的高度。

② 提供旋转搅拌作用以进一步剪切沉积材料，实现良好的界面结合。

AFSD 过程是搅拌摩擦加热、剪切作用辅助沉积以及摩擦焊接综合作用的过程，可简单分为四个阶段：第一阶段为接触摩擦阶段，主要涉及摩擦产热，将 AFSD 工具头和进给材料加热至所需温度，使进给材料发生塑化；第二阶段为挤压剪切阶段，材料发生大体积塑性变形，产热主要由轴肩剪切力主导；第三阶段为搅拌沉积阶段，工具头按指定路径前移，在轴肩下方形成沉积区域；第四阶段是多层沉积阶段，完成第一层沉积后，工具头上调至指定位置后继续按照指定路径沉积第二层，之后逐层沉积，完成 AFSD 工艺过程，如图 5-25 所示。

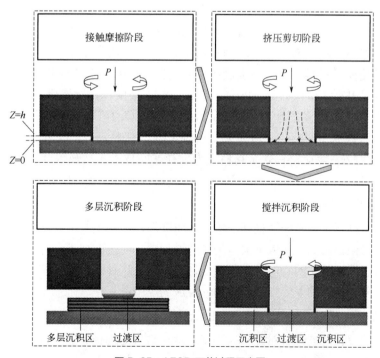

图 5-25　AFSD 工艺过程示意图

（3）冷喷涂

冷喷涂技术是一种低温增材制造方法，其过程是在高速气流中将金属颗粒喷射到基材上，使颗粒与基材发生塑性变形和相互结合。此工艺能够保持材料的基态性能，广泛应用于表面修复与增厚，如图5-26所示。

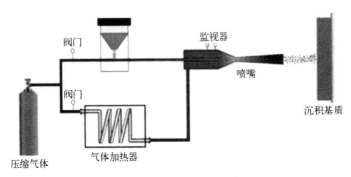

图5-26　冷喷涂工作原理示意图

5.4.4　金属固相增材制造典型应用

随着先进制造技术的不断进步，金属固相增材制造（SSAM）作为一种创新的制造方式，逐渐崭露头角。它采用材料的固相状态进行增材加工，能够显著提升成品的性能和精度，在航空航天、医疗、汽车和模具制造等领域有广泛应用前景。

（1）航空航天领域的应用

航空航天领域对材料的性能要求极为严格，尤其是在高温、高压和低温环境下，零件的强度、韧性和耐腐蚀性至关重要。金属固相增材制造技术能够生产出具有复杂几何形状和极高强度的部件，满足航空航天领域的特殊要求，广泛应用于发动机部件、机翼结构和其他关键部件的生产。如采用固相增材制造技术制造的涡轮叶片，相比于传统制造方式，不仅减少了材料浪费，还提高了零件内部的致密度和力学性能，有效缩短了产品的开发周期，提高了生产效率。2016年，Michael采用搅拌摩擦增材技术制备了7055高强铝合金成型件，并通过力学性能测试验证了该技术的可行性，同时发现工艺参数对改善成型件性能有重要影响。上海航天设备制造总厂有限公司已经成功将搅拌摩擦技术应用于2A14和2219等航空铝合金材料，为搅拌摩擦技术在高强铝合金上的应用奠定了基础。

（2）医疗领域的应用

金属固相增材制造技术能够根据个体患者的需求，快速生产出符合生物相容性和精准度要求的医疗器械。例如，在人工关节的制造过程中，通过该技术，可以实现复杂的内部结构设计，从而提升关节的功能性和使用寿命。同时，这种技术能够使用生物合金材料，提高植入物与人体组织的兼容性，减少排异反应的风险。

（3）汽车领域的应用

现代汽车的设计趋向于轻量化和高强度，这对材料的选择和加工技术提出了更高的要求。金属固相增材制造能够以较少的原材料消耗，制造出更轻、更强的汽车零部件。例如，在电动汽车电池的结构设计中，固相增材制造技术被用于生产高导电性和高强度的电池壳体，提高了整体电池的性能与安全性。同时，该技术还能够快速响应市场变化，实现小批量生产，帮助汽车制造商降低库存成本和提升生产效率。

（4）模具制造领域的应用

金属固相增材制造技术在模具制造中的应用，能够有效缩短模具的生产周期，降低制造成本。例如，通过该技术可以直接制造出复杂形状的模具结构，而不需要传统加工中的多次加工和装配。此外，该技术在模具内部冷却通道的设计上也有独特优势，能够实现更加高效的冷却系统，提高产品的生产效率。同时，采用固相增材制造的模具具有较高的耐磨性和热稳定性，能够在长期使用中保持高性能。

金属固相增材制造作为一种新兴的制造技术，展现出广泛的应用前景，尤其在航空航天、医疗、汽车和模具制造等领域，其独特的优势正在逐步显现。随着材料科学和制造技术的不断进步，金属固相增材制造将会在更多行业中得到应用，推动相关领域的创新和发展。展望未来，金属固相增材制造技术将在提高产品性能、降低生产成本和加速产品上市等方面发挥重要作用，成为现代制造业不可或缺的一部分。

5.5
金属间接 FDM 增材制造技术

5.5.1　金属间接 FDM 增材制造基本原理

FDM 工艺常用的材料有 PLA(聚乳酸)、ABS（丙烯腈-丁二烯-苯乙烯）、PA 等低熔点塑料为主，对于金属材料的 3D 打印涉及较少。目前，用于金属打印的技术工艺主要分为激光增材制造（laser additive manufacture，LAM）技术、电子束熔化（electron beam melting，EBM）成型技术、电弧增材制造（WAAM）技术。金属间接 FDM（熔融沉积成型）增材制造技术是一种将金属粉末与熔融黏结剂结合，利用 FDM 技术逐层打印制造金属零件的方法。

金属间接 FDM（熔融沉积成型）增材制造技术是最近几年研究的热点，其打印的过程为：首先将金属粉末和高聚物黏结剂所组成的丝材原料加热，直至丝材软化，并能通过打印喷嘴挤出，然后打印材料沉积在热床，之后按照 CAD 模型设计逐层创建零件。根据打印机的进给系统，金属间接 FDM 增材制造可分为螺杆型、柱塞型和长丝型三种，如图 5-27 所示。

如图 5-27（a）所示。螺杆型的比长丝型和柱塞型更加广泛应用于合金，原料将通过螺杆旋转输送，同时由加热元件加热到高于聚合物黏结剂玻璃化转变温度，软化后的材料将按照 CAD 设计的模式通过喷嘴沉积。

如图 5-27（b）所示，柱塞型的原料可以为棒状或颗粒状，基本过程是原料通过活塞送入喷嘴，然后根据 CAD 设计进行逐层打印。其优点是物料运输速率高，明显比长丝型进料容易。然而，相比于螺杆型的挤压增材制造，它需要额外的棒料制备步骤。

如图 5-27（c）所示，长丝型的应用最为广泛，如 FDM 基本过程是由金属粉末和聚合物黏结剂组成的金属长丝由长丝输送系统送入加热元件和加热喷嘴，使长丝软化并按照 CAD 设计逐层挤压到打印床上，其优点就是安全，过程简单，价格便宜，成型过程绿色环保等。缺点是长丝的生产需要单/双螺杆或柱塞挤压设备，以及特殊的技术，例如，选择合适的黏结剂类型、合适的混合程序和长丝制造技术。

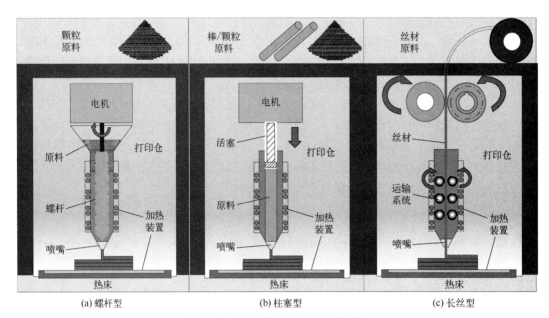

图 5-27　金属间接 FDM 增材制造类型

5.5.2　金属间接 FDM 增材制造工艺特点

① 材料多样性与高性能　可以使用多种金属粉末，如不锈钢、工具钢、Ni 基超合金、Co 基超合金、Ti 合金、Al 合金和 Cu 合金等，打印出性能满足一定工业要求的金属零件。

② 成本效益降低　与传统的金属加工方法相比，间接金属 FDM 技术可以减少材料浪费，降低生产成本，特别是在制造复杂形状的零件时，可以减少材料的使用和加工步骤。

③ 设计灵活　采用金属间接 FDM 技术，可以自由设计复杂的内部结构，实现传统制造方法难以实现的复杂形状和内部通道，如冷却孔等。

④ 制造速度快　与传统的金属加工方法相比，FDM 技术可以在较短的时间内制造出原型或零件，尤其适用于快速迭代设计和生产。

⑤ 适用范围广　可以用于制造各种尺寸的零件，从小型精密部件到大型结构件。

⑥ 工艺可控　通过调整打印参数，如打印速度、温度、压力等，可以精确控制材料的沉积和固化过程，从而实现对零件几何形状和性能的精细调控。

⑦ 环境友好　与传统的金属加工相比，间接金属 FDM 技术减少了切削液的使用，降低了环境污染。

然而，金属间接 FDM 技术也存在一些挑战，如打印速度相对较慢，可能影响生产效率；使用的黏结剂可能对某些金属粉末的性能产生影响；此外，后处理步骤（如去除黏结剂、热处理等）可能增加额外的成本和时间。

5.5.3　金属间接 FDM 增材制造材料与工艺

金属间接 FDM 所使用的材料一般为金属（如不锈钢、工具钢、钛合金等）粉末与熔融的黏结剂（通常是热塑性聚合物如 ABS、聚甲醛等）混合得到的原料。工艺主要包括原料的制备、逐层打印、脱脂、烧结致密化。

（1）混料

原料通常是由金属粉末和黏结剂混合而成，其中金属占比 50%～60%，有些材料可以占比 80%，黏结剂通常是热塑性聚合物。粉末的含量主要是影响致密度，粉末含量越高，其致密度越高，粉末含量也有助于提高材料的力学性能和摩擦学性能。用于 FDM 打印的金属主要有钛合金、镍合金、铝合金等，如表 5-3 所示为部分材料及合金成分。

表 5-3　FDM 打印的部分材料及合金成分

材料	粉末含量/%	复合比例/%										
		碳	铬	铜	铁	锰	钼	镍	铌	磷	硅	硫
不锈钢（17-4PH）	55	0.01	15.5～17.5	3.0～5.0	71.85	0.76	0.30	3.0～5.0	0.15～0.45	0.040	0.84	0.030
不锈钢（316L）	55	0.030	17～19	0.50	62	2.00	2.25～3.50	13～15	0.10	0.025	0.75	0.010

（2）打印

打印是整个过程中非常重要的一步，首先利用三维制图软件制成三维模型，然后用切片软件进行切片。在切片时需要注意到各种参数的设定，比如层高、填充率、路径、喷头和热床的温度。每一种材料都有特定的参数，通过对这些参数的设定从而使结果更加准确、质量和效率更高，最后形成 G-code（G 代码）进行打印。

（3）脱脂

FDM 打印之后，成型坯件需要进行脱脂处理来获得高性能的金属零件。脱脂是指打印成型的坯体黏结剂脱出的过程，主要包括热脱脂、溶剂脱脂、虹吸脱脂等方式，针对不同黏结剂可采用其中一种或几种方式实现对黏结剂的脱除。其中热脱脂应用最为广泛，即在特定的温度下保持一定的时间，时间的长短取决于原料中所含的物质含量，所用的温度不用太高，否则会使材料分解成碳。

（4）烧结

烧结会使成型的坯体变成致密的零件，在这个过程中，理论上密度会大幅度上升。烧结的过程存在六种传质机制，即表面扩散、晶格扩散、晶界扩散、蒸发-冷凝、黏性流动、塑性流动。烧结过程以后，孔隙率可能在 12%～20% 之间，取决于使用的温度。烧结的过程会用各种保护气体，比如氩气、氮气、氢气，烧结气氛、加热速率、加热速度、烧结过程的时间长短都会对材料的微观结构有显著影响，从而影响到材料的性能参数。

5.5.4　金属间接 FDM 增材制造典型应用

（1）316L 不锈钢合金

316L 不锈钢耐热腐蚀性能力强，广泛应用于制作耐腐蚀性的设备，如汽车、化工、医疗等方面。316L 不锈钢零件常用 SLM 技术进行打印，考虑到成本问题，Gong 等比较了 SLM 与 FDM 制备的 316L 不锈钢孔隙率的差距，证明了 FDM 技术打印成型的 PLA、ABS 与不锈钢 316L 金属-聚合物复合材料的孔隙率约为 1.5%。刘斌选取 11%聚甲醛（POM）作为黏结剂，1%聚丙烯（PP）作为稳定剂，1%氧化锌作为热稳定剂，1%邻苯二甲酸二辛酯（DOP）和邻苯二甲酸二丁酯（DBP）作为增韧剂，与 86%的 316L 不锈钢粉末混合挤出拉丝，研究了喷嘴温度、分层厚度、填充线宽对打印坯尺寸精度的影响，发现经 FDM 技术打印成型得到的 316L 不锈钢丝材的挠度高，可用于工业化。

（2）铜及其金属复合材料

由于 Cu 的延展性好、导热性和导电性高的特性，在 FDM 打印中同样属于研究对象。S.H.Nikzadm 等将含量高达 40%的 Cu/丙烯腈-丁二烯-苯乙烯（ABS）共聚物复合材料通过受控离心混合、单螺杆挤出机热复合和压塑制成试样，研究了切片厚度、填充模式、喷嘴直径等工艺参数的影响，成功地开发了在 ABS 中填充铜颗粒的新型金属复合材料，这种高刚度的金属复合材料能广泛应用于零件的制造。H.Seteon 等开发了用于 FDM 工艺的新型金属长丝，将 Cu、Fe 粉末与热塑性塑料 ABS 混合，经螺杆挤出机挤出直径为 1.75mm 金属丝，发现生产出的 ABS-Cu 复合丝热导率更高，可以限制在打印过程中的变形，调整 ABS-Cu 复合丝可以应用于大规模 3D 打印领域。

（3）铁及其金属复合材料

Fe 及其金属复合材料因其具有良好的延展性、导热性，日益受到重视。S.H.Masood 等研究了一种由 60%PA 基体和 40%铁粒子组成的用于熔融沉积成型（FDM）的新型金属/聚合物复合材料。同样基于铁-PA6 混合丝的研究，Garg 等使用单螺杆挤出机制备了不同成分的铁-PA6 混合丝用于 Fdm 打印，发现新开发的含 60%的 Fe 和 40%PA6 的复合材料是一种良好的可应用于工业的耐磨复合材料，并且磨损率随着 Fe 含量的增加而降低。

5.6
本章小结

本章对其他金属材料增材制造技术的原理与应用进行了详细的探讨与总结。多种增材制造技术涵盖了电子束增材制造、金属 3DP 增材制造、金属固相增材制造、金属间接 FDM 增材制造等不同工艺。这些技术通过利用电子束等高能量束流，在金属粉末或丝材上进行逐层固化或熔化，从而实现复杂几何结构的高精度制造。这些技术在航空航天、医疗器械、汽车制造以及模具生产等领域的实际应用案例，展示了它们在提升材料利用率、缩短产品开发周期以及实现轻量化设计方面的显著优势。从这些技术的现状与未来发展趋势可以预见其应用潜力巨大。

思考题

5.1　描述电子束增材制造技术的基本原理，并解释其如何适用于金属零件的制造。

5.2　讨论电子束增材制造技术在制造过程中如何控制金属的熔化和凝固过程，以及这些过程如何影响零件的微观结构和力学性能。

5.3　讨论在电子束增材制造过程中，如何通过调整电子束参数来优化零件的制造质量和效率。

5.4　讨论金属 3DP 技术中使用的金属粉末的特性，以及这些特性如何影响打印过程和最终零件的性能。

5.5　分析金属 3DP 技术在不同金属（如不锈钢、钛合金、铝合金）粉末中的应用，并讨论其优势和局限性。

5.6　列出在金属 3DP 过程中可以控制的关键工艺参数，并解释每个参数如何影响制造过程和最终零件的质量。

5.7　设计一个实验方案，以研究打印速度对金属 3DP 制造的不锈钢零件微观结构和力学性能的影响。

5.8　描述金属固相增材制造技术的基本原理，并解释其与熔化型增材制造技术的区别。

5.9　讨论固相增材制造技术在制造过程中如何避免材料的熔化，以及这种差异如何影响零件的微观结构和性能。

5.10　调查固相增材制造技术在特定行业（如模具制造、医疗植入物）的应用案例，并分析其优势。

5.11　讨论在间接 FDM 技术中，使用的材料（如塑料、蜡）如何作为金属零件的原型，以及这些原型材料的选择如何影响最终金属零件的质量。

5.12　分析间接 FDM 技术在金属零件制造中的局限性，并讨论可能的解决方案。

5.13　描述间接 FDM 技术中的后处理过程，包括从原型到金属零件的转换步骤。

附录 1　扩展阅读

搅拌摩擦增材制造（FSAM）主要是在搅拌摩擦焊的原理上提出的一种新型的增材制造技术。搅拌摩擦焊（FSW）是一种新型固相焊接技术，其来源可以追溯到 1991 年，由英国焊接研究所（The Welding Institute，TWI）发明。这项技术因具有节能环保、优质高效等优点，自发明以来便受到了广泛关注，并在世界焊接技术发展史上，以其从发明到工业应用时间跨度短而著称，被誉为继激光焊之后的"焊接史上的第二次革命"。FSW 的工艺原理是利用一个带有轴肩和搅拌针的焊接工具，通过高速旋转将搅拌针挤入对接板材的接缝处，使材料在摩擦热的作用下发生软化，搅拌针的搅动作用使接缝两侧的材料产生塑性流变和混合，形成密实无缺陷的焊缝。FSW 技术已在航空、航天、船舶、轨道交通、汽车等工业领域广泛应用，并成为高强铝合金和镁合金的首选焊接工艺。除了铝合金、镁合金外，FSW 在钢、钛合金等高熔点金属、铝基复合材料以及异种金属的焊接方面也显示出优势。FSAM 基于 FSW 的原理，通过板材的搭接，一层一层地实现增材制造，有效地解决了熔融态增材制造所带来的问题，比如熔化时因温度梯度大而产生热应力、组织不均匀性等，因为不涉及熔化，且增材过程中发生动态再结晶，晶粒超细化，微观结构更加均匀，非常适合用于轻质合金。

附录 2　相关软件介绍

SolidWorks 是一款由达索系统（Dassault Systèmes）开发的三维计算机辅助设计（CAD）软件。它广泛应用于工程领域，帮助设计师和工程师创建精确的产品模型和装配体。SolidWorks 提供了强大的设计功能，包括参数化建模、直接建模、曲面建模和大型装配管理。它支持多 CAD 文件格式的导入和导出，方便与其他专业 CAD 系统的数据交换。SolidWorks 还具备仿真分析功能，可以与 COMSOL Multiphysics 等仿真软件无缝集成，实现设计与仿真的同步，被广泛应用于航空航天、汽车、制造业等多个行业，尤其在需要复杂几何形状和高精度的复杂项目中表现出色。

AdditiveLab 是一款用于金属增材制造（AM）仿真的软件，由比利时 AES 公司开发，成立于 2018 年，专为 AM 工程师设计，无需深厚的仿真知识，具有简单的用户界面和自动化的模型准备流程，能帮助用户深入研究金属 AM 过程，通过可视化的仿真结果反馈，快速识别关键区域，如存在大变形、局部应力集中和过高温度的区域，提供 Python 脚本接口，方便专家进行自动化、优化和定制等操作。设计师可利用其机械分析、热分析功能，识别零件中容易出现故障的区域；分析、比较并创建针对增材制造特定需求的设计，加速设计学习和技能提升。广泛应用在航空航天、医疗和汽车领域。

第 **6** 章

非金属材料光固化成型技术原理及应用

案例引入

如图 6-1 所示，在生产构件时，传统加工技术可能需要数天或数周，而且适用于批量生产，灵活性差，对于单件或小批量生产的成本较高，一些复杂构件如涡轮叶片和蜂窝板等甚至难以成型。本章将会介绍一种适合于快速加工这一类复杂高精度构件的成型方法——光固化成型（SLA）。

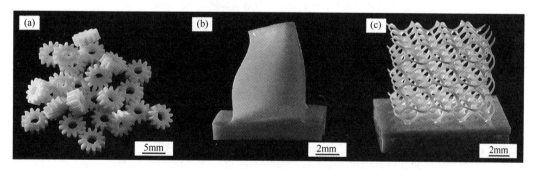

图 6-1　复杂构件
（a）齿轮；（b）涡轮叶片；（c）蜂窝板

学习目标

（1）掌握光固化成型（SLA）的基本原理及技术特点；
（2）了解非金属材料立体光固化成型（SLA）的典型应用。

知识点思维导图

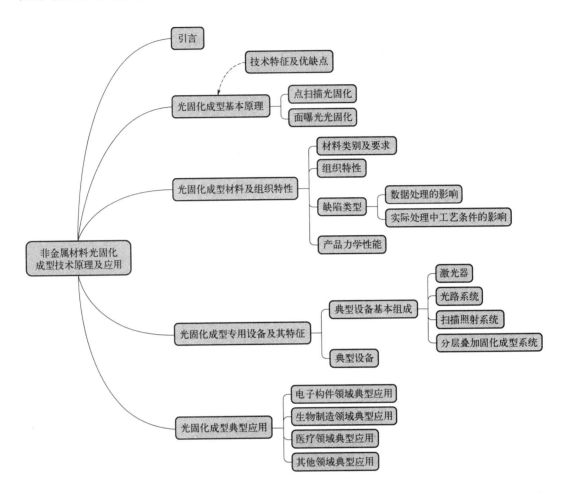

6.1
引言

  利用光能的化学和热作用可使液态树脂材料产生变化的原理，对液态树脂进行有选择地固化，就可以在不接触的情况下制造所需的三维实体原型。利用这种光固化的技术进行逐层成型的方法，称为光固化成型法，国际上通称 stereolithography（立体光刻），简称 SL，也有用 SLA 表示。

6.2

光固化成型基本原理

6.2.1 点扫描光固化

光固化树脂是一种透明、黏性的光敏液体。当光照射到该液体上时，被照射的部分由于发生聚合反应而固化。如图 6-2 所示，将紫外光通过一个扫描头照射到树脂表面，使激光束扫描到树脂表面使之曝光，随后液槽上升一层，扫描头进行新一层的辐照、固化，依此类推，从而将一层层的轮廓逐步叠合在一起，最终形成三维原型。

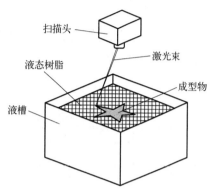

图 6-2 激光束点扫描光固化方式

6.2.2 面曝光光固化

如图 6-3 所示，一种基于 DMD（digit micromirror device，数字微镜器件）的面成型方式，该方式依靠最新的 DMD 技术，一次性成型一个面，拥有更高的效率。液体树脂被照射部分发生固化，成型为所需形状的一层，然后用同样方式在该层面上再进行新一层截面轮廓的辐照、固化，依此类推，从而将一层层的截面轮廓逐步叠合在一起，最终形成三维原型。

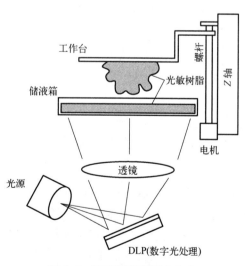

图 6-3 激光束面扫描固化方式

6.2.3 光固化成型技术特征及优缺点

光固化成型工艺决定着产品结构功能的实现，其工艺主要由三个步骤组成，分别是预处理、成型过程和后处理。

（1）预处理

预处理包括建立成型件三维模型、近似处理三维模型、选择模型成型方向、三维模型的切片处理和生成支撑结构，其流程如图 6-4 所示。

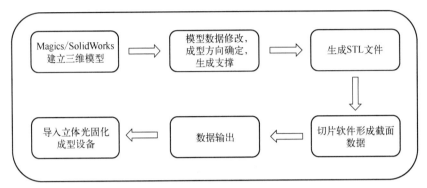

图 6-4　数据前处理流程

首先，在计算机上，利用 CAD、SolidWorks 等三维计算机辅助设计软件，根据产品的要求设计三维模型，或者使用三维扫描系统对已有的实体进行扫描，并通过反求技术得到三维模型。

其次，需要对所得到的三维模型进行必要的调整和修改。模型确定后，根据形状和成型技术的要求选定成型方向，调整模型姿态。然后使用专用软件添加模型技术支撑，模型和技术支撑构成一个整体，并转换成 STL 格式的文件。

最后，应该对 STL 格式文件进行切片处理。由于增材制造是通过一层层截面形状来进行叠加成型，所以加工前需要使用切片软件将三维模型沿高度方向进行切片处理，提取截面轮廓的数据。切片越薄，精度越高。

（2）成型过程

成型过程是光固化成型技术的核心步骤。光固化成型系统根据切片处理得到的断面形状，在计算机的控制下，通过控制激光器向下发出光束，选择性照射料槽中最上层的光敏树脂，完成单层固化；然后，控制工作台下降，将光敏树脂涂覆于零件上表面，继续进行下一次固化；重复上述的固化过程，直到获得最终的实体模型。

（3）后处理

后处理包括坯体的干燥、去支撑处理。成型完成的制品首先需要去除支撑，之后可直接进行干燥和后续热处理。例如，对于陶瓷制品，其成型得到的坯体需要进行额外的排胶，以去除内部大量的有机物，随后需要烧结以获得致密的陶瓷构件。

在当前应用较多的几种增材制造工艺方法中，光固化成型具有成型过程自动化程度高、制作原型表面质量好、尺寸精度高，以及能够实现比较精细的尺寸成型等优点。不过，SLA 也存在一些缺点：

① 系统造价高昂，使用和维护成本过高；

② 设备对工作环境要求苛刻；

③ 成型材料多为树脂类，强度、刚度、耐热性有限，不利于长时间保存；

④ 预处理软件与驱动软件运算量大，与加工效果关联性太高；

⑤ 软件系统操作复杂，使用的文件格式不被广大设计人员所熟悉。

6.3
光固化成型材料及组织特性

6.3.1　光固化成型材料类别及要求

用于光固化成型的材料是以聚合物单体和预聚体为主要原料，添加稀释剂、光引发剂和光敏剂所制成的液态光敏树脂，其在特定波长范围的紫外光照射下，可以因发生聚合反应而固化。光敏树脂的主要成分为聚合物单体（如乙烯类聚合物）、预聚体（如聚氨酯预聚体）、稀释剂（如环氧化合物）、光引发剂（如安息香及其衍生物、苯乙酮衍生物等）和光敏剂（如二苯甲酮、硫杂蒽酮等）。根据最终产品的需求，还可以在原料中加入其他成分，得到性能更优异的制件，如成型陶瓷、金属部件时，向光敏树脂中添加陶瓷、金属等固相颗粒，不过此时需要考虑颗粒的分散性，以保证浆料的光固化性能。

目前，常用的光敏树脂体系根据光引发剂的引发机理，可以分为三类：自由基光敏树脂、阳离子光敏树脂和混杂型光敏树脂。

自由基光敏树脂是采用丙烯酸酯作为预聚体，自由基型物质作为光引发剂，发生聚合反应制得。在紫外光照射下，光引发剂分解出自由基，引发丙烯酸酯中的双键断裂，双键之间发生聚合反应生成分子量较大的聚合物。自由基光敏树脂固化速度快，光敏剂选择多，但存在体积收缩大、产品内部应力大、容易翘曲变形等问题，这限制了这类光敏树脂在精度要求高的行业中的应用。

阳离子光敏树脂是采用环氧树脂为阳离子型预聚体，阳离子的引发剂可分解出有效的质子酸，发生光聚合反应，生成阳离子光敏树脂。因环氧树脂材料价格较低，本身力学性能好，所以是一种较好的材料，但环氧树脂本身黏度大，会影响光固化速率，因此，需要加入阳离子或其他低黏度的活泼的环氧化合物与之融合，来提高光敏树脂的固化率。

混杂型光敏树脂是由自由基-阳离子混合制备成的光敏树脂，其预聚体中含有丙烯酸酯和环氧树脂，在相互作用时，会产生阳离子和自由基。这类光敏树脂由于性价比高、黏度好、力学性能强、力学性能好等优点，常用于光固化成型技术中。

6.3.2　光固化成型组织特性

将一定粒径分布范围内的陶瓷粉体与光敏树脂、添加剂按照配比经球磨等技术制备成陶瓷浆料，组织特征如图 6-5 所示。Johanna Schmidt 等人通过 DLP（数字光处理）技术打印具有 Kelvin 细胞结构的生物玻璃，经过 1100℃烧结后，约有 25%的线收缩，孔隙率达 83%，抗压强度大于 3MPa，可用于骨组织支架。

图 6-5 陶瓷-树脂基成型
（a），（b）坯体；（c），（d）烧结后生物玻璃

6.3.3 光固化成型缺陷类型

光固化成型技术制造出的成品，与 CAD 设计模型之间存在误差，包括表面、变形和几何尺寸误差。具体影响因素主要包括数据处理和工艺条件，如 CAD 数据的准确性、紫外激光功率和聚焦度、辐射强度、光引发剂类型及浓度等。优化措施包括优化 CAD 分层数据、设置合适的聚焦度和辐射强度、选择适宜的光引发剂和黏结剂类型和浓度等。

（1）数据处理的影响

数据处理在数字化制造中扮演重要角色，将 3D 模型切片以提取所需信息，特别是切片界面的边界数据。切片可通过直接切片或文档切片两种方式实现。直接切片能精确描述模型轮廓，适当降低层厚可提高效率，保证精度和效果，提高制造质量。目前国外的层厚已经达到 0.05mm 以下，国内实验室对于精密零件的加工已经将 SLA 层厚度控制在 0.02mm。在光固化生产中，采用加厚分层法，选择最佳分层方向是非常有用的。用横向条分法代替纵向条分法，改变了截面方向，在一定程度上减小了原理误差的影响。通过软件可以进行补偿和校正。应根据原型零件的特点，通过软件对 CAD 模型进行适当的修改，并进行数据处理，减少原理误差的影响。例如，减小耀斑补偿半径可以为后处理留下多余的部分。

　　STL 是一种通用的数据文件格式，用于 CAD 系统和增材制造设备之间的数据交换。它通过将三维模型简化成许多小三角面片来描述原始模型，虽然具有通用性但精度较低。为了在短时间内快速成型，它的离散处理程度较低，可能导致成型精度不高。目前，小直线段逼近的方法可以提高直接切片法的精度，逼近程度根据横断面曲线的曲率分配而得，如图 6-6 所示。如果弦高误差小于预设值，则直接切片的精度可以满足要求。

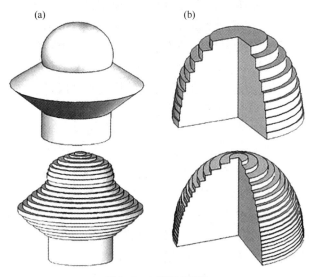

图 6-6　三维模型示例
（a）CAD 模型及其分层模型；（b）不同分层尺寸的加工精度不同

（2）实际处理中工艺条件的影响

　　① 设备误差　影响成型零件精度的最原始因素是设备误差。这个误差主要是 3D 打印机器造成的，可以从设计和硬件系统上控制。制造设备在出厂前应进行调整，以提高打印零件的精度和设备硬件系统的可靠性。设备误差主要表现在 X、Y、Z 三个方向的运动误差，以及激光束或扫描头的定位误差。另外，扫描方式与成品的内应力密切相关，合适的扫描方式可以抑制成品的收缩，防止翘曲，提高成品的精度。成型过程中，实体填充采用定向平行路径法，即每条填充路径相互平行，在边界内来回扫描，称为之字形扫描法。这种扫描方式避免了激光切换，提高了成型效率，消除了带状收缩应力，从而减少了收缩变形，提高了成型精度。

　　② 光斑直径的影响　紫外光的光斑直径比激光大得多，因此不能将其视为光斑。在一定扫描速度下，实际固化线宽等于实际光斑直径。如果不进行补偿，则成型零件实体部分的外周轮廓会大一个光斑半径，从而使零件的实体尺寸大一个光斑直径，零件出现正偏差，特别是在拐角处会形成圆角，这会直接影响成型件的尺寸，因此光固化过程中光斑直径的大小对成型尺寸有影响。圆形光斑直径恒定，固化线宽度与光斑直径相等，光斑扫描路径不修正，光斑半径在成型制品周边增大，产生正偏差。为了减小或消除正偏差，实体内点扫描路径通常减小一个点半径。

　　③ 扫描速度的影响　扫描速度是指 UV 束扫描二维片材的线速度，其大小与光敏树脂的固化深度有关。扫描速度越低，树脂吸收的能量越多，固化深度越深，固化程度越高。

在成型边缘附近，扫描速度较低，且由于扫描方向的改变，存在一定的滞留时间，因此边缘往往会出现过固化现象。但扫描速度也不能一味追求低，过低的扫描速度会使每一层的树脂固化速度过快，影响产品各层的连接，也会造成产品的翘曲变形。当扫描速度较高时，树脂不能吸收足够的能量固化，或者固化深度不够，使工件相邻层之间的附着力变小，层与层之间因附着不牢固而发生滑移。

④ 扫描间距的影响　"扫描间距"是指在进行二维物理测量时，相邻测量点之间的距离。在固化过程中，层面由许多固化线组成，它们相互嵌入并形成一个整体。扫描间距的大小决定了在同一层中相邻固化线之间的连接程度，从而影响扫描线的数量。当扫描间距较大时，扫描线的数量会减少，相邻固化线的嵌入程度也会降低，这会导致锯齿效应的出现，严重影响成型件的表面质量。当扫描间距超过固化线宽时，液态树脂填充的空隙会出现，导致整个成型件损坏。当扫描间距较小时，固化所需的扫描次数会增加，固化线的数量也会增多。

⑤ 材料的影响　材料形状的改变会直接影响成型件的精度。线性收缩会使叠层过程中产生层间应力，导致精度损失和翘曲变形。收缩和翘曲变形的定量关系不是恒定的。为了提高精度，可以选择降低树脂含量或改进材料配方。陶瓷浆料的含固量会影响成型件的致密度和精度。SLA 直接成型陶瓷的原料有水基浆料和树脂基浆料。水基浆料有机物含量低，脱脂快，但干燥工艺容易导致变形；树脂基浆料机械强度高，不易变形，缺点是由于有机物含量高，坯体在排胶过程中容易开裂，导致成型件的精度难以控制。

⑥ 排胶中的影响　排胶是整个烧结过程中的关键步骤。不同的排胶工艺对陶瓷坯体排胶是否充分有显著影响。在空气中直接排胶会导致有机物热解率较高，使气体无法完全逸出，产生气孔等缺陷，影响最终成型件的精度。而在真空排胶中，有机物的热解速率较慢，但由于氧气的稀缺，有机物热解产生的碳无法通过反应去除。如果能将空气排胶中热解的优点与有利于气体逸出的真空排胶充分结合，将有助于彻底去除陶瓷坯体中的有机物，减少气孔、裂纹等缺陷，从而提高成型件的精度。

⑦ 后处理误差　在光固化零件成型后，需进行后续处理，如去除支撑、二次固化、抛光和表面处理等，这对零件精度有很大影响。为避免变形或测量误差，支撑应选择合适、易拆卸的结构，并减少环境影响。因成型工艺和结构工艺性因素，可能存在残余应力，需注意消除。曲面成型件易出现台阶、缺陷或尺寸精度不高等问题，需要进行打磨、修补、抛光和喷丸等处理，如处理不当，将影响精度。

光固化成型工艺精度的控制是当前研究的热点之一。尽管已经提出了多种方法来提高成型精度，如采用分层三维 CAD 模型减少转换过程中的误差以及改进激光扫描技术降低内应力和形变量等，但这些方法尚不能彻底控制精度。因此，进一步研究工艺流程和参数对产品精度的影响是必要的。此外，成型过程中的加工成本、生产效率和制件质量也应该在考虑范围之内。

6.3.4　光固化成型产品力学性能

根据光敏树脂的工艺原理和制件的使用要求，即能否成型及成型后的形状、尺寸精度能否满足设计要求，光固化成型所用液态光敏树脂材料应满足以下条件：

① 成型材料易于固化，且成型后具有一定的黏结强度；

② 成型材料的黏度不能太高，以保证加工层平整并减少液体流平时间；

③ 成型材料本身的热影响区小，收缩应力小；

④ 成型材料对光有一定的透过深度，以获得具有一定固化深度的层片。

目前，DMS、Allied Signal 和 Formlabs 等公司均生产光敏聚合物，其牌号与性能见表 6-1。

表 6-1　光敏聚合物牌号与性能

性能	中等强度的聚苯乙烯	耐中等冲击的模注 ABS	DMS Somos NeXt	DMS Somos GP Plus	Allied -Signal Exactomer 5201	Formlabs Form 1+
抗拉强度 /MPa	50.0	40.0	41	47.6	47.6	61.5
弹性模量 /MPa	3000	2200	2374	2650	1379	2700

6.4
光固化成型专用设备及其特征

6.4.1　光固化成型典型设备基本组成

如图 6-7 所示，光固化成型系统硬件部分主要由激光器、光路系统（1～5）、扫描照射系统（6）和分层叠加固化成型系统（8～10）几部分组成。光路系统及扫描照射系统可以有多种形式，光源主要采用波长为 250～400nm 的紫外光。激光器有紫外灯、He-CO 激光器、亚离子激光器、YAG 激光器和 YVO4 激光器❶等，目前常用的是 He-CO 激光器和 YVO4 激光器。辐照方式则以振镜轴扫描方式为主。

振镜扫描光固化成型技术的光学组件采用激光器与振镜配合，工作方式与 SLS 和 SLM 相似，曝光方式以点-线-面或面投影为主。对于前一种方式，光源从激光器发出，经过反射镜 a 折射并穿过光阑到达反射镜 b，再经折射进入动态聚焦镜。激光束经过动态聚焦系统的扩束镜扩束准直，然后经过凸透镜聚焦。聚焦后的激光束投射到第一片振镜，称 X 轴振镜。从 X 轴振镜再折射到 Y 轴振镜，最后激光束投射到液态光固化树脂表面。计算机程序控制 X 轴振镜和 Y 轴振镜偏摆，使投射到树脂表面的激光光斑能够沿 X、Y 轴平面做扫描移动，将三维模型的断面形状扫描到光固化树脂上使之发生固化。然后计算机程序控制托着成型件的工作台下降一个设定的高度，使液态树脂能漫过已固化的树脂。再控制涂敷板沿平面移动，使已固化的树脂表面涂上一层薄薄的液态树脂。计算机再控制激光束进行下一个断层的扫描，依此重复进行直到整个模型成型完成。与点-线-面曝光方式不同，面投影将振镜替换为了数字微镜器件（DMD），DMD 将整层曝光信息处理成相应的图像，经过光路投影对光敏树脂进行逐面曝光，光源一般采用 LED 灯。由于其成型速度快、精度高，

❶ YVO4 激光器为掺钕钒酸钇激光器。

面投影是目前常用的光固化成型方式。

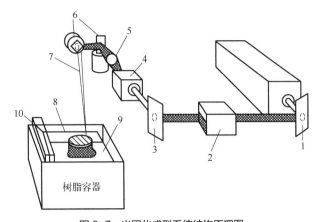

图 6-7　光固化成型系统结构原理图

1—反光镜 a；2—光阑；3—反光镜 b；4—动态聚焦镜；5—聚焦镜；6—振镜；7—激光束；8—光固化树脂；
9—工作台；10—涂敷板

6.4.2　光固化成型典型设备

国际上如法国 3D Ceram 和 Prodways、奥地利 Lithoz、荷兰 Admetec 等公司已经更新换代多款光固化成型 3D 打印机，国内也有如深圳长朗（SZ Longer 3D）、北京十维（BJ Ten Dim）、苏州中瑞（SZ ZRapid）、昆山博力迈（KS Porimy）、武汉因泰莱（WH iLaser）公司等为代表的光固化成型装备厂商，如图 6-8 所示为这些厂商的光固化成型 3D 打印装备产品的参数。由于 DLP 打印设备价格比 SLA 低，且打印效率较高，设备尺寸和占地面积较小，所以目前 DLP 技术已成为光固化成型 3D 打印的主流工艺，但是其打印样件尺寸较小，不过法国 Prodways 公司由于采用了 MovingLight 平移式 DLP 振镜系统，比一般固定式 DLP 系统打印面积扩大了许多。SLA 则因为是点线扫描方式，其打印尺寸更加灵活，但是设备尺寸较 DLP 大很多。

公司	地区	技术	设备型号	最大成型尺寸
3D Ceram	法国	SL	Ceramaker 100/900/3600	300mm×300mm×1500mm
Lithoz	奥地利	DLP	CeraFab 7500/8500	114mm×63mm×150mm
Admatec	荷兰	DLP	Admaflex130	96mm×54mm×120mm
Prodways	法国	DLP	ProMaker v10	280mm×320mm×150mm
Longer 3D	中国深圳	DLP	Ceraform 60/100	96mm×54mm×200mm
Ten Dim	中国北京	DLP	Autoceram-M	96mm×54mm×200mm
SprintRay	中国绍兴	DLP	CeraRay CR-1/TC-1	144mm×81mm×200mm
Kings	中国深圳	SL	Kings JS6000-C	600mm×600mm×400mm
iLaser	中国武汉	SL	Cerabuilder 100	100mm×100mm×200mm
Porimy	中国昆山	SL	CSL 100/150/200	200mm×200mm×150mm

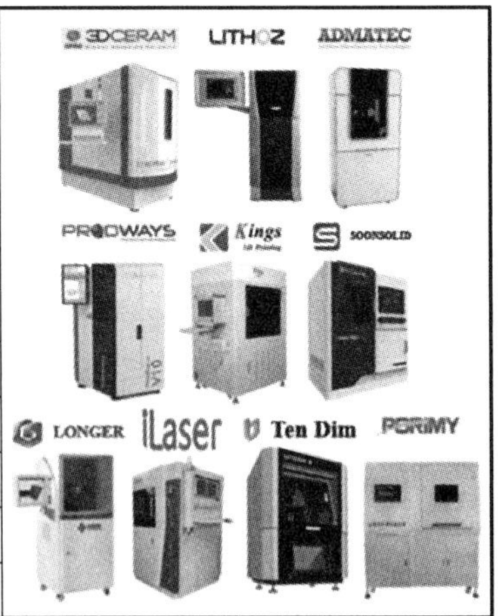

图 6-8　不同光固化成型设备

6.5
光固化成型典型应用

6.5.1 电子构件领域典型应用

如图 6-9 为光固化成型技术应用于电子构件领域的案例，产品是一个电子秤的外壳。产品开发过程的第一步是在计算机上用三维图形软件设计、建构产品的数字模型和注塑该产品的模具的模型；第二步是将模具的三维模型转换成 STL 格式模型，输入到光固化成型系统中，制造成树脂模具；第三步是用硅橡胶材料和真空注型技术制造一个过渡软模具；第四步是用上述的硅橡胶模具和低压灌注技术制作出树脂凸、凹模镶块，与钢制模架组合成注塑模具。用上述组合模具即可制造小批量产品。如图 6-9（f）所示为用这种工艺路线制作的壳体件与电子元件组装在一起的电子秤产品。

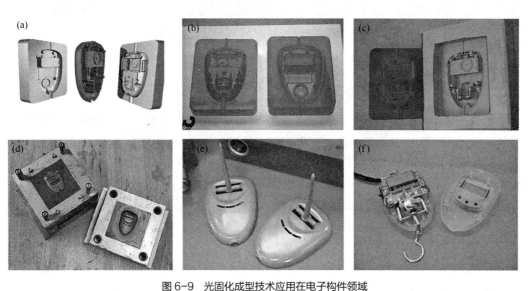

图 6-9 光固化成型技术应用在电子构件领域
（a）三维模型；（b）光固化树脂模具；（c）利用硅橡胶和真空注型制造的软模具；（d）由树脂模和钢模组成的模具；
（e）注塑件；（f）电子秤组装图

6.5.2 生物制造领域典型应用

生物制造工程是指采用现代制造科学与生命科学相结合的原理和方法，通过直接或间接细胞受控组装完成组织和器官的人工制造的科学、技术和工程。以离散-堆积为原理的增材制造技术为制造科学与生命科学交叉结合提供了重要的手段。用增材制造技术辅助外科手术是一个重要的应用方向。在医疗领域，光固化机作为一种先进的技术装备，已经被广泛应用于生物制造工程。它的应用不仅提高了临床医疗的效率和安全性，还为医疗技术的创新带来了新的可能性。

如图 6-10（b）所示为用光敏树脂制造的连体婴儿头颅模型，可以看出其中的血管分布状况全部原样成型了出来。2003 年 10 月 13 日，美国达拉斯州儿童医疗中心对两名两岁的埃及连体儿童进行了分离手术。在手术过程中，先进的医用造型材料和光固化成型（SLA）技术发挥了关键作用。研究人员首先对 Ahmed 和 Mohamed 进行 MRI（磁共振成像）和 CT，然后用这种材料来制造复杂的模型。模型把头骨部分清晰地表达了出来，并且把这对连体头颅共有的复杂的血管系统标记了出来。

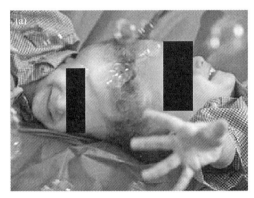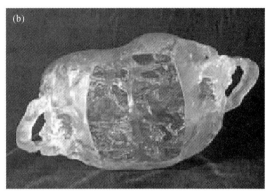

图 6-10　SLA 技术制造模型辅助外科手术案例

（a）术前照片；（b）光敏树脂制造的连体头颅内部与周围骨骼相连的血管模型

6.5.3　医疗领域典型应用

目前，SLA 技术已用于将胚胎干细胞装配成球体，调整球体大小，并使干细胞分化形成胚胎。例如，SLA 可使干细胞沉积成球体，并诱导其成为肝细胞，以供药物测试。与传统模型相比，SLA 技术构建的体外 3D 模型与人体实际情况更接近，能够更真实地反映实际情况。在药物研发过程中，根据 2D 模型开展的实验往往不太准确且成功率较低，导致大量资源被浪费。SLA 可用于制作更接近人体的仿生模型，也可用于制作器官芯片，以便开展新药评估、药物检查等工作。因此 SLA 为生物发展、癌症研究和新药研发提供了更好的手段。

目前，肝移植的需求日益增加，用于移植的肝一般都是尸体肝，而尸体肝数量有限，无法满足日益增长的肝移植需求。若进行活体肝移植，则肝脏供者会出现失血、损伤周围组织或器官、患小肝综合征、死亡等风险。SLA 技术可精准制造出相同肝脏体积和具有透明色码的脉管系统的肝脏模型（供体和受体），如图 6-11 所示，可以增加手术成功的概率。

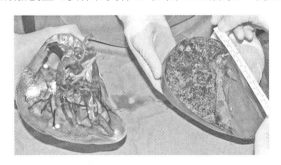

图 6-11　生物打印的肝脏模型

SLS 技术还可打印多发肝转移结直肠癌模型。在模型上，通过肝静脉注射染料上色技术在术前预画切除线，便于在手术中成功切除病灶。此外，3D 打印模型还可以帮助外科医生进行术中肿瘤定位。

6.5.4　其他领域典型应用

采用 SLA 技术制造珠宝饰品，不仅可以实现原材料的高效利用，丰富了珠宝饰品的材料种类，而且在贵金属珠宝饰品的私人定制业务的拓展和发展方面也产生了积极的影响。

在全球工业化、科技化的快速发展进程中，我国的珠宝首饰行业受到西方国家的影响，很早就开始使用 CAD、Rhino、Matrix、Zbrush 等电脑辅助软件来对珠宝进行数字化设计，并且在工艺加工方面逐渐开始应用 3D 打印技术。3D 打印技术的成熟和普及，将给传统金银加工首饰企业带来技术上的冲击。传统首饰制作工艺有着独到的工艺传承意义和人文情怀，3D 打印技术则有着独有的技术呈现方式和宽广的应用优势，两者有着各自的适应性。可以说，珠宝饰品在首饰设计和加工工艺方面都在逐渐往数字化制造的方向发展。3D 打印饰品在我国珠宝行业还处于萌芽阶段，仅少部分大型公司率先涉足 3D 打印、激光雕刻等珠宝制造技术。如图 6-12 所示，展示了几种应用 SLA 技术制造的珠宝饰品。

图 6-12　应用 SLA 技术得到的珠宝饰品

6.6
本章小结

光固化成型（SLA）由于具有成型过程自动化程度高、制作原型表面质量好、尺寸精度高，以及能够实现比较精细的尺寸成型等优点，因此得到了广泛的应用。但其成型材料多为树脂类，强度、刚度和耐热性有限，不利于长时间保存；预处理软件与驱动软件运算量大，与加工效果关联性高；软件系统操作复杂，使用的文件格式不被广大设计人员所熟悉。

思考题

6.1　SLA 技术与 DLP 技术的区别是什么？各有什么优缺点？

6.2　什么是光敏树脂？

6.3　光敏树脂通常由哪些物质组成？

6.4　3D 打印光敏树脂配方设计的基本准则是什么？

6.5　陶瓷光固化成型浆料需满足哪两个基本条件？

6.6　陶瓷光固化成型浆料常见的制备技术有什么？

6.7　陶瓷粉体表面改性的常用方法有什么？

6.8　光固化成型后处理中，如何对成型件进行加固或强化处理？

6.9　光固化成型后处理中，如何提高成型件的强度和耐久性？

6.10　光固化成型后处理中，如何进行后续加工和组装？

6.11　光固化成型技术的精度和传统加工工艺的精度相比有何优势？

6.12　光固化成型技术在制造复杂形状的产品时，其精度会受到何种因素的影响？如何解决这些影响？

6.13　光固化成型技术的精度如何影响其应用范围？它在哪些领域有特殊的适用性？

6.14　数字光处理（DLP）成型精度与哪些因素有关？

6.15　DLP 成型精度的可靠性和稳定性如何保证？

6.16　DLP 成型精度的提升有哪些相关技术或方法？

附录1　扩展阅读

1981 年，名古屋市工业研究所的小玉秀男发明了两种利用紫外光硬化聚合物的增材制造三维塑料模型的方法，其紫外光照射面积由掩模图形或扫描光纤发射机控制。1984 年，Charles Hull 开发了利用数字数据打印出 3D 零件的技术。1986 年，Charles Hull 将他的技术命名为"stereo lithography"（立体光刻）并获得了专利。Hull 用紫外光固化高分子聚合物，将原材料层叠起来以实现光固化成型。Hull 称这一程序可以通过建立打印目标物体每部分之间的联系来打印三维物体。1986 年，Charles Hull 创立了世界上第一家 3D 打印公司——3D Systems 并开发了第一台商业 3D 打印机。1988 年，3D Systems 针对普通公众开发出 SLA-250 新机型。日本的 CMET 和 SONY/D-MEC 公司也分别在 1988 年和 1989 年将光固化成型技术以另外的形式商业化。1990 年，德国光电公司（EOS）卖出了他们的第一套光固化成型系统。1997 年，EOS 将其光固化成型业务出售给 3D Systems 公司，但其仍然是欧洲最大的生产商。2001 年，日本德岛大学研发出了基于飞秒激光原理的 SLA 微制造技术，实现了微米级复杂三维结构的打印。

进入 20 世纪以后，SLA 技术发展速度趋缓，此时 SLA 在应用领域中主要分为两类：一类针对要求研发周期短、产品验证成本低的企业，比如消费电子、计算机相关产品、玩具手板等企业；另一类是需要制造复杂机构的企业，比如航空航天、汽车复杂零部件、珠宝、医学等企业。但是高昂的设备价格一直制约着装备的进一步发展。直到 2009 年，美国总统将 3D 打印技术作为振兴美国制造业的关键技术之一以后，该技术又得到了进一步推动，发展速度加速。2011 年 6 月，维也纳技术大学化学研究员和机械工程师 Markus Hatzenbichler、Klaus Stadlmann 研制了世界上基于 SLA 技术最小的 3D 打印机，该打印机只有牛奶盒大小，重量约 3.3 磅（约 1.5kg）。2012 年 9 月，麻省理工学院媒体研究室研究出一款新型基于 SLA 技术的 3D 打印机——Form 1，这款 3D 打印机可以制作层厚仅 25µm 的物体，这是 3D 打印中精度最高的打印方法之一，但同时成本昂贵。麻省理工学院媒体研究室成立了一家名为 Formlabs 的公司。当时 Form 1 售价 2500 美元。2013 年 6 月，MadSolid 创立了一个专门研发 3D 打印材料的公司，位于奥克兰。MadeSolid 的化学家和工程师不断地研究 FormLabs 的 Form 1+打印机支持的树脂材料，除此之外还设计了其他打印机的材料配方，如 B9 Creator 和 Muve3D。

国内研究 SLA 的机构及企业有：西安交通大学、大璞三维公司、珠海西通公司等。2000 年，西安交通大学凭借快速成型制造若干关键技术及设备获得国家科学技术进步奖二等奖，于 2004 年，凭借 SPS600 固体激光快速成型及光敏树脂获得国家重点新产品认证。之后北京大璞三维生产的中瑞系列 SLA 打印机主要和西安交通大学进行合作。2015 年，珠海西通电子有限公司在北京国家会议中心发布了点扫描 Riverside OS 操作系统，同时宣布掌握从软件到硬件的高品质 SLA3D 打印方案。

附录 2　相关软件介绍

增材制造可以将计算机 CAD 软件生成的三维实体模型或表面模型转换成真实的实体，为此，增材制造系统必须能接受所有的造型软件所生成的三维数据。实体表面数学描述可以是贝塞尔曲面、非均匀有理 B 样条曲面（NURBS）、孔斯曲面、戈登曲面、平面片、圆柱面片以及其他自由曲面。目前，网络上有许多计算机三维 CAD 设计软件，如 Pro/E、UG、SolidWorks 等，每种造型软件都具有自己的数据文件保存格式，为了便于用户使用，必须提供一种通用的数据文件格式，增材制造所采用的数据文件格式一般是 STL 格式。目前所有的三维 CAD 造型软件及增材制造系统都支持 STL 格式文件，可以通过软件的数据交换功能输出为 STL 格式文件。

分层切片是增材制造中对 STL 模型最主要的处理步骤之一。STL 模型分层切片一般是判断某一高度方向上切平面与 STL 模型三角形面片间的位置关系，若相交则求出交线段，将所有交线段有序地连接起来即获得该分层的切片轮廓数据。由于大部分面片不与切平面相交，如果遍历所有的三角形面片将造成大量无用的计算时间和空间，为此，一般需要对 STL 模型文件进行预处理，然后再进行分层切片，SLA 主要的切片软件有 Lychee Slicer，Photon Workshop，PrusaSlicer。

第 **7** 章

非金属材料激光选区烧结技术原理及应用

案例引入

如何快速加工如图 7-1 所示复杂铸造砂型（芯）？显然，若采用传统砂型（芯）铸造工艺，其基本流程包括配砂、制模、造芯、造型、浇注、落砂、打磨加工、检验等步骤，对于复杂铸造砂型（芯）不仅难度大、周期长，而且传统工艺主要适用于大批量生产，对于单件或小批量生产成本较高。本章将会介绍一种适用于快速加工这一类复杂铸造砂型（芯）的方法——激光选区烧结（SLS）。

图 7-1　复杂铸造砂型（芯）

学习目标

（1）掌握激光选区烧结（SLS）的工作原理及技术特点；

（2）了解非金属材料激光选区烧结（SLS）的典型应用。

知识点思维导图

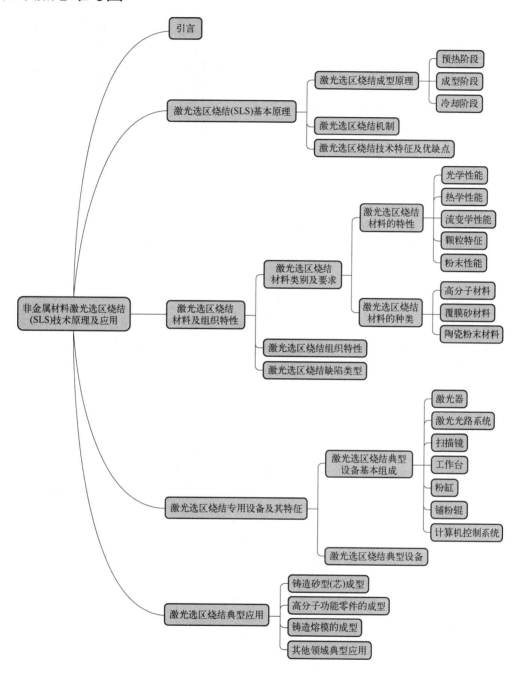

7.1
引言

激光选区烧结（selective laser sintering，SLS）是一种基于粉末床的激光增材制造技术，它采用高能激光束作为能量源，根据零件的三维数据模型选择性地烧结指定区域内的粉末材料，并逐层加工最终得到三维实体零件。SLS 技术是由美国得克萨斯大学奥斯汀分校的研究生 Carl Deckard 所发明，并于 1986 年申请了专利。1989 年，他们创立了 DTM 公司，将该技术进行商业化，该公司在 1992 年正式推出了第一款真正意义的 SLS 商业机型 Sintestation 2000。DTM 公司于 2001 年被美国 3D Systems 公司收购，后者借此加速了增材制造设备与服务的发展。德国的 EOS 公司是另一家 SLS 设备与材料主要生产商，在全球增材制造市场上占有重要份额。国内对于 SLS 技术的研究几乎与国外同步，一开始主要集中在华中科技大学、西安交通大学、南京航空航天大学、中北大学等科研院所。目前，北京隆源自动成型系统有限公司、武汉华科三维科技有限公司和湖南华曙高科技股份有限公司等在设备生产、材料研发和推广应用方面走在前列。

7.2
激光选区烧结基本原理

7.2.1 激光选区烧结成型原理

激光选区烧结（SLS）工艺，又称为选择性激光烧结，它是采用红外激光作为热源来烧结粉末材料，以逐层堆积方式成型三维零件的一种增材制造成型技术。

SLS 工艺的基本思想是基于离散—堆积成型的制造方式，实现从三维 CAD 模型到实体原型零件的转变。利用 SLS 工艺制造实体原型/零件的基本过程分成三步。

第一步，在计算机上，实现零件模型的离散过程。首先利用 CAD 技术构建被加工零件的三维实体模型；然后利用分层软件将三维 CAD 模型分解成一系列的薄片，每一薄片称为一个分层，每个分层具有一定的厚度，并包含二维轮廓信息，即每个分层实际上是 2.5 维的；再用扫描轨迹生成软件将分层的轮廓信息转化成激光的扫描轨迹信息。

第二步，如图 7-2 所示，在 SLS 成型机上，实现零件的层面制造。堆积成型的过程如下：首先在成型缸内将粉末材料铺平，预热之后，在控制系统的控制下，激光束以一定的功率和扫描速度在铺好的粉末层上扫描。被激光扫描过的区域内，粉末被烧结成具有一定厚度的实体结构。激光未扫描到的地方仍是粉末，可以作为下一层的支撑并能在成型完成后去除，这样得到零件的第一层。当一层截面烧结完成后，供粉活塞上移一定距离，成型活塞下移一定距离，通过铺粉操作，铺上一层粉末材料，继续下一层的激光扫描烧结，而且新的烧结层与前面已成型的部分连接在一起。如此逐层地添加粉末材料、有选择地烧结堆积，最终生成三维实体原型或零件。

第三步，全部烧结完成后，要做一些后处理工作，如去掉多余的粉末，再进行打磨、烘干等处理，便获得最终三维实体原型或零件。

在整个 SLS 制造过程中，主要分为预热、成型和冷却三个阶段。

（1）预热阶段

在 SLS 成型开始之前，成型腔内的粉末材料通常需要被预热到一定的温度 T_b，并在后续的成型过程中一直维持恒定，直至结束。预热的目的主要有：①降低烧结过程中所需要的能量，防止激光能量过大而造成材料分解；②减小已烧结区域和未烧结粉末之间的温度梯度，防止零件翘曲变形。通常，半晶态高分子的预热温度高于其结晶起始温度 T_{ic} 而低于其熔融起始温度 T_{im}，该温度区间被称为烧结窗口（sintering window）。非晶态高分子的预热温度则接近其玻璃化转变温度 T_g。

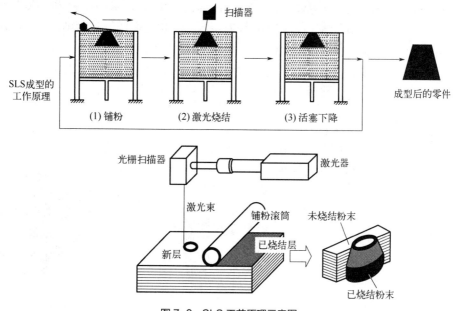

图 7-2　SLS 工艺原理示意图

（2）成型阶段

成型阶段实质为预热温度下的粉末铺设和激光扫描的周期性循环过程。在成型第一层之前，需要在工作缸上铺设一定厚度的粉末，以起到基底和均匀化温度场的作用。经过一段缓慢而均匀的升温之后，第一层粉末达到预热温度 T_b 时，激光则开始扫描相应的区域，使该区域内粉末的温度迅速升高至 T_{max}，超过其熔融温度，相邻粉末颗粒之间发生烧结。激光扫描结束后，经过短暂的铺粉延时，已烧结区域的温度逐渐降至 T_b，然后工作缸下降并进行下一层的铺粉。新铺设的粉末通常需在粉缸内经过初步预热至 T_f（$T_f < T_b$），目的是降低新粉末对已烧结区域的过冷作用，同时减少从 T_f 预热至 T_b 的时间。当第二层粉末温度达到 T_b 时，激光再次扫描指定区域，使层内的粉末发生熔合，同时使层间也发生连接。重复以上过程，直至整个零件加工结束。

（3）冷却阶段

在成型阶段完成之后，必须使粉床完全冷却才能取出零件。一般地，整个粉床温度在加工过程中均保持在结晶起始温度 T_{ic} 之上，直至成型结束，粉床才整体降温，目的是减小因局部结晶产生非均匀收缩而引起的零件翘曲变形。然而，在实际的成型过程中，即使成型腔和粉床均有预热，成型的零件也会因各种原因不同程度地降温，尤其是粉床底部区域。局部降温将考验材料的 SLS 成型性能，烧结窗口较宽的材料成型性能较好，而烧结窗口较窄的材料则更容易受到影响，这在另一方面也对 SLS 设备的温控能力提出了严格的要求。粉床的冷却速率也会对零件的成型性能造成影响。以半晶态高分子材料 PA❶12 为例，缓慢冷却时（1℃/min）有利于其形核结晶，导致强度提高，韧性降低；当冷却速率较快时

---

❶ PA（polyamide）为聚酰胺，俗称尼龙。

（23.5℃/min），其结晶程度低，柔性的非结晶区域增多，从而强度下降，韧性提高。

对于典型的半晶态高分子而言，粉末材料在 SLS 成型不同阶段的受热过程可以通过差式扫描量热（DSC）曲线来描述（如图 7-3 所示）。不同序号代表不同位置的材料所处的状态。①为未烧结粉末的预热状态；②为激光扫描状态，此时粉末的温度达到峰值 T_{max}；③为已烧结区域，温度逐渐恢复至预热温度 T_b。这三个状态在成型阶段循环出现，在两个循环之间，高分子熔体还会因为新粉的铺设而出现瞬时的过冷（图 7-3 中未表示）。④~⑥则代表不同烧结层的温度状态。随着加工的进行，上一烧结层具有更低的温度，为了防止因结晶而产生的收缩变形，粉床应尽量维持在烧结窗口温度区间内。

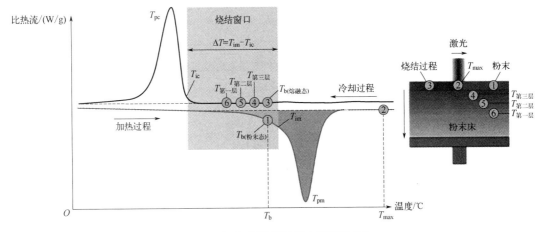

图 7-3 SLS 成型过程中粉末的受热过程

7.2.2 激光选区烧结机制

烧结一般是指将粉末材料变为致密体的过程。Kruth 等人根据成型材料不同，将 SLS 烧结机理主要分为固相烧结、化学反应连接、完全熔融和部分熔融。固相烧结一般发生在材料的熔点以下，通过固态原子扩散（体积扩散、界面扩散或表面扩散）形成烧结颈，然后随着时间的延长，烧结颈长大进而发生固结。这种烧结机理要求激光扫描的速度非常慢，适用于早期 SLS 成型低熔点金属和陶瓷材料。化学反应连接是指在 SLS 成型过程中，通过激光诱导粉末内部或与外部气氛发生原位反应，从而实现烧结。例如，Slocombe 等人采用 SLS 成型 TiO_2、Al 和 C 的混合粉末，通过激光引发的放热反应得到 $TiC-Al_2O_3$ 复合陶瓷。完全熔融和部分熔融是 SLS 成型高分子材料的主要烧结机理。完全熔融是指将粉末材料加热到其熔点以上，使之发生熔融、铺展、流动和熔合，从而实现致密化。半晶态高分子材料熔融黏度低，当激光能量足够时，可以实现完全熔融。部分熔融一般是指粉末材料中的部分组分发生熔融，而其他部分仍保持固态，发生熔融的部分铺展、润湿并连接固体颗粒。其中低熔点的材料叫黏结剂（binder），高熔点的称为骨架材料（structure material）。利用 SLS 间接法制备金属、陶瓷零件的过程中，采用高分子材料作为黏结剂。部分熔融也发生在单相材料中，如非晶态高分子材料，在达到玻璃化转变温度时，由于其熔融黏度大，只发生局部的黏性流动，流动和烧结速率低，呈现出部分熔融的特点。另外，当激光能量不足时，半晶态高分子粉末中的较大颗粒也很难完全熔融，也表现为部分熔融。

与注塑成型等传统的高分子加工方法不同，SLS 成型是在零剪切作用力的状态下进行的，烧结的驱动力主要来自表面张力。许多学者就 SLS 过程中的烧结动力学开展了实验与理论研究。黏性流动是高分子烧结的主要烧结机理，Frenkel 和 Eshelby 等人最早提出黏性流动理论来解释粉末的烧结过程，该理论认为黏性流动的驱动力来自熔体的表面张力，而材料的熔融黏度则是其烧结的阻力。如图 7-4 所示，该模型可以简化为两等半径球形颗粒的等温烧结过程，假设两颗粒点接触 t 时间后形成一个圆形的接触面，即烧结颈，由此可以推导出烧结过程的控制方程为

$$\frac{\mathrm{d}\theta}{\mathrm{d}t} = \frac{\gamma}{2a_0\eta\theta} \tag{7-1}$$

式中，a_0 为粉末颗粒的半径；γ 为熔体的表面张力；η 为熔体的黏度。Rosenzweig 等人通过 PMMA 颗粒的烧结过程验证了 Frenkel 模型的可行性，Brink 等人进一步阐明 Frenkel 模型同样适用于半晶态高分子粉末的烧结过程。然而该模型没有考虑在烧结过程中颗粒的大小变化，因此只适用于烧结的初始阶段。Pokluda 等人考虑到烧结速率随烧结颈大小的动态变化，将式（7-1）修正为

$$\frac{\mathrm{d}\theta}{\mathrm{d}t} = \frac{\gamma}{a_0\eta} \times \frac{2^{-\frac{5}{3}}\cos\theta\sin\theta(2-\cos\theta)^{\frac{1}{3}}}{(1-\cos\theta)(1+\cos\theta)^{\frac{1}{3}}} \tag{7-2}$$

$$\sin\theta = \frac{x}{a} \tag{7-3}$$

式中，x 为烧结颈半径；a 为粉末颗粒的动态半径。

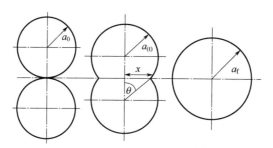

图 7-4　两等半径球形颗粒的黏性流动模型

然而，上述烧结模型均只描述了两个颗粒在等温条件下的烧结过程，而 SLS 是大量粉末无序堆积而成的粉床烧结，且激光烧结也是非等温的烧结过程，因此 Sun 等人提出烧结立方体模型来描述 SLS 成型过程中粉床的致密化过程，烧结速率可以用烧结颈半径随时间的变化率来表示：

$$\dot{x} = -\frac{3(1-\rho)\pi\gamma a^2}{24\eta\rho^3 x^3}\left\{a-(1-\xi)x+\left[x-\left(\xi+\frac{1}{3}\right)a\right]\frac{9(x^2-a^2)}{18ax-12a^2}\right\} \tag{7-4}$$

式中，ξ 为参与烧结颗粒所占的比例，ξ 取值范围为 0～1，代表任意两个粉末颗粒形成一个烧结颈的概率。$\xi=1$ 时，代表所有的粉末颗粒都参与烧结。ρ 为粉床的相对密度。

从以上 SLS 成型的烧结动力学分析可以得出，粉末的致密化速率与材料的表面张力 γ 成正比，与材料的熔融黏度 η 和颗粒半径 a 成反比。

7.2.3　激光选区烧结技术特征及优缺点

与其他增材制造工艺相比，SLS 工艺具有如下特点：

① SLS 工艺可以成型几乎任意几何形状结构的零件，尤其适用于生产形状复杂、壁薄、带有雕刻表面和内部带有空腔结构的零件，对于含有悬臂结构（overhangs）、中空结构（hollowed areas）和槽中套槽（notches within notches）结构的零件制造特别有效，而且成本较低。

② SLS 工艺无须支承。SLS 工艺中当前层之前各层没有被烧结的粉末起到了自然支承当前层的作用，所以省时省料，同时降低了对 CAD 设计的要求。

③ SLS 工艺可使用的成型材料范围广。任何受热黏结的粉末都可能被用作 SLS 原材料，包括塑料、陶瓷、尼龙、石蜡、金属粉末及它们的复合粉末。

④ SLS 工艺可快速获得金属零件。易熔消失模料可代替蜡模直接用于精密铸造，而不必制作模具和翻模，因而可通过精铸快速获得结构铸件。

⑤ 未烧结的粉末可重复使用，材料浪费极小。

⑥ SLS 工艺应用面广。由于成型材料的多样化，SLS 适用于多种应用领域，如原型设计验证、模具母模制造、精铸熔模、铸造型壳和型芯等。

尽管激光选区烧结工艺具有很多优点，但激光选区烧结工艺的缺点也比较突出，具体如下：

① 表面粗糙。由于 SLS 工艺的原料是粉末状的，原型建造时是由材料粉层经加热熔化而实现逐层黏结的，因此，严格地说，原型的表面是粉粒状的，因而表面质量不高；在 SLS 加工之后，往往还需清粉、浸蜡、打磨等后处理工艺。

② 烧结过程中挥发异味。SLS 工艺中的粉末黏结过程中需要激光能源使材料加热而达到熔化状态，高分子材料或者粉粒在激光烧结熔化时一般会发出异味气体。

③ 有时需要比较复杂的辅助工艺。SLS 工艺视所用的材料而异，有时需要比较复杂的辅助工艺过程，例如加工前的切片处理、对原材料进行的长时间的预先加热处理，以及造型完成后需要对模型进行的表面浮粉的清理等。

④ 做小型件或者精密件时，精度不如 SLA。

7.3
激光选区烧结材料及组织特性

7.3.1　激光选区烧结材料类别及要求

7.3.1.1　激光选区烧结材料的特性

虽然 SLS 技术适用的材料种类非常广泛，具有满足不同使用需求的潜力。然而，目前真正能在 SLS 技术中得到广泛应用的材料仍然十分缺乏。以 SLS 技术中应用最多的高分子材料为例，传统的成型方法（如注塑、模压成型等）能够加工上千种不同种类的高分子材料；而目前 SLS 技术只能加工其中的数十种，并且绝大部分都是以 PA（polyamide，聚酰胺，俗称尼龙）为基体材料。造成 SLS 材料种类稀少的原因主要是 SLS 成型件性能强烈依赖于高分子材料的某些特性，如果材料的这些特性不能满足 SLS 成型工艺要求，那么其 SLS 成型件的精度或力学性能较差，不能达到实际使用的要求。Schmid 等人通过因果图的形式（图 7-5），分析了影响 SLS 材料成型性能的因素，主要包括材料内在和外在两大方面的性能。其中材料的内在性能包括光学、热学和流变学性能；而外在性能包括微观颗粒和宏观粉末的特征。

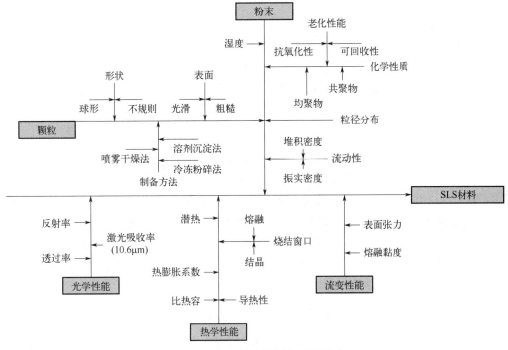

图 7-5　SLS 材料的性能要求因果图

（1）光学性能

光学性能主要是指材料对激光能量的吸收能力。对于 SLS 技术而言，通常配备的是 CO_2 激光器，波长为 10.6μm。一般而言，高分子材料在红外光谱的指纹区（1300～400cm^{-1}，7.69～25μm）均具有相应基团的振动吸收峰，对波长为 10.6μm 的激光辐射吸收率达 90% 以上。此外，即使材料的激光吸收率较低，也可以通过增加激光功率或者添加吸光物质来弥补。这说明材料的光学性能不是最关键的影响因素。

（2）热学性能

热学性能中最重要的是材料的熔融与结晶特性。如前文所述，在 SLS 成型过程中需要对粉床进行预热。对于半晶态高分子而言，预热温度需要控制在其结晶起始温度 T_{ic} 和熔融起始温度 T_{im} 之间的烧结窗口内，使烧结区域的熔体处于过冷状态下的热力学亚稳态，并尽量抑制其在成型过程中的形核结晶。通常可以从材料的 DSC 曲线中得出材料的烧结窗口，并作为材料选择的重要准则。参考目前最常用的 SLS 材料 PA12，其烧结窗口约为 35℃。

（3）流变性能

流变性能主要包括材料的表面张力（γ）和熔融黏度（η），这对于 SLS 过程中粉末颗粒之间的烧结过程至关重要。通过 SLS 的烧结动力学过程可知，材料表面张力和熔融黏度的比值越大，越有利于粉末颗粒在非常短的激光作用时间内迅速均匀铺展，从而提高粉末的烧结速率；相反地，表面张力与熔融黏度的比值越小，烧结速率越低。正因如此，PA12 的熔融黏度 $\eta\approx100\mathrm{Pa\cdot s}$，表面张力为 $\gamma\approx30\mathrm{mN/m}$，PA12 可以在表面张力（$\gamma/\eta\approx0.3\times10^{-3}\mathrm{m/s}$）的驱动下实现完全致密化；而聚碳酸酯（polycarbonate，PC）的表面张力与 PA12 相当，但是熔融黏度 $\eta\approx5000\mathrm{Pa\cdot s}$，因此难以完全致密化。

（4）颗粒特征

单个颗粒的形状和表面形貌等微观结构对粉末的整体性能影响很大。颗粒的球形度和表面粗糙度影响到颗粒之间的内摩擦力，进而影响到粉末的流动性和堆积密度。一般而言，具有光滑表面的球形或近球形颗粒流动性良好，粉末的堆积密度高。粉末颗粒的形状与粉末的制备方法有关。

（5）粉末特征

粉末是不同大小颗粒的集合，粒径的大小及其分布对 SLS 成型性能有重要影响。首先，粉末的粒径大小决定了单层加工的厚度，从而影响 SLS 成型件的尺寸和形状精度。其次，粉末的粒径大小也会对 SLS 成型件的表面粗糙度产生影响。一般而言，SLS 所用的粉末粒径不宜超过 $100\mu\mathrm{m}$。但是当粉末粒径过小时，粉末颗粒之间的静电作用将非常显著，容易吸附在铺粉装置上，影响粉床的铺设。此外，粒径分布还会影响粉末的堆积密度。目前的商业化粉末如 PA12 的粒径大多分布在 $20\sim80\mu\mathrm{m}$ 的范围内。粉末的粒径分布参数可以通过激光粒度仪等手段来检测。

7.3.1.2 激光选区烧结材料的种类

烧结用成型材料多为粉末材料，国内外学者普遍认为当前激光选区烧结技术的进一步发展受限于烧结用粉末材料。激光选区烧结技术发展初期，成型件多用于新产品或复杂零部件的效果演示或试验研究，粉末材料成型更注重产品完整的机械性和表面质量。随着激光选区烧结技术工业产品需求日趋强烈，激光选区烧结技术对粉末材料种类、性能和成型后处理工艺等的要求越来越高，因此，材料工程师需要对各类粉末材料的综合性能与局限性进行更深层次研究。从理论上讲，任何加热后能相互黏接的粉末材料或表面涂覆有热塑（固）性黏接剂的粉末材料都可用作激光选区烧结成型材料，但研究表明，成熟应用于激光选区烧结技术的粉末材料需具备以下特征：①适当的导热性；②烧结后足够的黏结强度；③较窄的软化-固化温度范围；④良好的废料清除功能。因此，当前烧结用成型主流非金属材料主要分为三大类：①高分子及其复合粉末材料；②覆膜砂材料；③陶瓷粉末材料。高分子及其复合粉末材料是现阶段应用最成熟、最广泛的成型材料，而陶瓷粉末材料则正处于研究起步阶段，正面临黏结剂种类和用量的精准确定、烧结件成型精度差、致密度低等棘手问题，有待进一步探索。

（1）高分子材料

高分子材料的成型温度低，烧结时所需的激光功率小，是 SLS 技术中使用最早，也是最多的材料。根据材料的热熔性能，高分子材料包括热塑性高分子和热固性高分子。前者为线型结构，加热后可以熔融和流动，能够回收重复利用；后者为体型结构，是由预聚物发生化学反应固化而成的一种不溶不熔物，不能重复利用。SLS 技术中所用的高分子材料主要为热塑性高分子材料。按照材料内部的聚集态结构，又可以将热塑性高分子材料分为非晶态和半晶态两种。

非晶态高分子材料的分子链呈不规则的无定形排列，其熔融黏度高，因此烧结速率较低，从而导致其 SLS 成型件致密度低，呈多孔结构，强度较差。但是，由于非晶态高分子在 SLS 成型过程中收缩变形小，成型件具有较高的尺寸精度。非晶态高分子材料通常用于制备对强度要求不高但具有较高尺寸精度的制件，如精密铸造用的熔模。目前针对 SLS 技术开发的非晶态高分子粉末主要包括聚碳酸酯（PC）、聚苯乙烯（PS）和苯乙烯-丙烯腈共聚物（styrene-acrylonitrile copolymer，SAN 共聚物）等。

半晶态高分子材料内部由晶区和非晶区两个部分组成，用结晶度作为结晶部分含量的量度。半晶态高分子材料的熔融黏度较低，烧结速率快，因而成型件的致密度高，一般可达 90% 以上，力学性能接近注塑件，可直接作为功能零件使用。目前，SLS 商品化的材料多为半晶态高分子材料。从现有的商品化 SLS 材料来看，主要以 PA12 和 PA11 系列为主，几乎占到 SLS 材料市场份额的 95% 以上，主要有美国 3D Systems 公司的 Duraform 系列和德国 EOS 公司的 PA2200 系列。国内的湖南华曙高科和广东银禧科技近年来也推出了相应的国产化 PA12 产品。随着近几年对 SLS 材料研发的投入增大，市场上相继出现了耐高温的聚醚醚酮（polyether ether ketone，PEEK）和 PA6 产品，由于它们的熔点分别为 348℃ 和 226℃，因此需要特殊的耐高温设备才能成型。通用型高分子如聚丙烯（polypropylene，PP）、聚乙烯（polyethylene，PE）等也正待进入市场。除此之外，热塑性弹性体（thermoplastic elastomer，TPE）材料作为新型的 SLS 材料引起了行业的关注，可用于运动装备和弹性功能部件的制造。

（2）覆膜砂材料

覆膜砂也是目前应用较多的一种 SLS 材料。覆膜砂与铸造用热型砂类似，采用将酚醛树脂、呋喃树脂等热固性树脂的预聚物包覆硅砂、锆砂的方法制得。在 SLS 成型的过程中，树脂发生软化并与其中的固化剂发生交联反应，使覆膜砂相互黏接而成型。由于激光加热时间短，热固性树脂在 SLS 过程中难以完全固化，因此强度较低，必须在成型完后进行加热后固化处理，才能得到适合铸造的砂型（芯）。

覆膜砂的成分配比和制备过程对砂型（芯）的强度、尺寸精度、表面粗糙度和发气量等性能影响重大。目前，SLS 技术中所用的覆膜砂大都沿用了传统铸造中使用的覆膜硅砂和锆砂，很少有开发出适合于 SLS 技术的专用覆膜砂种类，成型件普遍存在着热影响区大、力学性能低和表面质量差等问题。美国 3D Systems 公司为 SLS 研制的酚醛树脂覆膜锆砂 SandForm Zr，粒度在 160 目[❶]以上，成型效果较好，但是价格昂贵，达到 10 美元每千克，难以在国内铸造行业实现大规模的应用。华中科技大学史玉升等提出了利用高活性环氧基团改性酚醛树脂黏结剂的方法，制备了环氧-酚醛树脂复合黏结剂覆膜砂，改善了现有覆膜砂材料的烧结性能，目前已经获得应用（图 7-6）。此外，中北大学、南昌航空大学、北京隆源自动成型系统有限公司等在覆膜砂材料开发、工艺研究和应用方面也做了大量的工作。

---

❶ 目指 1in（1in=25.4mm）长度中的筛孔数目，此处用来描述颗粒大小。

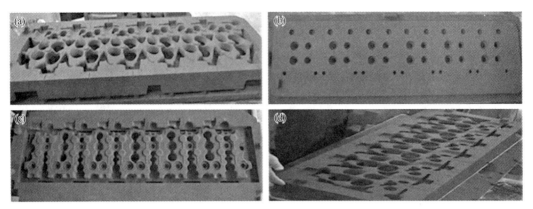

图 7-6　采用 SLS 技术成型的柴油发动机缸盖砂型

（3）陶瓷粉末材料

国内外陶瓷粉末材料激光选区烧结工艺研究尚不成熟，陶瓷粉末成型性差是制约其发展的关键因素之一。当前陶瓷粉末材料的研究集中在 Al_2O_3、SiC、Si_3N_4、ZrO_2 及其复合材料等方面。陶瓷粉末烧结可分为直接烧结和间接烧结。针对直接烧结陶瓷粉末，国内外学者对 Al_2O_3、SiC、$7\%Y_2O_3$-ZrO_2（摩尔分数）、Al_2O_3- ZrO_2 纳米陶瓷粉末，Al_2O_3/SiO_2/ ZrO_2、PbO/ ZrO_2/TiO_2 复合陶瓷粉末等进行直接烧结。研究表明，成型件没有取得理想的使用性能。由于陶瓷粉末自身烧结温度极高，激光对粉末辐射时间短，无法实现粉末间熔化连接，且激光选区烧结技术所用激光器通常功率偏低，使陶瓷粉末很难通过激光选区烧结技术直接烧结成型。间接成型是陶瓷粉末主要成型方式，即混合于陶瓷粉末中或覆膜于陶瓷粉末表面的黏结剂形成黏性流动或通过熔化来实现粉末间连接。间接烧结用陶瓷粉末主要有两类制备方法：①将黏结剂与陶瓷粉末直接混合，研究主要集中在 SiC/聚甲基硅烷、SiO_2+ Al_2O_3/有机黏结剂、Al_2O_3/环氧树脂（ER）、Al_2O_3/ER+PVA、ZrO_2/PMMA-BMMA 等。这种制备方法简单，无需特殊手段，但由于陶瓷粉末自身的特性，添加过量黏结剂仍难以将陶瓷颗粒烧结成型，即便成型，成型件强度也低，后处理过程极易溃散。②将黏结剂涂覆于陶瓷粉末表面或与表面改性陶瓷粉末直接混合，研究主要集中在 PA 覆膜氧化铝陶瓷颗粒、$Y_3Al_5O_{12}$ 包覆 Si_3N_4 粉末、聚氧化乙烯包覆 YAG- Si_3N_4 复合粉末、KH-570 硅烷偶联剂改性处理 SiC 陶瓷粉末后与环氧树脂粉末混合等。相比而言，当前间接烧结用陶瓷粉末更多采用表面覆膜陶瓷粉末或改性处理再混合的制备方式，先烧结为形坯，再经脱脂、高温烧结、熔渗或浸渍树脂，最终获得理想陶瓷件。

SLS 成型用复合陶瓷粉体的制备过程即将黏结剂加入陶瓷粉体的过程，常用的方法有机械混合法、溶解沉淀法和溶剂蒸发法等。分别介绍如下。

① 机械混合法　机械混合法是将陶瓷粉体与高分子黏结剂粉体直接放入混合设备中进行机械混合。该方法操作简单，对设备要求低，制粉周期短，在充分混合时可制备出满足 SLS 成型要求的复合陶瓷粉体，因此应用最为广泛。史玉升等将平均粒径为 $45\sim60\mu m$ 的 ZrO_2 造粒粉［如图 7-7（a）］与平均粒径为 $20\sim28\mu m$ 的环氧树脂 E06 进行机械混合，复合粉体中的 ZrO_2 粉体仍然保持了混合前的球形形貌，因此流动性较好［如图 7-7（b）］，但 E06 与 ZrO_2 粉体的密度差别较大，因此难以通过机械混合达到完全均匀混合。

② 溶解沉淀法　溶解沉淀法制备复合陶瓷粉体的过程是：先将陶瓷粉体与聚合物粉体加入到有机溶剂中；然后升温保压，同时剧烈搅拌，使聚合物粉体充分溶解于有机溶剂

中，在混合溶液的冷却过程中，聚合物在有机溶剂中的溶解度下降，并以陶瓷颗粒为核析出；最后将有机溶剂进行抽滤回收，将剩余混合液烘干、过筛即可获得聚合物覆膜陶瓷粉体。采用溶解沉淀法制备的覆膜陶瓷粉体流动性更好，成分更加均匀，在 SLS 铺粉、烧结过程中，不易出现偏聚现象，素坯在后处理时收缩变形小，成型件内部组织也更均匀。因此，采用溶解沉淀法制备复合陶瓷粉体成为近年来 SLS 成型材料制备的研究热点之一。

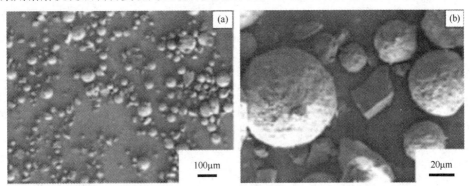

图 7-7　机械混合法
（a）E06/ZrO$_2$复合粉体；（b）复合粉体微观形貌

史玉升等用尼龙 12（PA12）和纳米 ZrO$_2$粉体通过溶解沉淀法制备出了 PA12/ZrO$_2$复合粉体。图 7-8（a）、图 7-8（c）和图 7-8（b）、图 7-8（d）中 PA12 与 ZrO$_2$的质量比分别为 1∶4 和 1∶3。由图可知，溶解沉淀法得到的粉体粒径分布集中，且随黏结剂含量的增加而增大，颗粒呈近球状且黏结剂分布均匀，适用于后续 SLS 成型。

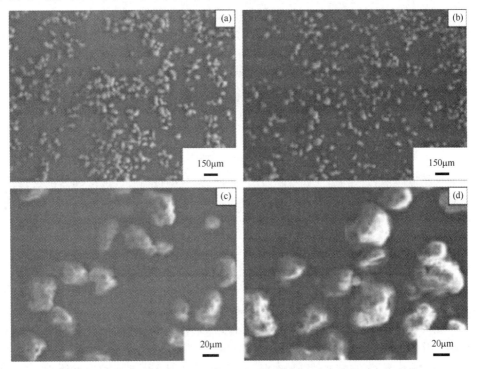

图 7-8　不同 PA12 与 ZrO$_2$质量比的 PA12 覆膜纳米 ZrO$_2$陶瓷粉体的微观形貌
（a），（c）1∶4；（b），（d）1∶3

③ 溶剂蒸发法　以硬脂酸/纳米 ZrO_2 复合粉体的制备为例，溶剂蒸发法的粉体制备过程是：将纳米 ZrO_2 陶瓷粉体与硬脂酸粉体加入到无水乙醇中，高速球磨，使硬脂酸充分溶于乙醇，对得到的混合溶液进行恒温搅拌使溶剂蒸发至残留少许，将混料进行烘干、轻微碾磨、过筛即获得硬脂酸覆膜 ZrO_2 复合粉体。

刘凯采用溶剂蒸发法制备了硬脂酸/ZrO_2 复合粉体，其微观形貌如图 7-9 所示，其中硬脂酸与 ZrO_2 的质量比为 1∶4。可以看出，经溶剂蒸发法制得的复合粉体接近球状，硬脂酸均匀地包覆在每颗 ZrO_2 粉体上，因此制备得到的复合陶瓷粉体流动性好，适用于 SLS 成型。

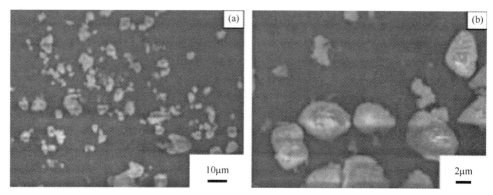

图 7-9　硬脂酸/ZrO_2 复合粉体的微观形貌
（a）低倍图；（b）高倍图

7.3.2　激光选区烧结组织特性

激光选区烧结非金属材料众多，现以陶瓷材料为例介绍激光选区烧结组织特征。陶瓷粉末一般具有很高的熔点，直接烧结陶瓷颗粒所需激光能量较大，烧结温度较高。一种可行的方法是在基质陶瓷粉末上涂上或混合其他熔点/软化点较低的材料作为陶瓷粉末的黏结剂。

1990 年，得克萨斯大学奥斯汀分校的 Lakshminarayan 等基于氧化铝的混合粉末体系，首次论证了采用 SLS 制造复杂结构 3D 陶瓷零件的可行性。该研究将磷酸铵（$NH_4H_2PO_4$）和氧化硼（B_2O_3）作为低温黏结剂（熔点分别为 190℃和 460℃），最终成功制作了齿轮、铸造模具等三维陶瓷零件。SLS 打印所需的黏结剂可以是有机聚合物材料也可以是无机材料，如金属基低熔点材料和玻璃。当黏结剂为有机聚合物材料时，可将 SLS 陶瓷打印件放入高温炉进行脱脂工艺来分解/去除有机黏结剂，继续升温烧结成陶瓷零件；当黏结剂为无机材料时，依靠热处理工艺无法完全去除黏结剂，黏结剂只能残留在基体中，但可通过其与基质粉末反应转化形成新的所需复合陶瓷材料。

SLS 成型的陶瓷零件坯体性能主要与材料自身特性以及激光-材料的相互作用有关。一方面，陶瓷基质和黏结剂粉末要具有良好的流动性，球形度较高的微米级颗粒，其流动性能较好。研究发现，涂有黏结剂的复合粉末比混合黏结剂的复合粉末的零件强度更高，主要原因是黏结剂涂在陶瓷表面时复合粉末的分散性更好，最终陶瓷制件中的缺陷更少，强度也更高。另一方面，SLS 打印中激光束与材料之间的反应是一个非常复杂的过程。在激光快速烧结熔合过程中局部微观相互作用的各种瞬态情况会影响所制造零件的微观结构、力学性能和几何尺寸，必须予以重视。其中一个关键因素是作用于粉床的激光能量。SLS

打印时，所需的激光能量取决于混合粉末成分、粉末的热力学性能，如材料的熔点、热导率以及粉床的填充密度等条件。激光能量过低时，黏结剂熔化不足，会引起相邻层黏合不牢，进而导致生坯强度低；而激光能量过高则容易引起黏结剂过度熔化甚至蒸发，产生较大的几何尺寸误差，最终导致零件打印失败。

　　SLS 打印陶瓷零件时，最终零件的烧结收缩率和孔隙率均较高。众所周知，结构陶瓷必须接近完全致密才能达到最佳的力学性能。为提升陶瓷件致密度，可在 SLS 打印后使用浸渍、浸渗或冷/温等静压等工艺对打印工件进行致密化处理。

　　为提高零件致密度，Shahzad 等通过高温准等静压工艺获得了致密度高达 94%的氧化铝陶瓷。而在制备 ZrO$_2$ 陶瓷零件时，该团队将 SLS 与温等静压（warm isostatic pressing，WIP）结合，最终零件致密度达到 92%。图 7-10 所示为致密化前后的零件及其微观组织，可以看到，经过一系列致密化工艺处理后，零件尺寸收缩十分显著，内部组织经过等静压处理之后，孔隙数量显著减少。Wang 等将 SLS 成型的 Si$_3$N$_4$ 陶瓷经过冷等静压（cold isostatic pressing，CIP）处理，也实现了打印陶瓷致密度和强度的提高。

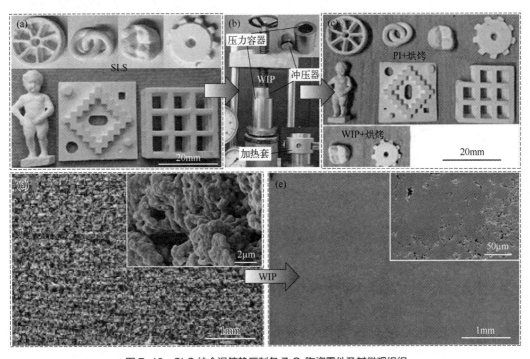

图 7-10　SLS 结合温等静压制备 ZrO$_2$ 陶瓷零件及其微观组织
（a），（d）ZrO$_2$ 陶瓷坯体及其 SLS 成型形貌；（b）温等静压设备；（c），（e）ZrO$_2$ 陶瓷及其温等静压烧结后的微观组织
1—压力容器；2—手动压力机；3—冲压器；4—加热套；PI—静压；WIP—温等静压

　　华中科技大学史玉升团队研究了冷等静压工艺对 SLS 打印的 Al$_2$O$_3$ 陶瓷坯体致密度的影响。研究表明，压力越大，陶瓷颗粒排布越密实，陶瓷坯体的孔隙在很大程度上被消除，最终烧结 Al$_2$O$_3$ 陶瓷致密度可达 92%。除通过复合等静压工艺提高 SLS 陶瓷致密度外，熔体浸渗方法也可以提高陶瓷坯体的致密度。该研究团队在制备 SiC 陶瓷时，首先采用 SLS 技术实现碳纤维（carbon fiber，Cf）预制体的成型，如图 7-11（a）～（d）所示，随后进行液硅反应熔渗（liquid silicon infiltration，LSI），纤维预制体（fiber preform，FP）通过硅

碳反应烧结成 SiC 陶瓷基复合材料，其致密度可达 99%以上。采用反应熔渗工艺不仅能够提高陶瓷坯体致密度，而且陶瓷基体在熔渗前后几乎无收缩（收缩率＜1%）。然而，反应熔渗工艺仅适合特定陶瓷基复合材料，同时在渗硅过程中基体内部和表面会引入脆性相的游离 Si，进而降低成型陶瓷零件的表面质量与力学性能。哈尔滨理工大学成夙和汕头大学曾涛等通过 SLS 成型 SiC 等陶瓷基坯体后，再经过多次先驱体浸渍裂解（precursor infiltration pyrolysis，PIP）工艺完成了对 SiC 陶瓷零件的致密化［图 7-11（e）～（h）］。与前述反应烧结 SiC 陶瓷工艺相比，PIP 工艺制备的陶瓷零件表面质量较好，但内部闭气孔隙率较高，制备周期较长。为降低孔隙率，该团队在 SLS 成型的 SiC 陶瓷坯体进行 PIP 工艺前，引入冷等静压工艺。最终所制备的 SiC 陶瓷孔隙率从 28.95%降低至 22.03%。

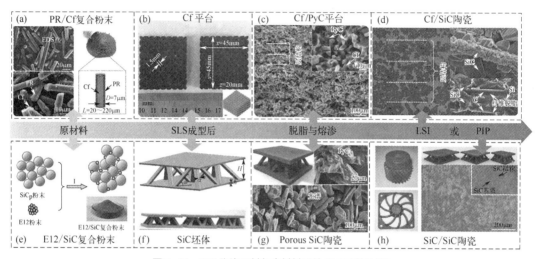

图 7-11　SiC 陶瓷及其复合材料零件 SLS 制备过程
（a）～（d）SLS 反应烧结 Cf/SiC 陶瓷基复合材料；（e）～（h）SiC/SiC 陶瓷的 SLS 制备工艺（PyC 为热解碳）

　　为保证结构承载陶瓷零件强度，需要保证其较高的致密度，因此 SLS 成型坯体后需要大量的后处理致密化工艺。然而，对于多孔功能、功能-结构陶瓷，功能性往往依赖于其多孔结构特点，而对其强度要求较低。因此，在烧结多孔陶瓷时往往并不需要后续繁多的致密化工艺。华中科技大学报道了多孔莫来石（Mullite）、Al_2O_3、Si_3N_4 陶瓷 SLS 成型方法的研究，如图 7-12 所示。该研究中，通过表面改性等方法在陶瓷颗粒表面制备各种有机、无机涂层，最终获得具有核壳结构的可打印陶瓷粉末。其中，有机涂层不光能够实现在 SLS 过程中黏结陶瓷颗粒的作用，脱脂后有机涂层脱除，会形成新的孔道结构，提高了多孔陶瓷的孔隙率与比表面积。而无机涂层在 SLS 过程中会形成晶须纳米线，有望提高多孔陶瓷的力学性能。

　　与其他增材制造多孔陶瓷一样，SLS 成型的多孔陶瓷在生物医学应用中也越来越受欢迎，特别是应用在组织工程中成型具有一定生物相容性的复杂结构支架，如图 7-13 所示，其中黏结剂含量（体积分数）可达 60%。例如，由陶瓷-聚合物混合粉末制成的骨植入物，如羟基磷灰石-磷酸三钙（HA-TCP）、羟基磷灰石-聚碳酸酯（HA-PC）、碳酸钙-左旋聚乳酸（CC-PLLA）、羟基磷灰石-聚醚醚酮（PA-PEEK）和二氧化硅-聚酰胺（SiO_2-PA），以及陶瓷-玻璃复合材料，如羟基磷灰石-磷酸盐玻璃、磷灰石–莫来石和磷灰石–硅灰石。在 SLS 成型过程中，这些材料的黏结剂一般选择低熔点聚合物和玻璃。

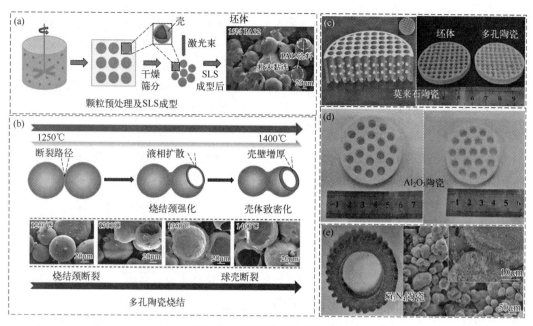

图 7-12　多孔陶瓷 SLS 制备方法

（a）陶瓷颗粒预处理及 SLS 成型；（b）多孔陶瓷烧结；（c）多孔莫来石陶瓷；（d）多孔 Al_2O_3 陶瓷；（e）多孔 Si_3N_4 陶瓷

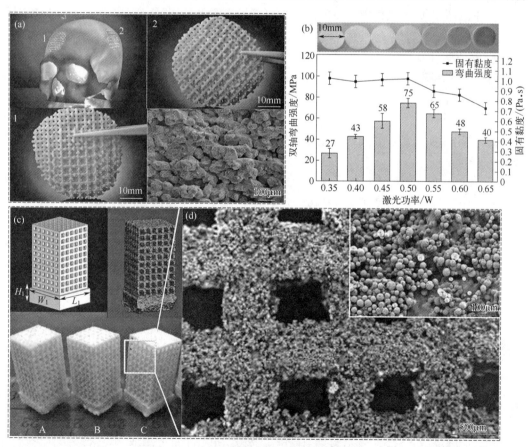

图 7-13　SLS 成型的多孔陶瓷在生物医学上的应用

（a），（b）CC-PLLA 多孔颅骨支架及其力学性能；（c），（d）多孔生物陶瓷支架及其微观形貌

147

在结构陶瓷领域，尽管 SLS 成型的陶瓷坯体孔隙率较高，但通过优化成型工艺参数，并结合浸渍和等静压以及反应熔渗等后处理工艺，仍能够制造出具有较高强度和高致密度的陶瓷零件。而在多孔陶瓷领域，尤其是多孔生物陶瓷，SLS 成型件所需后处理工艺较少，且可成型材料种类较多。因此，在功能和结构多孔陶瓷制造中均有广泛的应用。

7.3.3 激光选区烧结缺陷类型

激光选区烧结（SLS）技术作为一种增材制造技术，虽然在材料利用率和制造复杂结构方面具有显著优势，但在成型过程中也会遇到一些问题，这些问题直接影响到最终零件的性能和应用。

SLS 技术中常见的一些缺陷及其影响：

① 飞溅　SLS 成型过程中，飞溅现象严重，会造成孔隙、裂纹、球化等缺陷，降低零件性能。飞溅颗粒会沉积在松散的粉末上或落在刚凝固的熔道上，形成孔隙及夹杂物等缺陷。飞溅表面残留的氧化物会降低熔池内流体流动及基材的润湿效果，抑制颗粒间的颈熔合，导致烧结体密度下降，从而影响材料的力学性能。

② 疏松、多孔　SLS 技术成型的零件通常具有疏松、多孔的结构，这会影响零件的密度和强度。成型表面粗糙多孔，粗糙度受粉末颗粒大小及激光光斑的影响。

③ 内应力　成型过程中产生的内应力可能导致零件易变形，影响零件的尺寸稳定性和力学性能。

④ 有毒气体及粉尘　成型过程可能产生有毒气体及粉尘，污染环境。

防治策略包括：

① 使用低能量密度结合大光斑方式进行，使热能在熔池内充分渗透和稀释，减少飞溅产生。

② 采用缓和的加热方式如激光脉冲整形技术，在较长时间内分配激光功率密度，以减少飞溅现象。

③ 降低成型室中的含氧量，减少飞溅现象。

④ 采用薄的铺粉层成型，也是弱化飞溅的手段之一。

⑤ 优化成型设备的吹风口结构，改善风场，尽可能把飞溅吹出成型区域。

⑥ 此外，通过机器视觉技术对激光选区铺粉烧结面进行缺陷分析，可以提高缺陷分析的效率和精度，进一步优化 SLS 成型过程。

7.4
激光选区烧结专用设备及其特征

7.4.1　激光选区烧结典型设备基本组成

激光选区烧结（SLS）技术的典型设备主要由以下几个部分组成：

① 激光器　提供高能量的激光束，用于烧结粉末材料。

② 激光光路系统　包括反射镜、扩束镜、聚焦镜等，用于引导和聚焦激光束，确保激光束能够精确地照射到粉末材料上。

③ 扫描镜　根据计算机控制的 CAD 数据，移动激光束，实现有选择性地烧结粉末材料。

④ 工作台　用于支撑粉末材料，并在烧结过程中移动，以便进行层层叠加。

⑤ 粉缸　用于存储粉末材料，保证烧结过程中有足够的粉末供应。

⑥ 铺粉辊　将粉末均匀地铺在工作台上，为下一层的烧结做准备。

⑦ 计算机控制系统　控制整个烧结过程，包括激光束的移动、工作台的移动、粉末的供应等。

此外，SLS 设备还包括机械系统、光学系统和计算机控制系统三大主要部分。机械系统包括机架、工作平台、铺粉机构、活塞缸、集料箱、加热灯和通风除尘装置等。这些部件共同协作，确保 SLS 技术的有效实施和高质量产品的生产。

7.4.2　激光选区烧结典型设备

SLS 工艺由美国得克萨斯大学奥斯汀分校（The University of Texas at Austin）的 Carl R. Deckard 于 1986 年提出并申请了专利，1988 年他成功研制了第一台 SLS 成型机，后由美国 B.F. Goodrich 公司投资的 DTM 公司将其商业化，推出了 SLS Model 125 成型机，随后推出了 Sintersation 系列成型机（见图 7-14）。

sPro™快速成型机　　　　　　　　　Sinterstation2500快速成型机

图 7-14　3D Systems 公司 SLS 成型机

德国 EOS 公司、中国 BJLY 公司和中国武汉滨湖（WHBH）公司等在这一领域也做了很多研究工作，也分别推出了各自的 SLS 工艺成型机。近 20 年的时间里，各国的研究学者在 SLS 技术的成型工艺、方法、材料、成型效率、精度控制及其应用方面进行了大量的理论和实验研究。

按烧结用材料的特性，SLS 技术的发展可分为两个阶段：第一个阶段是采用 SLS 技术烧结低熔点的材料来制造原型，所用的材料是塑料、PA、金属或陶瓷的包衣粉末（或与聚合物的混合粉末）；第二个阶段则采用 SLS 技术直接烧结高熔点的粉末材料来制造零件。

德国 EOS 公司在激光选区烧结快速制造方面一直走在前列，它开发了激光烧结直接制作零件和模具的技术 DMLS（direct metal laser sintering，直接金属激光烧结）和 EOSINTP 和 M 系列设备（见图 7-15）。EOS 公司最新推出的 M 270 机型中，激光器由原来的 CO_2 激光器换成了固体 Yb 光纤激光器，尽管功率仍维持在 200W 不变，但最小光斑仅为 100μm，因此功率密度得到大幅提高，可支持更高的扫描速度，减少了激光对零件的热影响和成型过程中的变形。同时，激光的波长更易于材料的吸收，在激光作用下金属粉末可充分熔化，最终成型零件的密度几乎可达到 100%，制作件的精度和分辨率也相当高。

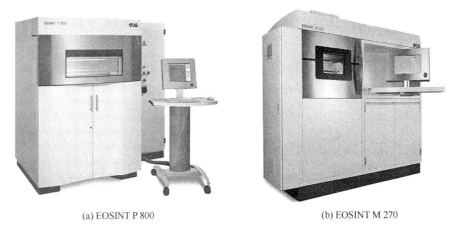

(a) EOSINT P 800   (b) EOSINT M 270

图 7-15　德国 EOS 公司 SLS 设备

7.5
激光选区烧结典型应用

7.5.1　铸造砂型（芯）成型

传统方法制备覆膜砂型（芯）常将砂芯分成几块分别制备，然后进行组装，需要考虑装配定位和精度问题，制作周期长，加工难度大，成本高，一些复杂型腔模具的制造非常困难，这些往往成为制约各企业开发新产品的瓶颈。尤其在航空、航天、国防、汽车等制造行业，其基础的核心部件大多是非对称的、具有不规则自由曲面或内部含有精细结构的复杂金属零件（如叶片、叶轮、进气歧管、发动机缸体、缸盖、排气管、油路等），模具的制造难度非常大。20 世纪 80 年代末出现的快速成型技术（rapid prototyping，RP）改变了传统的模具加工方式，满足了无模直接快速成型各类复杂精密砂型（芯）的需要。

利用激光选区烧结（selective laser sintering，SLS）技术可实现复杂覆膜砂型（芯）的整体精确化制备，具有不受零件形状复杂程度的限制，不需要任何工装模具，能在较短的时间内直接将 CAD 模型转化为实体原型零件的特点，有望解决激光快速成型技术高成本、应用面窄的瓶颈，为大型复杂薄壁整体铸件的高品质精密铸造提供了良好的技术途径，尤其在制备汽车发动机缸体、缸盖、进气歧管及内腔流道特别复杂、近封闭型、有立体交叉多通路变截面细长管道的砂型整体成型方面表现出极大的优越性，对于提升航空、航天及汽车等工业领域的快速响应能力和制造水平有着重要意义。所以，快速成型技术与精密铸造工艺的结合具有广阔的发展前景，充分发挥两者的特点和优势能够为大型复杂薄壁零件的小批量快速试制提供一定的技术途径，将在新产品试制和新技术开发方面取得重大进展。

　　用覆膜砂作为烧结材料，直接用激光烧结铸型（芯）的实验研究工作开始于 21 世纪初的欧洲（如德国），国内同期展开了这项研究工作，目前在无模直接快速成型各类复杂精密砂型（芯）的应用方面取得了实质性进展。美国 DTM 公司（现被 3D Systems 公司收购）开发的 Solid Form Si（或 Zr）树脂覆膜砂材料烧制成的砂型在 100℃的烘箱中保温 2h 硬化后，直接用于砂型铸造的冷壳抗拉强度达到 3.3MPa，可以用于汽车制造业及航空工业等合金零件的生产。AC Tech 公司使用 EOSINT S700 系统制造的树脂砂型，可用于生产铸造铝、镁、灰铸铁和高合金钢零件。美国得克萨斯大学研究人员利用 SLS 工艺烧结包覆有共聚物的锆砂砂型，浇注出了航空用钛合金零件。国内的激光烧结覆膜砂型（芯）研究也有一定进展。华中科技大学利用覆膜树脂砂直接烧结砂型（芯），并结合熔模精密铸造工艺成功浇注出摩托车气缸体、气缸盖和涡轮等铸件。王鹏程等以轮形铸件为例"反求"精铸型壳模型，对直接烧结的覆膜树脂砂型后处理，成功浇注了铸铝、铸铁和铸钢件。北京隆源自动成型系统有限公司已开发出了较为成熟的激光烧结设备和配套的烧结工艺，其覆膜砂产品常温抗拉强度达到了 5.0MPa 以上，能够完成汽车发动机缸体、缸盖等复杂零件的制造并获得了广泛的应用和认可。

　　但是，激光选区烧结覆膜砂型（芯）的工艺还存在一些问题。激光烧结件的初强度偏低，一些细小结构的激光烧结成型仍十分困难，通过增加覆膜砂中树脂的相对含量（一般在 3%以上）来提高激光烧结件初强度的方法会导致经后固化处理后的覆膜砂型（芯）发气量较大，溃散性较差。事实上，由于 SLS 特殊的成型方式（激光束逐行、逐层扫描、逐层叠加成型三维实体）与工艺特点（高能激光作用下的瞬态熔化与部分固化），对覆膜砂的材料性能亦有特殊要求，但目前研究所选用粉末材料的化学成分和物理特性并非专门为 SLS 设计，因而直接影响烧结过程和烧结质量。因此，覆膜砂型（芯）的整体力学性能、表面质量、尺寸精度、使用寿命等方面还存在很大程度的提升空间，随着高品质新材料的不断推出以及材料成型技术的突破、激光烧成型设备的完善和工艺改进，其在铸造模具制造领域的应用将得到进一步拓展。

　　利用 SLS 整体成型复杂的覆膜砂型（芯），在高性能复杂薄壁铸件精密制造方面具有巨大的应用价值和广阔前景。SLS 所用覆膜砂是采用热塑性或热固性树脂如酚醛树脂包覆石英砂、锆砂或宝珠砂等方法制得。当激光烧结时，砂粒表面黏结剂熔化、凝固、硬化后在砂粒之间形成以黏结剂为介质的连接桥，连接桥将分散的砂粒连接成型。该方法制得的砂型（芯）尺寸精度高（CT6～CT8 级），表面质量好（表面粗糙度达到 3.2～6.3μm），水平接近金属型铸造。武汉华科三维公司利用自主研制的 HK S 系列激光烧结设备成型的树脂砂型，能快速铸造出发动机缸体、缸盖、涡轮、叶轮等结构复杂的零部件，在广西玉柴、中国一拖等公司得到了成功应用，其成型的复杂结构砂型，如图 7-16 所示。

　　此外，国内学者也积极推动覆膜砂快速铸造的工程应用，如王春风等采用自行研发的高性能覆膜砂成型出了 KJ100 型发动机缸盖完整的全套覆膜砂芯，并用 RuT340 蠕墨铸铁一次成功浇注了合格的 KJ100 大型缸盖铸件。该缸盖内腔形状复杂，外形尺寸大，达到 975.5mm×259.5mm×133.5mm，壁厚最薄处 5mm，如图 7-17 所示。徐志锋等利用 SLS 成型覆膜砂型，采用低压铸造浇铸出飞机油路管道的曲面薄壁接口铝合金铸件，大幅提高了该产品的研发速度，降低了研发成本。李等通过在覆膜砂中添加碳粉、硼酸和硫铁矿复合阻燃剂浇铸出了外观表面光滑的镁合金铸件，推动了覆膜砂 SLS 成型技术在镁合金铸造领域的应用。

图 7-16　通过武汉华科三维公司 HK S 系列设备成型的复杂砂型

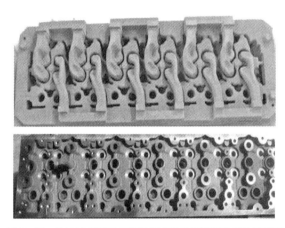

图 7-17　KJ110 型发动机缸盖部分砂芯组装图及浇注铸件图

7.5.2　高分子功能零件的成型

高分子基材料与金属、陶瓷材料相比，具有成型温度低、烧结所需的激光功率小等优点，且工艺条件相对简单。因此，高分子基粉末成为 SLS 工艺中应用最早和最广泛的材料。已用于 SLS 的高分子材料主要是非结晶性和结晶性高分子及其复合材料。其中非结晶性高分子包括聚碳酸酯（PC）、聚苯乙烯（PS）、高抗冲聚苯乙烯（HIPS）等。非结晶性高分子在烧结过程中因黏度较高，成型速率低，成型件呈现低致密性、低强度和多孔隙的特点。由此，史玉升等通过后处理浸渗环氧树脂等方法来提高 PS 或 PC 成型件的力学性能，最终制件能够满足一般功能件的要求。虽然非结晶性高分子成型件的力学性能不高，但其在成型过程中不会发生体积收缩现象，能保持较高的尺寸精度，因而常被用于精密铸造。如 EOS 公司和 3D Systems 公司以 PS 粉为基体分别研制出了 Prime Cast100 型号和 Cast Form 型号的粉末材料，用于熔模铸造。廖可等通过浸蜡处理提高了 PS 烧结件的表面光洁度和强度，之后采用熔模铸造工艺浇注成型结构精细、性能较高的铸件。

结晶性高分子有聚酰胺（PA）、聚丙烯（PP）、高密度聚乙烯（HDPE）、聚醚醚酮（PEEK）等。结晶性高分子在 SLS 成型过程中因黏度低而具有较快的成型速率，且成型件呈现高致密性和高强度等特点。PA 烧结性能好，成型件的耐磨性和机械强度高，是目前激光选区烧结中研究使用最多的高分子材料。然而，PA 在熔融、结晶过程中有较大的收缩，同时烧结引起的体积收缩也非常大，烧结过程中易发生翘曲变形，烧结件的尺寸精度较差。基于此，国内外研究学者在 PA 中加入无机、金属粉体等所形成的聚合物复合粉末材料，其不仅可以起到改善制件收缩的作用，还可以有效提高激光烧结成型件的刚性、硬度、热稳定性等性能，从而满足多种用途和条件下对塑料制件的功能需求。如汪艳将硅灰石混入 PA12 中制得复合粉末材料，烧结件的平均收缩率由原来的 2.1%减小到 1.66%，且拉伸强度、弯曲强度及模量分别提高了 35%、75%和 111%；而将硅灰石混入滑石粉后，平均收缩率减小到 1.42%，其热变形温度也得到提高。因此，3D Systems 公司和 EOS 公司都将 PA 粉末作为激光烧结的主导材料，并推出了以 PA 为基体的多种复合粉末材料，如 3D Systems 公司推出的以玻璃微珠做填料的尼龙粉末 DuraForm GF、EOS 推出的碳纤维/PA 复合粉末 CarbonMide 等。国内湖南华曙高科也基于 PA 重点研发出多种复合粉末材料，并成功应用于航天和汽车零部件制造。华曙高科采用 PA 复合粉末材料成型的复杂零部件，见图 7-18。

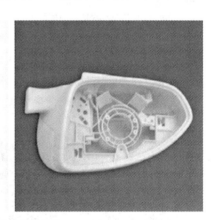

图 7-18　采用 PA 复合粉末材料成型的复杂零部件

高分子材料在 SLS 中现已得到应用的有：热塑性高分子材料、热固性高分子材料与金属、陶瓷等的复合材料以及多种高分子材料的复合材料等。SLS 加工的塑料零件如图 7-19 所示。下列为部分高分子材料 SLS 应用实例。

图 7-19　SLS 加工的塑料零件

SLS 技术的突出优点是可用于制造结构复杂、个性化的产品，这与生物医学领域的需求非常契合。利用 CT 数据，SLS 能够精准、快速地将骨骼和血管作为 3D 模型复制出来，这些 3D 打印模型可以用于医生在术前开展准确的术前预演练习。此外，一些具有生物活性或生物相容性的高分子复合材料有望使 SLS 在生物骨骼领域得到应用与推广。Song 等利用 SLS 成型脂肪酸聚碳酸酯/羟基磷灰石复合粉末，制得了孔隙率为 77.36%、压缩模量为 26MPa 的医用支架。Duan 等采用 SLS 制备了左旋聚乳酸（PLLA）/碳化羟基磷灰石（CHAp）支架材料，如图 7-20（a）、（b）所示。经过 7 天的细胞培养实验，这种 SLS 支架具有很好的生物相容性，SaOS-2 细胞生长情况良好，适用于组织工程，如图 7-20（c）、（d）所示。

图 7-20　SLS 成型的 PLLA/CHAp 支架（a，b）和经过 7 天细胞培养实验后 SaOS-2 细胞的形貌（c，d）

Xia 等将聚己内酯（PCL）与纳米羟基磷灰石（nano-HA）复合材料运用于激光烧结，得到了有序的微孔支架。通过试管培养人骨髓间充质干细胞发现，nano-HA/PCL 支架和纯 PCL 支架都有非常优良的生物相容性，但 nano-HA/PCL 支架有更强的细胞依附和促进细胞生长的能力，同时表现出更为优良的骨再生能力。对纯 PCL 支架和 nano-HA/PCL 支架进行骨组织培养后的骨生长情况如图 7-21 所示。

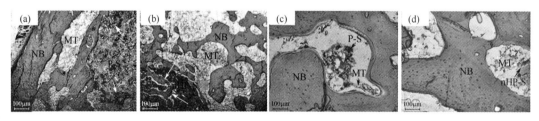

图 7-21　在纯 PCL 支架和在纯 nano-HA/PCL 支架中培养 3 个星期和 9 个星期的骨组织生长情况
（a）在纯 PCL 支架中培养 3 个星期；（b）在纯 nano-HA/PCL 支架中培养 3 个星期；（c）在纯 PCL 支架中培养 9 个星期；
（d）在纯 nano-HA/PCL 支架中培养 9 个星期
MT—骨组织；NB—新骨组织；P-S—纯 PCL 支架；nHP-S—nano-HA/PCL 支架

7.5.3　铸造熔模的成型

基于 PS 基粉料等的激光选区烧结（SLS）原型的熔模铸造工艺与传统熔模铸造相比，可直接由快速成型系统制造出铸造熔模，省去了蜡模压型设计、压型制造等环节，产品研发灵活性强，生产周期大为缩短，为实现铸造的短周期、多品种、低成本、高精度提供了一种快速响应技术，显示出了强大的生命力和巨大的应用潜力。

在耐碱腐蚀阀门研发中，以目前广泛应用在碱厂生产系统中的 X43W-10P-100 型铸铁旋塞阀门为对象，对阀体和阀芯两个主要零件进行基于 SLS 蜡模的熔模精密铸造工艺试制。

利用 SLS 快速成型技术提供的 PS 原型件为"蜡模"，进行熔模铸造工艺过程研究。基于 SLS 的熔模铸造工艺流程如图 7-22 所示。

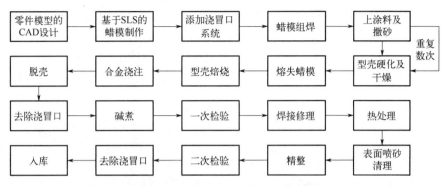

图 7-22　基于 SLS 的熔模铸造工艺流程图

（1）"蜡模"的制作

采用 SLS 专用 PS 粉末材料，在 AFS 系列快速成型机上烧结出阀体、阀芯的 PS 原型件。烧结前要确定两个收缩率：其一是要经过试验确定粉料收缩率；其二是需考虑铸造合金的收缩率。

由于激光烧结速度很快，PS 粉末熔融后来不及充分相互扩散和融合，因此原型件的组织较疏松，密度一般只能达到实体密度的 60%～70%，另外粉层堆积使表面质量也不高。需采用适当的后处理工艺来提高成型件的强度和表面光洁度。

作为熔模使用的原型件，进行了渗蜡后处理，操作中采用二次渗蜡法。渗蜡处理有三个作用：①可以提高尺寸精度和表面质量；②可使得焊接蜡质浇冒口系统时较容易；③可修补烧结时的形状缺损部分。由 SLS 快速成型机制作的零件，经过蜡化、精整后处理后，形成阀体、阀芯"蜡模"，如图 7-23 所示。

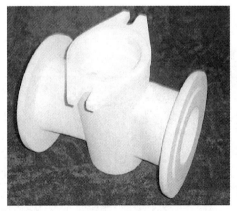

图 7-23　阀体、阀芯"蜡模"

（2）浇注系统的确定

根据经验初步设计的阀体浇注系统，如图 7-24 所示。

155

采用 Any Casting 软件对铸造充型和凝固过程进行数值模拟，优化浇注系统方案设计，模拟结果如图 7-25、图 7-26 所示。图 7-25 为阀体件凝固过程数值模拟结果图。图 7-26 所示为凝固模拟获得的阀体某一截面上的可能出现缩孔内部缺陷的分布情况，通过 Any Casting 软件可以方便地观测垂直于 X、Y、Z 轴的任意截面上可能出现缺陷的分布情况。由图 7-26 可知，在图中两侧法兰处，最终冷却凝固出现缩孔缺陷的可能性较大，根据经验判断，可能是由于左右两个内浇道截面尺寸偏小，于是重新选择加大内浇道的截面尺寸，再次进行模拟。结果显示，在铸件内部，基本无高缺陷发生率的区域。于是最终确定了阀体浇注系统尺寸等。

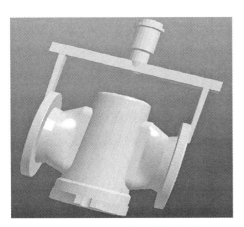

图 7-24　初步设计的阀体浇注系统

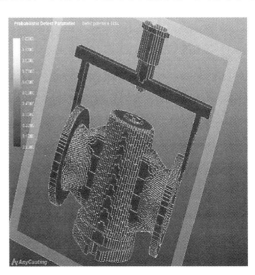

图 7-25　凝固过程数值模拟结果

（3）浇注系统的焊接

根据模拟中确定的阀体、阀芯浇注系统的尺寸，选择蜡质浇注系统标准件与"蜡模"进行焊接。由于蜡模表面进行了渗蜡处理，因此焊接性好，结合力强。图 7-27 所示为焊接后浇注系统的阀体、阀芯熔模组件。

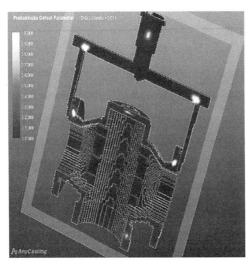

图 7-26　某截面内部缺陷凝固模拟结果

图 7-27　阀体、阀芯熔模组件

（4）制壳

型壳是由黏结剂、耐火材料和撒砂材料等组成，经配涂料、浸涂料、撒砂、干燥硬化、脱蜡和焙烧等工序制成。

① 水玻璃制壳工艺　采用水玻璃制壳工艺，根据制件尺寸大小确定涂挂 7 层半型壳。每一层要经过上涂料、撒砂、空干、硬化和晾干 5 个步骤，按工厂一般工艺完成。

② 脱蜡　熔失蜡模的过程通称为脱蜡，这里指的是脱去浇冒口系统蜡料，而 PS "蜡模"熔失在焙烧阶段进行。采用热水法脱蜡时，应尽量减少水煮时间，脱出棒芯即可。有时考虑型壳浸水后会对强度产生影响，不脱蜡直接进入焙烧流程也可。

③ 焙烧　在本工艺中，脱蜡阶段只是把蜡质的浇冒口系统熔失，而 SLS 制成的 PS 粉"蜡模"则在焙烧过程中高温分解、气化。这也是本工艺的难点所在。

焙烧时杯口朝下，即模壳倒立放置并架空；进炉后，由室温焙烧至 950℃以上；小件焙烧两炉（约 1.5h），大件焙烧 3 炉或以上（约 3.0h 或以上），以便型腔（包括浇注系统和零件型腔）内残留物充分熔化流出，余量分解、消失，提高型腔清洁度。

（5）浇注

熔化铸造合金，浇注成型阀体、阀芯铸件。浇注后，铸件随砂冷却。冷却后落砂并对铸件进行初步清理、检验。结果表明，铸件形状完整、轮廓清晰、尺寸符合要求，如图 7-28 所示。

图 7-28　阀体、阀芯铸件

7.5.4　其他领域典型应用

SLS 工艺已经成功应用于汽车、造船、航天、航空、通信、微机电系统、建筑、医疗、考古等诸多行业，为许多传统制造业注入了新的创造力，也带来了信息化的气息。概括来说，SLS 工艺可以应用于以下场合：

① 快速原型制造　SLS 工艺可快速制造所设计零件的原型，并对产品及时进行评价、修正，以提高设计质量；可使客户获得直观的零件模型；能制造教学、试验用复杂模型。

② 新型材料的制备及研发　利用 SLS 工艺可以开发出一些新型的颗粒，以增强复合材料和硬质合金。

③ 小批量、特殊零件的制造加工　在制造业领域，经常遇到小批量及特殊零件的生产。这类零件加工周期长，成本高，对于某些形状复杂零件，甚至无法制造。采用 SLS 技

术可经济地实现小批量和形状复杂零件的制造。

④ 快速模具和工具制造 SLS 制造的零件可直接作为模具使用，如熔模铸造、砂型铸造、注塑模型、高精度形状复杂的金属模型等；也可以使成型件经后处理后作为功能零件使用。

⑤ 在逆向工程上的应用 SLS 工艺可以在没有设计图样或者图样不完全以及没有 CAD 模型的情况下，按照现有的零件原型，利用多种数字技术和 CAD 技术重新造出原型 CAD 模型。

⑥ 在医学上的应用 SLS 工艺烧结的零件由于具有很高的孔隙率，因此可用于人工骨的制造。根据国外对于用 SLS 技术制备的人工骨进行的临床研究表明，人工骨的生物相容性良好。

多孔陶瓷因具有高孔隙率、高比表面积、低热导率、良好的耐高温性、优异的抗酸碱腐蚀性等一系列优点而被广泛地应用在环境、交通、化工等领域。

目前，常用的多孔陶瓷制备方法主要有直接发泡法、添加造孔剂法、有机泡沫浸渍法、冷冻干燥法等。然而，现有工艺难以制备具有可控复杂结构的多孔陶瓷。唐萍针对此问题，深入研究了 SLS 工艺制备多孔陶瓷零件的成型工艺和性能特点，成功制备出具有三维孔洞结构的多孔堇青石陶瓷零部件，如图 7-29（a）所示。此外，华中科技大学史玉升教授团队在上述研究基础上，还采用 SLS 工艺成功制备出了复杂结构的多孔高岭土陶瓷零部件，如图 7-29（b）所示。上述研究为复杂结构多孔陶瓷的先进成型制备探索出新的途径。

图 7-29 采用 SLS 技术制备的多孔陶瓷零部件
（a）堇青石；（b）高岭土

SLS 技术制备的陶瓷零部件存在致密度低、强度差等问题。为了提高其致密度和强度，通常对 SLS 素坯进行浸渗等后处理。然而，这些后处理方法仍无法大幅提高零部件性能，同时还会引入精度变差等新的问题。为此，刘凯提出 SLS/CIP 复合成型技术，即先对 SLS 素坯进行 CIP 致密化处理，再经过排胶及高温烧结，得到最终的致密陶瓷零部件。

SLS/CIP 复合成型技术并不是简单的几种技术的叠加，而是充分发挥各自技术的成型优势：SLS 技术由零部件三维数据直接驱动，变传统的减材制造为增材制造，无需模具即可成型任意复杂结构零件的素坯；CIP 技术各向均匀施压，使零件能够均匀致密化，减少样品变形和翘曲。目前，华中科技大学史玉升教授团队已采用 SLS/CIP 复合成型技术成功制备出高性能、复杂结构的 Al_2O_3、ZrO_2 和 SiC 等致密陶瓷零部件，如图 7-30 所示。SLS 和 SLS /CIP 技术将在航空航天、国防等领域用高性能、复杂结构陶瓷零部件的制备方面具有良好的应用前景。

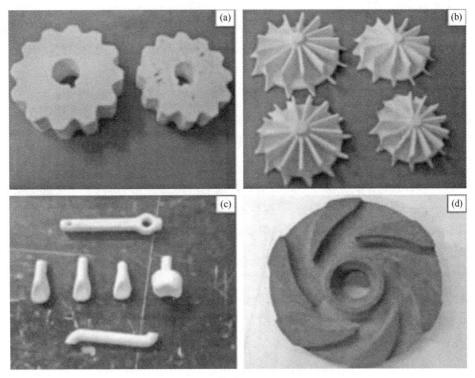

图 7-30　采用 SLS/CIP 复合成型技术制备的致密陶瓷零部件
（a）、（b）Al_2O_3；（c）ZrO_2；（d）SiC

7.6
本章小结

　　本章主要介绍了非金属材料激光选区烧结（SLS）技术原理及应用，主要内容包括激光选区烧结（SLS）基本原理、非金属材料激光选区烧结材料及组织特性、专用设备及其特征，以及它的典型应用。

思考题

　　7.1　激光选区烧结（SLS）技术的基本原理是什么？

　　7.2　激光选区烧结（SLS）技术有什么特点？

　　7.3　除了本章中介绍的非金属材料激光选区烧结（SLS）技术应用，请再举出几个应用实例（三个）。

附录　相关软件介绍

关于 SLS 技术的相关软件，主要有以下几类：

（1）三维建模软件

SLS 技术的第一步通常涉及三维模型的设计。这可以通过各种 CAD（计算机辅助设计）软件完成，如 AutoCAD、SolidWorks、Inventor 等。这些软件允许用户创建、编辑和保存三维模型，为后续的 SLS 打印过程提供基础数据。

（2）逆向建模软件

应用 Polhemus、3D CaMega、Z Corp oration 等三维扫描仪获取对象的三维数据，而后可利用相关逆向建模软件经处理，生成数字化三维模型。

（3）切片软件

在 SLS 打印过程中，三维模型需要被切片成一系列二维层片，以便逐层进行烧结。切片软件（如 Simplify3D、Cura 等）能够接收 CAD 软件导出的三维模型文件，并将其自动切片成多个薄层。用户可以在切片软件中设置切片厚度、扫描路径、激光功率等参数，以优化打印效果。

（4）控制软件

SLS 设备的控制软件是连接计算机与打印设备的桥梁，它负责将切片软件生成的打印指令传输给打印设备，控制激光束的扫描轨迹、工作台的升降以及粉末的铺设等。

（5）后处理软件

虽然 SLS 技术能够直接制造出三维实体零件，但打印出的零件可能需要进行后处理才能达到最终的使用要求。后处理软件（如 Meshmixer、Blender 等）可以用于对打印出的零件进行修整、打磨、上色等操作，以提高零件的表面质量和精度。

第8章

非金属材料熔融沉积成型技术原理及应用

案例引入

如图 8-1 所示，生产连续纤维增强复合材料时，传统的制造工艺，如树脂转移模塑、纤维缠绕或真空装压等，需要特定的模具和工具，并且成本高、不灵活，难以小批量生产。目前相对成熟的增材制造工艺方法是采用熔融沉积成型（FDM）技术，将纤维束与树脂结合，高效、低成本地生产连续纤维增强复合材料。本章将会介绍这种用途广泛、快速成型的材料成型技术——熔融沉积成型（FDM）。

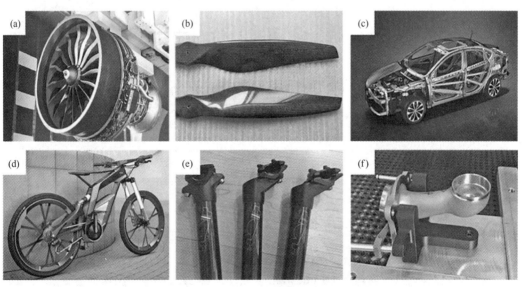

图 8-1　连续纤维增强复合材料
（a）航空发动机；（b）无人机桨翼；（c）汽车车架；（d）自行车；（e）支架座管；（f）工装夹具

学习目标

（1）掌握熔融沉积成型（FDM）的基本原理及技术特点；

（2）了解非金属材料熔融沉积成型（FDM）的典型应用。

知识点思维导图

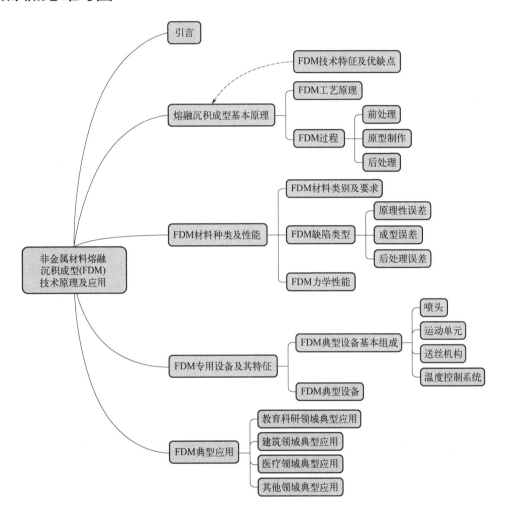

8.1
引言

　　熔融沉积成型（fused deposition modeling，FDM）是二十世纪八十年代末，由美国 Stratasys 公司的斯科特·克伦普（Scott Crump）发明的继 SLA 和分层实体制造工艺（LOM）后的另一种应用比较广泛的 3D 打印技术。这种技术又称为熔丝成型（fused filament modeling，FFM）或熔丝制造（fused filament fabrication，FFF）。1992 年，Stratasys 公司推出了世界上第一款基于 FDM 技术的 3D 打印机——3D 造型者（3D Modeler），标志着 FDM 技术步入商用阶段。国内对于 FDM 技术的研究最早在清华大学、西安交通大学、华中科技大学等几所高校进行，其中清华大学所研发的专门用于人体组织工程支架的快速成型设备 Medtiss 最多可同时装备 4 个喷嘴，在组织工程中有良好的应用前景。

8.2
熔融沉积成型基本原理

8.2.1 熔融沉积成型工艺原理

FDM 原理相对简单，成型时，丝状材料通过送丝机构不断地运送到喷嘴。材料在喷嘴中加热到熔融态，计算机根据分层截面信息控制喷嘴沿一定的路径和速度进行移动，熔融态的材料从喷嘴中被挤出并与上一层的材料黏结在一起，在空气中冷却凝固。每成型一层，工作台或者喷嘴上下移动一层的距离继续填充下一层。如此反复，直到成型完整个工件。当工件的轮廓变化比较大时，前一层强度不足以支撑当前层，需设计适当支撑，保证模型顺利成型。

目前很多 FDM 设备采用双喷嘴，两个喷嘴分别用来添加模型实体材料和支撑材料，如图 8-2 所示。

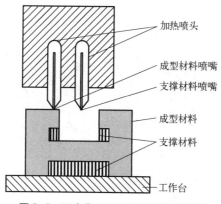

图 8-2 双喷嘴 FDM 设备及原理示意图

8.2.2 熔融沉积成型过程

FDM 的工艺过程一般分为前处理、原型制作和后处理三步骤。

8.2.2.1 前处理

前处理内容包括以下几方面的工作：

（1）CAD 三维造型

设计人员根据产品的要求，利用计算机辅助设计软件设计出三维模型，这是快速原型制作的原始数据，CAD 模型的三维造型可以在 Pro/E、Solidworks、AutoCAD、UG 及 Catia 等软件上实现，也可采用逆向造型的方法获得三维模型。

（2）CAD 模型的近似处理

有些产品上有不规则的曲面，加工前必须对模型的这些曲面进行近似处理，主要是生成 STL 格式的数据文件。STL 文件格式是由美国 3D Systems 公司开发，其原理是用一系列相连的小三角平面来逼近模型的表面，从而得到三维近似模型。目前，通常的 CAD 三维设计软件系统都有 STL 格式数据的输出。

（3）确定摆放方位

将 STL 文件导入到 FDM 快速成型机的数据处理系统后，确定原型的摆放方位。摆放方位的处理是十分重要的，它不仅影响制件的时间和效率，还会影响后续支撑的施加和原型的表面质量。一般情况下，若考虑原型的表面质量，应将表面质量要求高的部分置于上表面或水平面。为了减少成型时间，应选择尺寸小的方向作为叠层方向。

（4）切片分层

对放置好的原型进行分层，自动生成辅助支撑和原型堆积基准面，并将生成的数据存放在 STL 文件中。

（5）材料准备

选择合适的成型材料，如图 8-3 所示为丝状 PLA 材料。

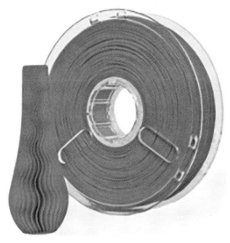

图 8-3 丝状 PLA 材料

8.2.2.2 原型制作

（1）支撑制作

在成型过程中，如果喷头喷丝的当前位置处于下一层的外面或者下一层的缝隙处，那么就会使熔融丝在当前位置失去支持力，从而造成塌陷现象，导致整个打印过程失败。解决塌陷的方式就是对出现这种情况的地方添加支撑。

设计支撑时，必须知道设计支撑的基本原则：

① 支撑结构必须稳定，保证支撑本身和上层物体不发生塌陷；

② 支撑结构的设计应该尽可能少使用材料，以节约打印成本，提高打印效率；

③ 可以适当改变物体面和支撑接触面的形状使支撑更容易被剥离。

支撑的生成方式归为以下两类：

第一类是手动式。手动生成支撑要求在设计物体的三维 CAD 模型时，先人工判断支撑位置和支撑类型，然后将带支撑结构物体的 STL 文件设置填充类型后，一起转成 BFB 格式的文件。再经过打印就可以得到带有支撑的零件，最后需将支撑剥离掉。但支撑的手动生成方法有如下缺点：

① 用户在使用之前，须有较高的 3D 打印支撑的知识积累；

② 对一些待添加区域极限值计算不准确，会出现添加不必要的支撑或者少添加支撑的情况。

第二类是自动式。由软件系统根据零件的 STL 模型的几何特征和层片信息，自动生成支撑结构。这类方法直观、快速。FDM 工艺的支撑研究多集中于自动支撑软件的算法研究。

（2）实体制作

在支撑的基础上进行实体的造型，自下而上层层叠加形成三维实体，这样可以保证实体造型的精度和品质。

8.2.2.3　后处理

FDM 的后处理主要是对原型进行表面处理。先去除实体的支撑部分，再对部分实体表面进行处理，使原型精度、表面粗糙度达到要求。但是，原型的部分复杂和细微结构的支撑很难去除，在处理过程中会出现损坏原型表面的情况，从而影响原型的表面品质。1999 年 Stratasys 公司开发出水溶性支撑材料，有效地解决了这个难题。

8.2.3　熔融沉积成型技术特征及优缺点

（1）熔融沉积成型优点

① 成本低　FDM 技术不采用激光器，设备运营维护成本较低，而其成型材料也多为 ABS、PC 等常用工程塑料，成本同样较低，因此目前桌面级 3D 打印机多采用 FDM 技术路径。

② 成型材料范围较广　ABS、PLA、PC、PP 等热塑性材料均可作为 FDM 的成型材料，这些都是常见的工程塑料，易于取得，且成本较低。

③ 环境污染较小　在整个过程中只涉及热塑性材料的熔融和凝固，且在较为封闭的 3D 打印室内进行，不涉及高温、高压，没有有毒有害物质排放，因此，环境友好程度较高。

④ 设备、材料体积较小　采用 FDM 路径的 3D 打印机设备体积较小，且耗材是成卷的丝材，便于搬运，适用于办公室、家庭等环境。

⑤ 原料利用率高　没有使用或者使用过程中废弃的成型材料和支撑材料可以进行回收，加工后再利用，能够有效提高原料的利用效率。

⑥ 后处理相对简单　目前采用的支撑材料多为水溶性材料，易于剥离，而其他技术路径后处理往往还需要进行固化处理，需要其他辅助设备，FDM 则不需要。

（2）熔融沉积成型缺点

① 成型时间较长　由于喷头运动是机械运动，成型过程中速度受到一定的限制，因此一般成型时间较长，不适用于制造大型部件。

② 需要支撑材料　在成型过程中需要加入支撑材料，在打印完成后要进行剥离。对于一些复杂构件来说，剥离存在一定的困难。但是随着技术的进步，一些采用 3D 打印的厂家已经推出了不需要支撑材料的机型，该缺点正在被逐步克服。

8.3
熔融沉积成型材料种类及性能

8.3.1　熔融沉积成型材料类别及要求

一般的热塑性材料作适当改性后都可用于 FDM。同一种材料可以做出不同的颜色，用于制造彩色零件。FDM 也可以堆积复合材料零件，如把低熔点的蜡或塑料熔融丝与高熔点的金属粉末、陶瓷粉末、玻璃纤维、碳纤维等混合作为多相成型材料。到目前为止，单一成型材料一般为 ABS、石蜡、PA、PC（聚碳酸酯）和 PPSF（polyphenysulfone，聚苯砜）等。

如表 8-1 所示为 Stratasys 公司几种成型材料的情况。

表 8-1　Stratasys 公司几种成型材料及其使用范围

材料型号	材料类型	使用范围
ABS P400	丙烯腈-丁二烯-苯乙烯聚合物细丝	概念型、测试型
ABSi P500	甲基丙烯酸-丙烯腈-丁二烯-苯乙烯聚合物细丝	注射模制造
ICW06 Wax	消失模铸造蜡丝	消失模制造
Elastomer E20	塑胶丝	医用模型制造
Polyester P1500	塑胶丝	直接制造塑料注射模具
PC	聚碳酸酯	功能性测试，例如电动工具、汽车零件等
PPSF	聚苯砜	航天工业、汽车工业以及医疗产业
PC/ABS	聚碳酸酯和 ABS 混合材料	玩具以及电子产业

8.3.1.1　聚合物材料物性分析

高分子聚合物的高温熔化过程反映了温度对其聚集状态的改变，主要表现为三个状态（玻璃态、高弹态、黏流态）及两个转变（玻璃化转变、黏流转变），通常用温度-形变（或模量）曲线来表示形变特征与聚合物所处的物理状态之间的关系，如图 8-4 所示。

对高聚物而言，引起高聚物聚集态转变的主要因素是温度。从图 8-4 中可以看出，两个转变分别是玻璃化转变和黏流转变。玻璃化转变区是由于温度的升高，大分子链段从开始解冻到完全解冻的一个温度区域。在这个转折区域有一个重要的特征温度就是玻璃化转

变温度 T_g，是聚合物由玻璃态向高弹态转变的转变温度，也是链段从冻结到解冻的温度。一般来说，玻璃化温度越高，其耐热性越好。黏流温度 T_f 是聚合物由高弹态向黏流态转变的转变温度，是大分子链解冻的温度，也是聚合物成型的最低温度。

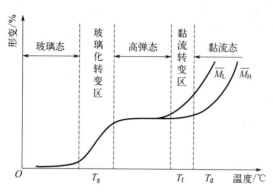

图 8-4　非晶态聚合物温度-形变曲线

$\bar{M}_L$ —低分子量平均值；　$\bar{M}_H$ —高分子量平均值

除了考虑温度对聚合物的影响外，在实现聚合物材料的熔融挤压成型过程中，必须考虑到材料的可挤压性。一方面，聚合物挤出喷嘴的过程应完全处于黏流态，温度应控制在 T_f（或熔点 T_m）以上；另一方面，料丝本身在挤压过程中起着活塞推进的作用，要求料丝在加热腔的引导段应具有足够的抗弯强度，温度应控制在玻璃化转变温度 T_g 附近。

8.3.1.2　聚合物材料的热物理性质

分析由温度引起的聚合物聚集态转变过程，材料的导温能力是一个重要的考察因素。记导温系数为 $\alpha=k/\rho c_p$，其中 k 为热导率；ρ 为密度；c_p 为定压比热。

不同的聚合物材料有不同的热学性质，甚至对于同一牌号的聚合物，因批号不同或生产厂家不同，其热学参数也会有差异，因此在分析材料的加工性能时，首先必须了解材料的热学性质，确定材料的热学参数。

影响加工性能的另一个重要因素是聚合物的流变性质。在大多数聚合物的加工过程中，聚合物都要产生流动和形变。聚合物的流变性质主要体现为熔体黏度的变化，所以聚合物的黏度及其变化特性是聚合物加工过程中极为重要的参数。影响聚合物流变性质的主要因素有：温度、压力、剪切速率或剪切力以及聚合物的结构。

（1）温度对黏度的影响

黏度依赖于温度的机理是分子链、自由体积与温度之间存在着关联。当在玻璃化温度以下时，自由体积保持恒定，随温度增长，大分子链开始振动；当温度超过玻璃化温度时，大链段开始移动，链段之间的自由体积增加，链段与链段之间作用力减小，黏度下降。不同的聚合物黏度对温度的敏感性有所不同。

（2）剪切速率、剪切应力对黏度的影响

通常，剪切应力随剪切速率的提高而增加，而黏度却随剪切速率或剪切应力的增加而下降，剪切黏度对剪切速率的依赖性越强，黏度随剪切速率的提高越不明显，这种聚合物称作剪性聚合物，这种剪切变稀的现象是聚合物固有的特征，但不同聚合物剪切变稀程度是不同的。

高分子熔体是一种熔融状态下的大分子液体。通常按照流体的性质可以将其归类为塑性流体、假塑性流体、牛顿流体、胀塑性流体这几种流体类型，它们之间的根本区别主要表现在流体剪切速率发生改变后，流体的剪切应力 τ 和剪切黏度 η 变化不同，如图 8-5 所示。

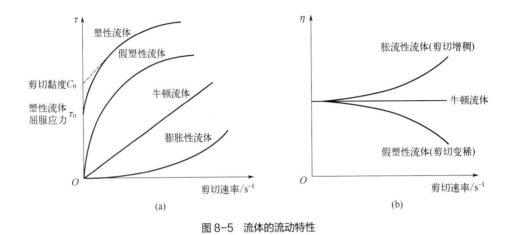

图 8-5　流体的流动特性

牛顿流体的黏度不会因为剪切速率发生变化而改变，为一定值，而假塑性和胀塑性流体的黏度会随着剪切速率变大，分别表现出变稀和增稠现象。大多数 3D 打印的常用高分子材料如 PLA、TPU（热塑性聚氨酯）、ABS 等热塑性材料都属于假塑性流体，具备剪切变稀现象。从传统微观角度去解释这种变化现象是：熔体大分子受到剪切力或外力场作用时，分子链之间的缠结点被外力打开，直接导致分子浓度降低（或是分子链的构象取向发生变化，分子链取向方向与分子流动方向一致），使熔体分子黏度大大下降。合理地利用"剪切变稀"行为有利于提高物料的流动性，从而提高成型过程中物料的稳定性。

（3）压力对黏度的影响

聚合物熔体在挤出成型时，熔体要经受内部静压力和外部动压力的联合作用。对于大多数的聚合物材料，当受到 $10^7 Pa$ 压力作用时，聚合物的体积收缩率一般不超过 1%，但随着压力增加，分子链段间的自由体积会受到压缩。由于分子链段间自由体积减小，大分子链段的靠近会使分子间作用力加强，即表现出黏度提高。在 FDM 过程中，聚合物的流变行为对加工性能的影响主要体现在聚合物熔体在加热腔中的输送阶段。在实际成型过程中发现，聚合物熔体因黏度过大造成的喷嘴阻塞是导致成型失败的主要原因之一。反之，若黏度太小，经喷嘴挤出的细丝将呈"流滴"形态，丝径大幅度变小，当分层厚度较大时，喷嘴将逐渐远离堆积面，同样会造成成型过程失败。

8.3.1.3　成型材料性能要求

FDM 工艺由于采用将成型材料加热熔融再挤出的方式来成型零件，可成型的材料很多，主要为热塑性材料，包括 ABS、PLA、人造橡胶、石蜡等。在 FDM 过程中，对成型材料的性能要求主要体现在黏度、熔融温度、黏结性、收缩率等方面，具体要求如下：

① 黏度低　材料的黏度低，流动性好，阻力就小，有助于材料顺利挤出。材料的流动性差，则需要很大的送丝压力才能挤出，会增加喷头的启停响应时间，从而影响成型精度。

② 熔融温度低　熔融温度低可以使材料在较低温度下挤出，有利于提高喷头和整个机械系统的寿命，可以减少材料在挤出前后的温差，减少热应力，从而提高原型的精度。

③ 黏结性好　FDM 工艺是基于分层制造的一种工艺，层与层之间往往是零件强度最薄弱的地方，黏结性好坏决定了零件成型以后的强度，黏结性过低，有时在成型过程中热应力会造成层与层之间的开裂。

④ 收缩率对温度不能太敏感　由于挤出时，喷嘴内部需要保持一定的压力才能将材料顺利挤出，挤出后丝材一般会发生一定程度的膨胀。如果材料收缩率对压力比较敏感，会造成喷嘴挤出的丝材直径与喷嘴的名义直径相差太大，影响材料的成型精度。FDM 中成型材料的收缩率对温度不能太敏感，否则会产生零件翘曲、开裂。

8.3.1.4　熔融沉积成型支撑材料

支撑材料顾名思义是在 3D 打印过程中对成型材料起到支撑作用的部分，在打印完成后，支撑材料需要进行剥离，因此也要求其具有一定的性能。目前采用的支撑材料有两种类型：一种是剥离性支撑，为需要手动剥离零件表面的支撑；另外一种是水溶性支撑，它可以分解于碱性水溶液。图 8-6 为支撑材料与成型件之间的连接示意图，具体性能要求如下。

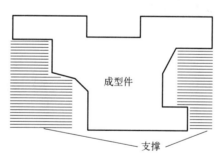

图 8-6　支撑材料与成型件之间的连接

剥离性支撑材料和成型材料在收缩率和吸湿性等方面的要求一样，其他特殊方面具体说明如下：

（1）能承受一定高温

由于支撑材料要与成型材料在支撑面上接触，所以支撑材料必须能够承受成型材料的高温，在此温度下不产生分解与熔融。由于 FDM 工艺挤出的丝比较细，在空气中能够比较快速地冷却，所以支撑材料能承受 100℃以下的温度即可。

（2）材料的力学性能

FDM 对支撑材料的力学性能要求不高，要有一定的强度，便于单丝的传送；剥离性的支撑材料需要一定的脆性，便于剥离时折断，同时又需要保证单丝在驱动摩擦轮的牵引和驱动力作用下不轻易弯折或折断。

（3）流动性

由于支撑材料的成型精度要求不高，为了提高机器的扫描速度，要求支撑材料具有很好的流动性。

（4）黏结性

支撑材料是加工中采取的辅助手段，在加工完毕后必须去除，所以相对成型材料而言，剥离性支撑材料的黏结性可以差一些。

（5）制丝要求

FDM 所用的丝状材料直径大约为 2mm，要求表面光滑、直径均匀、内部密实，无中空、表面疙瘩等缺陷，另外在性能上要求柔韧性好，所以对于剥离性的支撑材料应对常温下呈脆性的原材料进行改性，提高其柔韧性。

（6）剥离性

对于剥离性的支撑材料最为关键的性能要求，就是要保证材料在一定的受力下易于剥离，可方便地从成型材料上去除支撑材料，而不会损坏成型件的表面精度，这样就有利于加工出具有空腔或悬臂结构的复杂成型件。

对于水溶性支撑材料，除了应具有成型材料的一般性能以外，还要求遇到肥皂水（浓缩洗衣粉液）即会溶解，特别适合制造空心及具有微细特征的零件，解决人手不易拆除支撑，或因结构太脆弱而支撑易被拆破的问题，更可增加支撑接触面的光洁度。

8.3.2 熔融沉积成型缺陷类型

FDM 工艺是一个集成了 CAD/CAM、计算机软件、数控、材料、工艺规划及后处理的制造过程，每一个环节都有可能使成型零件产生误差，这些误差会严重影响成型零件的精度及力学性能。影响 FDM 精度和力学性能的因素有很多，但按照误差产生的来源将其归纳为以下三种类型：原理性误差、工艺性误差和后期处理误差，如图 8-7 所示。原理性误差是由成型原理及成型系统所致，所产生的误差是一种原理性误差，是无法克制和降低，或者消除成本较高的误差。工艺性误差是由成型工艺过程所引起的，因此又称成型误差，是可以改善而且改进成本较低的误差。通过深入分析成型工艺过程，理解其机理，然后进行合理的工艺规划，对成型工艺参数进行协调优化选择，可在很大程度上减小工艺性误差。后处理误差是由去除支撑或环境因素造成的误差。

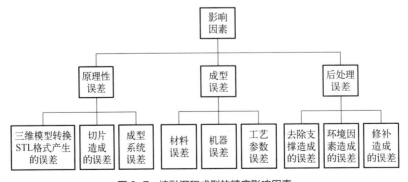

图 8-7　熔融沉积成型的精度影响因素

8.3.2.1　原理性误差

（1）三维模型转换成 STL 格式产生的误差

目前的快速成型技术设备一般可以接受 RPI、CLI、SLC、SIF、STL 等多种数据格式，其中美国的 3D Systems 公司开发的 STL 格式表达简单明了，其实质就是用无数多个细小的三角形来近似地代替并且还原原来的三维 CAD 模型，与有限元中的网格划分有很大相似之处。但即使用再多的三角形也不能完美地表示其真正的表面，总会出现一定程度的误差，而多个曲面三角化时，在多曲面连接的地方会出现缝隙、畸变、重叠等错误和误差，从而影响了复杂曲面的表面精度。在三维模型中，表面精度的大小与三角形的数量有很大的关系，而细小三角形的多少与其弦高有很大的关系，弦高就是指细小三角形的边与其近似代替的表面之间的径向距离，图 8-8 所示为圆的三角划分及弦高。

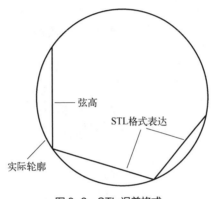

图 8-8　STL 误差格式

（2）STL 格式分层过程中产生的误差

FDM 技术采用的是分层叠加制造的原理，把一个完整的模型分成一层层具有一定厚度的切片，在成型的高度方向上，用微小的切片层厚度来逼近曲线轮廓。分层厚度是指在 Z 轴方向上每一层最小切片的高度，在对已知的三维 CAD 模型进行切片时，对于在 Z 轴上为一整体的三维模型进行切片，打断了原有的连续性，会造成一些数据的丢失，从而影响了最终零件的成型精度。由此可知，当切片分层厚度越大时，零件成型精度越低。

由三维模型切片后成型产生的误差可以分为阶梯误差和竖直方向的尺寸误差。其中，阶梯误差是由离散堆积成型过程造成的，只能靠减小切片厚度、降低生产效率来提高精度，如图 8-9 所示。

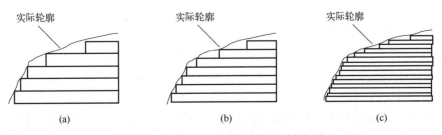

图 8-9　不同分层厚度对阶梯误差产生的影响

阶梯误差分为正偏差和负偏差，当用分层厚度块与模型相交的较大截面作为分层截面时，产生正偏差，如图 8-10（a）所示，反之则产生负偏差，如图 8-10（b）所示。正偏差用于检查原型的概念设计或进行功能验证，并且在打磨抛光等后处理过程可以获得较好的表面质量。负偏差主要是用来制作模具，因为用原型作母模得出的反型将产生正偏差，也可以通过打磨抛光获得较好的表面质量。

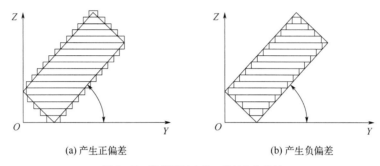

(a) 产生正偏差　　　　　　　　　　　(b) 产生负偏差

图 8-10　阶梯误差中的正偏差和负偏差

阶梯误差只与分层厚度、法线方向和模型的曲率有关，要想减小这种误差，首先要在适当照顾生产效率的基础上，尽量减小分层厚度，这样可以直接减小阶梯效应；其次是采用不同的切片方法来减小误差，如自适应切片、优选分层方向、斜切法及后处理法等，还可以根据原型零件的特征，在对模型进行数据处理时，在软件上给予适当的补偿。

（3）成型系统导致的误差

FDM 的成型系统产生的误差主要有以下两种：

① 工作台误差　主要分为方向运动误差和平面误差。方向运动误差直接影响成型件在方向上的形状误差和位置误差，使得试样层厚精度降低，最终导致成型表面的粗糙度增大，所以要保证工作台与轴的直线度。平面误差主要由工作台在水平方向的误差所导致，这种误差使得成型件的设计形状与实际形状差别较大，当制件尺寸较小时，喷头压力的作用可能会导致加工失败，所以在加工之前要确保工作台与轴的垂直度。

② X-Y 轴与导轨的垂直度误差及定位误差　X-Y 扫描系统采用 X、Y 轴二维运动，X、Y 轴采用精密伺服电机驱动、精密滚珠丝杠传动、精密滚珠直线导轨导向，由步进电机驱动同步齿形并带动喷头运动。每个传动过程都可能存在误差，机器精度受到当今制造水平的限制，这也是所有机器中普遍存在的问题，一般不可能避免。为了减少这种误差，应定期对机器进行维护。

8.3.2.2　成型过程中的误差

（1）喷头导致的误差

在加工过程中，喷头的影响是不可忽略的一个因素，主要表现在：

① 实际成型尺寸大于设计尺寸　在对文件进行分层时，二维轮廓线是理想轮廓状态，即零宽度，然而在加工的过程中，喷头喷出的熔融态丝是有一定宽度的，相当于挤出丝截面的宽度，所以当喷头沿理想轮廓线进行扫描时，最终形成的实体都会多出一个喷头线宽，如图 8-11 所示。这种误差可以通过对模型进行尺寸补偿来消除。

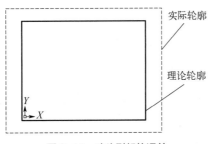

图 8-11　喷头引起的误差

② 无法实现微小曲面特征　受到打印喷头直径的限制，小的圆角半径和局部曲面并不能制造出来，有点类似于模型转换为文件，会导致精细结构的缺失。这种由于喷头直径的限制带来的误差，在快速成型过程中很难克服，只能通过保留较大的余量的方法，在后处理过程中进行手动或机加工修复。

③ 喷头堵丝导致表面质量差　在加工过程中存在开启延时和关闭延时这些速度响应的问题，使得在原型表面会积聚成节瘤或形成空缺，只能通过改变喷头的结构来减少这种缺陷，目前已有许多公司将过去的直流道型改为螺旋挤压型，螺旋挤压型喷头通过产生负压来避免多余的丝材挤出，很好地解决了节瘤的表面质量问题。

（2）材料收缩导致的误差

在成型过程中，成型材料会产生收缩，使得成型件的设计尺寸和实际尺寸不相同，这就需要在建模阶段对尺寸进行收缩补偿，否则会严重影响成型件的成型精度。然而材料的实际收缩受到其形状、尺寸、成型过程的工艺参数设置以及每一层成型时间的长短等因素的单独或交互制约，所以材料收缩的补偿要根据收缩率和实际情况而定。

（3）工艺参数导致的误差

① 成型温度　成型温度包括喷嘴温度和环境温度。喷嘴温度是指喷嘴加热到一定值时的工作温度，环境温度是指系统工作时结构件周围环境的温度，通常指成型室的温度。喷嘴的最佳温度的设计应使丝材保持在熔融状态，既不偏向于固态又不偏向于液态。应确保材料黏性系数在一个合适的范围内，使喷嘴能够配合挤出速度等参数均匀出丝，否则会出现丝层面剥离、表面粗糙、出丝不均等缺陷。

环境温度会影响制件的表面质量。如果温度过高，零件表面会产生"坍塌"与"拉丝"现象，当后一层丝往上堆积时，前一层的丝还未固化完全，由于喷嘴挤出丝的作用力，会出现向下的凹陷变形，同时挤出丝被喷嘴拉着走。如果温度太低，从喷嘴挤出的丝骤冷，会使成型零件热应力增加，容易引起零件翘曲变形。由于挤出丝冷却速度快，前一层截面已完全冷却凝固才开始堆积后一层，导致层间黏接不牢固，零件会出现开裂。

② 挤出速度与扫描速度　挤出速度和扫描速度分别指的是丝材挤出喷嘴和随喷嘴运动的速度，在快速成型过程中，二者相互影响，且存在一个合理的匹配范围。成型件的每一层都是封闭的几何边界，每一封闭的几何边界都存在起停点，所以要求喷头的扫描速度和丝材挤出速度在喷头的起停点协调一致，否则会造成材料的过剩或不足，只有二者比值均在此范围内才会得到较高的制件精度。如果二者之比大于此范围，则会出现丝层堆积，制件出现严重的变形，表面也会出现颗粒，多余的熔融丝材会附着在喷嘴上，引起喷嘴的

碳化、黏附现象，阻碍下一步的加工。如果二者之比小于此范围，则会有拉丝、断丝情况产生，甚至有时会出现表面空缺，严重影响制件精度，所以二者之比在规定范围内最为合理。

③ 延迟时间　延迟时间包括开关开启时出丝延迟时间和开关关闭时断丝延迟时间。当开启开关时，送丝机构开始送丝，但是喷嘴不会立即出丝，而有一定的延时。把从送丝机构开始送丝到喷嘴出丝的这段时间称为出丝延迟时间。当送丝机构停止送丝时，喷嘴也不会立即断丝，在背压的作用下，喷嘴仍在喷料。把从送丝机构停止送丝到喷嘴断丝的这段时间称为断丝延迟时间。因此，在喷头到达起点之前，送丝机构就应开始送丝；在喷头还未到达终点时，丝材的挤出运动就应停止。所以，需要优化延迟时间这个工艺参数，距起点多远开始送丝，就距终点多远断丝。

如果出丝时间小于出丝延迟时间，则喷头到达起点时仍没出丝，会造成欠堆积，形成内部或外部空洞。如果断丝时间小于断丝延迟时间，则有过多的丝材进入喷头，那么在喷头到达终点时，在重力的作用下仍有丝材溢出，造成过度堆积，形成"节瘤"。

④ 填充样式　由于熔融沉积成型过程所独具的特点，在成型零件的单个片层时，除了要成型轮廓外，还需要对轮廓内部实体部分以一定的样式进行密集扫描填充，以生成该层的实体形状。熔融沉积成型工艺的填充样式主要有单向填充样式、多向填充样式、螺旋形填充样式、偏置填充样式以及复合填充样式等。填充样式不同，则其填充线的长度就不一样，填充线越长，因填充开始和停止而造成的启停误差就越小。另外，成型零件的力学性能、成型过程中的热量传递方向等都与零件的填充样式有密切关系。

单向填充样式：单向填充样式是最简单的填充样式，一般是沿着一个轴（X 或 Y 轴）方向进行填充，如图 8-12 所示。这种填充样式数据处理简单，但扫描短线较多，因此产生的启停误差较大。

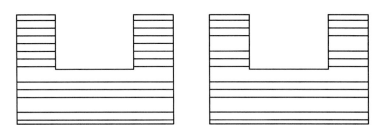

图 8-12　单向填充样式

多向填充样式：为了改善单向填充的不足，避免因短线段较多而造成的零件精度较低，可以采用多向填充样式，即判断模型截面轮廓的形状，自动选择沿长边的方向填充成型，如图 8-13 所示。这种填充样式可以一定程度上减少单向填充所造成的误差和改善成型零件的力学性能。

螺旋形填充样式：如图 8-14 所示，以多边形几何中心为螺旋线的中心，从这一点出发，做一些等角度的射线，以递进的方式从一条填充线到另一条填充线生成螺旋形的填充线。这种填充样式是从中心向外逐渐填充成型，可以很大程度上提高零件成型过程中的热传递以及零件的力学性能，而且扫描线较长，可以减小启停误差。然而，因其换向频率高，在成型过程中易产生噪声和振动。

图 8-13　多向填充样式图

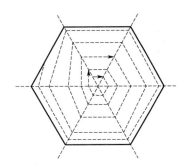

图 8-14　螺旋形填充样式

偏置填充样式：由于熔融沉积成型工艺中存在熔丝开关滞后、不易控制的现象，所以在成型过程中最好少一些启停动作，以减小滞后带来的不良影响，提高成型精度。此外，扫描填充线越长，则启停误差越小，因此偏置填充样式可使扫描线尽量长。该样式的核心是偏置填充线的生成，如图 8-15 所示为偏置填充路径示意图。由于必须重复地进行偏置环的计算，计算量较大，而且可能产生更多的干涉环，另外还可能会出现很多小块区域无法进行完整的扫描填充的情况。

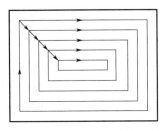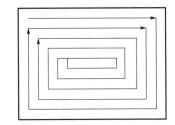

图 8-15　偏置填充样式

复合填充样式：综合线性填充样式和偏置填充样式，可以产生一种复合填充样式，如图 8-16 所示。在轮廓线内部一定区域内采取偏置填充样式，而在其他区域采用线性填充样式，既能保证成型零件的表面精度，又能避免在填充过程中出现"孤岛"和干涉环，同时成型零件也具有良好的力学性能。

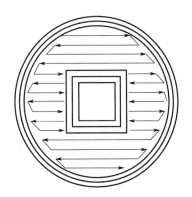

图 8-16　复合填充样式

（4）喷头启停响应引起的误差

在熔融沉积成型工艺过程中，零件轮廓接缝处的成型质量会较差。在没有进行喷头启停响应控制之前，零件的接缝处会出现"硬疙瘩"；若对喷头进行启停响应控制，又易发生"开缝"现象。

喷头的启停响应控制实际上是一个超前控制过程，或者叫前馈控制。如图 8-17 所示，当计算机发出喷头出丝的信号后，由于处理信号需要一定的时间，以及存在机械系统和熔融态丝材的滞后效应，实际出丝的响应曲线如图中虚线所示。同样地，计算机发出停止出丝的信号时，也会有滞后效应。

熔融沉积成型过程中，喷头的启停响应实际处理过程如图 8-18 所示。A_1—A_2—A_3—

175

A_4—A_5—A_6—A_7—A_1 是待成型零件的实际轮廓，为了保证连续路径，需要运动系统从 P_0' 开始动作。首先，喷头在到达 P_0 前填充速度已达到 V_f，运动到 P_0 时发出出丝控制信号，线段 P_0—A_1 的长度跟填充速度 V_f 和喷头出丝延迟时间有关。然后，喷头沿 A_1—A_2—A_3—A_4—A_5—A_6—A_7 扫描，到 P_1 时发出关丝控制信号，线段 A_1—P_1 的距离与填充速度和喷头关丝的延迟时间有关，然后继续运动到 P_1'，以防止喷头在接缝处使该处的材料过堆积。

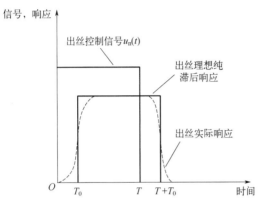

图 8-17　出丝超前控制信号及其响应曲线

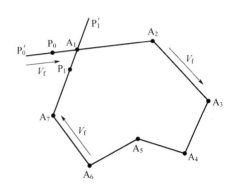

图 8-18　喷头启停响应示意图

8.3.2.3　后处理过程中的误差

从成型机上取出已成型的工件后，需要对其进行后处理，这是得到高质量工件的必经程序。对有支撑的成型件要剥离支撑结构，有些成型件还需要进行修补、打磨、抛光和表面处理等，在处理过程中主要出现以下几种误差：

① 在去除支撑的过程中，工件的表面质量往往会受到影响。如工件可能会被工具划坏，又如用作支撑的材料与工件紧密结合以至于难以去除。虽然可以采用水溶性材料来获得好的表面质量，但是由于其价格比较昂贵，通常的做法是在设计成型件时就考虑其支撑方式，尽量要合理。

② 由于温度、湿度等环境状况的变化，加工好的工件可能会继续变形并导致误差。同时，由于成型工艺或工件本身结构工艺性等方面的原因，成型后的工件或多或少地存在残余应力，这可能会导致后续出现小范围的翘曲变形，应设法消除残余应力。

③ 未达到要求时对制件修补造成的误差。当制件完成后，如果其未达到所要求的表面精度等要求，要对其进行修补、打磨、抛光或是表面涂覆，若处理不当，会影响原型的尺寸及形状精度，进而产生后处理误差。

8.3.3　熔融沉积成型力学性能

随着熔融沉积成型工艺的迅速发展，现如今的熔融沉积成型零件已不仅仅局限于简单的模型制作和概念教学，将成型零件直接应用于实际生产生活是该工艺发展的一个主要趋势，这就对成型零件的力学性能提出了严格的要求。

在 FDM 过程中，影响制件力学性能的因素有很多，如喷嘴温度、环境温度、网格间距、填充方式等。使用 F-print 型熔融堆积快速成型机成型 ABS 丝材得到的拉伸和挤压试件，测得抗拉强度范围为 10～24.5MPa，抗压强度范围为 8.4～35.8MPa。其中，抗拉强度随分层厚度、填充间隔、成型方向的变化关系如图 8-19 所示，抗压强度随分层厚度、填充间隔、成型方向的变化关系如图 8-20 所示。

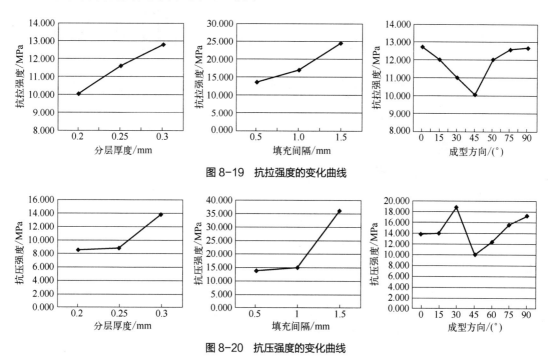

图 8-19　抗拉强度的变化曲线

图 8-20　抗压强度的变化曲线

随着成分层厚度的增大，FDM 制件的抗拉和抗压强度不断增强，因此，分层厚度越大，制件的力学性能越强；填充间隔越大，制件的抗拉和抗压强度越大。FDM 制造的零件的抗拉强度的最大值为 24.46MPa，远远小于挤压成型的 ABS 塑料的强度 30～49MPa；同样，抗压强度的最大值为 35.80MPa，和挤压成型的 ABS 塑料的 40～95.1MPa 也有一定的差距。主要是由成型过程中的组织结构和内部热应力造成的，但是，通过调整工艺参数可以减小这种差距。

8.4
熔融沉积成型专用设备及其特征

8.4.1　熔融沉积成型典型设备基本组成

FDM 系统主要由喷头、运动单元、送丝机构、温度控制系统四个部分组成。

（1）喷头

在熔融挤出过程中，喷头作为连接实物与设备的关键部位，对成型实体具有重要影响。根据材料塑化方式的不同，可以将熔融沉积成型的喷头结构分为柱塞式喷头和螺杆式喷头两种，如图 8-21 所示。

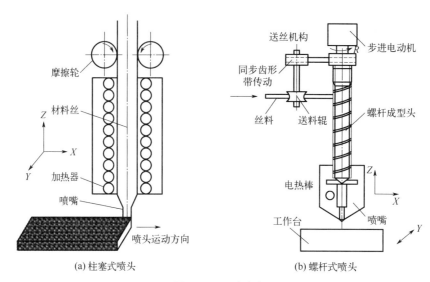

图 8-21　两种喷头

柱塞式喷头的工作原理是由两个或多个电动机驱动的摩擦轮或带轮提供驱动力，将丝料送入塑化装置熔化。其中，后进的未熔融丝料充当柱塞的作用，驱动熔融物料经微型喷嘴挤出，如图 8-21（a）所示，其结构简单，方便日后维护和更换，而且仅仅需要一台步进电动机就可以完成挤出功能，成本低廉。

而螺杆式喷头则是在辊轮作用下将熔融或半熔融的物料送入料筒，在螺杆和外加热器的作用下实现物料的塑化和混合作用，并由螺杆旋转产生的驱动力将熔融物料从喷头挤出，如图 8-21（b）所示。采用螺杆式喷头结构，不但可以提高成型的效率和工艺的稳定性，而且拓宽了成型材料的选择范围，大大降低了材料的制备成本和储存成本。

（2）运动单元

运动单元只完成扫描和喷头的升降动作，运动单元的精度决定了整机的运动精度。以 HTS-300 和 Rostock-Kossel 成型机为例进行动作分析。

如图 8-22 所示为 HTS-300 的外形结构。X 轴、Y 轴由伺服电机通过精密滚珠丝杠带动，在精密直线导轨上做直线运动；Z 轴则是由步进电机通过精密滚珠丝杠带动，在精密直线导轨上做直线运动。这个运动方式必须沿着直线轨迹运行，所以在喷头打印制品的时候，在所运动的直线上将会拉出很多的丝料出来，对制品的成型精度和外观有很大的影响。

如图 8-23 所示为 Rostock-Kossel 的外形结构。该机型的机械运动结构采用的是类 Delta 并联臂结构，类似于并联机床的结构，六个臂杆每两个一组构成平行机构，安装在滑块上，滑块靠步进电机带动，并且靠紧密直线光杆做导向。这种机构可以直接运动到某个点的位置上，而不需要像传统 FDM 成型机一样要一步一步地运动叠加。就是这种特殊的结构，使它具有自动踩点功能，能够自动收集点的信息，并自动校准热床平台。

（3）送丝机构

送丝机构的主要作用是为丝材提供足够大的驱动力，以克服高黏度熔融丝材通过喷嘴的流动阻力。FDM 装置是通过电动机带动驱动机构夹紧丝材进行送丝的，考虑到丝材的形状，送丝机构的设计必须满足类似于如图 8-23 所示的驱动轮系统。如果要求丝材在出丝过程中稳定可靠，就必须满足两个基本的条件：一是送丝驱动力要足够大；二是在驱动力满足的情况下，送丝机构本身要稳定可靠。

图 8-22　HTS-300 FDM 成型机

图 8-23　Rostock-Kossel FDM 成型机

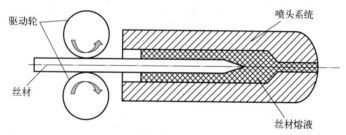

图 8-24　送丝驱动示意图

一方面，从图 8-24 可知，如果丝材的总阻力大于驱动力，就会出现丝材在两个驱动轮之间打滑的情况，这样就造成了打印喷头运动过程中无丝材挤出，从而出现无模型生成或者模型断层的情况。另一方面，如果想要在成型过程中保持较高的成型速度，就必须提高熔化丝材的挤出速度（即送丝速度）。熔化的丝材是靠未熔化丝材挤出的，所以，要提高熔化丝材的挤出速度，就必须要有足够的驱动力，只有驱动力大了，才能保证挤出压力，从而保证成型速度。

如图 8-25 所示为两种送料装置，图 8-25（a）为美国 Stratasys 公司开发的，该送料装置结构简单，丝料在两个驱动轮的摩擦推动作用下向前运动，其中一个驱动轮由电机驱动。由于两驱动轮间距一定，因此对丝料的直径非常敏感。若丝料直径大，则夹紧驱动力就大；反之，驱动力就小，并可能出现不能送料的现象。图 8-25（b）为颜永年等开发的弹簧挤压摩擦轮送料装置。该装置采用可调直流电机来驱动摩擦轮，并通过压力弹簧将丝料压紧在两个摩擦轮之间。两摩擦轮是活动结构，其间距可调，压紧力可通过螺母调节，这就解决了图 8-25（a）装置结构的问题。该送料装置的优点是结构简单、轻巧，可实现连续稳定地送料，可靠性高；送料速度由电机控制，并利用电机的启停来实现送料的启停。但由于两摩擦轮与丝料之间的接触面积有限，其产生的摩擦驱动力有限，从而使得送料速度难以提升。

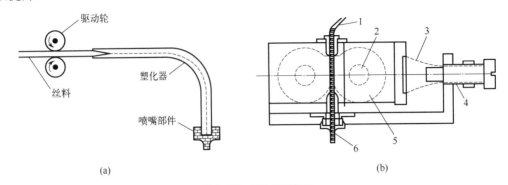

图 8-25　两种送料装置
1—丝料；2—可调直流电机；3—压力弹簧；4—螺母；5—摩擦轮；6—丝料出口

（4）温度控制系统

FDM 设备对温度的要求非常严格，需要控制三个温度参数，分别是喷头温度、工作台温度和成型室温度。成型材料的堆积性能、黏结性能、丝材流量和挤出丝宽度都与喷头温度有直接关系。工作台温度和成型室温度会影响成型件的热应力大小。温度太低，从喷头挤出的丝材急剧变冷会使得成型件热应力增加，这样容易引起零件翘曲变形；温度过高，成型件热应力会减小，但零件表面容易起皱。因此，工作台温度和成型室温度必须控制在一定的范围内。

温度控制系统主要由温度控制器及温度检测元件构成。温度控制器由热敏电阻、运算放大器、检测热电阻元件、小型继电器组成。温度控制器输入端的热敏电阻作为温度传感器，热检测元件接在其上。输出端是两个小型继电器，控制加热与停止。当温度传感器检测到温度的变化时会引起电压的变化，将运算放大器温度信号与所设置温度进行比较，当达到设置温度后会引发继电器断开，停止加热设备。温度检测元件主要是检测外界温度，并将所检测的温度以电信号的方式传递给温度传感器。温度传感器再将接收的信号经放大电路放大，通过 A/D（模数）转换电路将电信号转换成数字信号，通过功率放大电路放大后传送给热电偶，实现加热。热电偶可直接测量周围温度，并将温度转换成电信号向下传递。如图 8-26 所示为测温电路图。

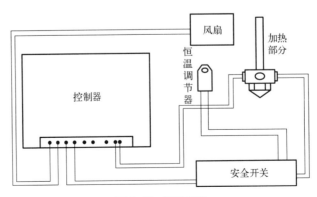

图 8-26　测温电路

8.4.2 熔融沉积成型典型设备

研究 FDM 装备生产的公司主要有 Stratasys 公司和 Med Modeler 公司。这种技术以美国 Stratasys 公司开发的产品制造系统应用最为广泛。Stratasys 公司于 1993 年开发出第一台 FDM-1650（台面为 250mm×250mm×250mm）机型后，先后推出 FDM-2000、FDM-3000 和 FDM-8000 机型。Stratsys 公司的 FDM 装备分为三个系列：Idea Series、Design Series 和 Production Series。其中，Idea Series 具有经济、快速、分辨率精细等特点，适合个人和小团体使用；Design Series 尺寸较大，其成型的部件可靠耐用，尺寸稳定，非常适合高强度的测试，缺点是中大型加工尺寸设备价格高，运行成本非常高；Production Series 可实现精简生产，兼具大型原型制作和灵活小批量生产精准零部件的功能。

国内 FDM 设备的研发机构主要是清华大学、华中科技大学、四川大学和西安交通大学。国内从事 FDM 设备开发的企业近几年来不断涌现。如杭州先临三维（HZXL）公司，其在 2013 年推出自主研发的 Einstart 系列 3D 打印机，其最新机型为 Einstart-L 型桌面 3D 打印机，它具有更大底盘空间，可满足更多"横向"打印需求；有全封闭金属框架打印舱，能稳固隔离电机运作律动音；0.1mm 打印层厚，质感已可媲美商用光固化成型设备等优点。又如北京太尔时代（BJTR）公司，其在 2009 年研制出桌面级打印机，并在 2010 年进军海外市场，其最新产品 UP mini2 最小分层达到 0.15mm，增加 WiFi 连接，可通过手机 APP（应用）控制打印机，并随时借助 APP 跟踪打印机的状态，内置空气过滤装置，能有效降低打印气味的排放。再如上海复志科技（SHFZ）公司，在 2021 年推出了 Raise 3D Pro3 系列打印机，采用了单边快切双喷头设计，具有独立的升降体系以及左右喷嘴独立的温控系统，能够实现不同成型温度要求的两种材料的成型，包括纤维类和陶瓷增强复合材料的打印。北京殷华（BJYH）公司以清华大学发明的冰模快速成型（IRP）工艺为基础，推出了具有四喷头装置的 Medtiss 设备，专门应用于人体组织工程。如表 8-2 所示为典型商业化 FDM 成型设备参数对比。

表 8-2 典型商业化 FDM 成型设备对比

公司	型号	外观图片	成型尺寸/(mm×mm×mm)	层厚度/mm	成型材料	精度/mm
Stratasys（美国）	Stratasys F270		305×254×305	0.127～0.330	PLA、ABS-M30、ASA❶	±0.2 或 ±0.02
	Stratasys F770		1000×610×610	0.178	ASA、ABS-M30、SR-30	±0.254；或 ±0.002 加 1 层高度

❶ ASA 为丙烯腈-苯乙烯-丙烯酸酯（acrylonitrile-styrene-acrylate）共聚物。

公司	型号	外观图片	成型尺寸 /(mm×mm×mm)	层厚度 /mm	成型材料	精度/mm
Stratasys （美国）	Stratasys F900		914×609×914	0.178～ 0.58	PLA、 ABS-M30 等	±0.0015～ 0.089
miniFactory Ultra （芬兰）	miniFactory ULTRA		330×180×180	0.15	PEEK、碳纤 维，TPI❶等	±0.1
SHYZ （上海远铸 智能） （中国）	FUNMAT PRO 610HT		610×508×508	0.1～ 0.3	PEEK、PEI❷、 PPSU❸等	—
BJTR （中国）	UP mini 2		120×120×120	0.15	ABS、PLA	—
SHFZ （中国）	Raise3D Pro3		620×626×760	0.01～ 0.25	PLA、ABS、 HIPS、碳纤维 增强材料等	—

8.5
熔融沉积成型典型应用

8.5.1　教育科研领域典型应用

建筑系的学生可以通过 FDM 对更加复杂的结构进行视觉鉴赏，生物科学研究人员则

---

❶ TPI 为热塑性聚酰亚胺。

❷ PEI 为聚醚酰亚胺。

❸ PPSU 为聚亚苯砜树脂。

能用 FDM 技术仿真人体解剖环境中的血管内支架。美国德雷赛尔大学的研究人员通过对化石进行 3D 扫描，利用 FDM 技术做出了适合研究的 3D 模型，不但保留了原化石所有的外在特征，同时还做了比例缩减，更适合研究。

8.5.2　建筑领域典型应用

利用 FDM 直接成型来自 CAD 和 BIM 数据的三维模型，迅速而低价地生产模型并产生多个副本，可以制造出任何复杂的表面和几何形状，分辨率高，效果更真实，方便对模型的部件和装饰效果开展交流，如图 8-27 所示。还可以对成型建筑模型做性能测试，让建筑师得以将试验仪器放入隧道中以衡量整个建筑模型不同部位的压力。

图 8-27　建筑模型

8.5.3　医疗领域典型应用

利用 FDM 快速制作出优质的三维模型和假体器官，能更好地获取病例信息，缩短手术用时，加强患者与医师之间的信息交流，改善患者的治疗效果。例如，矫形外科医生通常会使用导板，以确保在螺钉钉入骨头之前，就对螺钉进行精确定位。医生需要根据病人独特的解剖结构及手术过程，为病人量身定做小型的塑料导板。因为 FDM 制造系统可集成可消毒的生物相容性热塑塑料 PC-ISO，临床医生能够直接将打印导板用在病人身上。骨骼模型如图 8-28 所示。

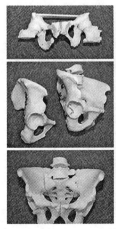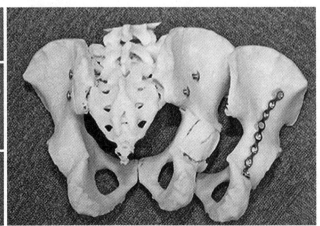

图 8-28　骨骼模型

8.5.4 其他领域典型应用

艺术的设计往往涉及较为复杂的三维结构，而 FDM 技术正是一种能将复杂的三维结构展现出来的一种制造技术，如图 8-29 所示为 FDM 打印的卡通动漫原型。

图 8-29　FDM 打印的卡通动漫原型

在艺术设计领域，往往离不开雕塑创作，但是传统雕塑耗时较长且步骤复杂，对艺术家的专业素质、手法、理念、原材料、工具等提出了较高的要求，因此雕塑创作的效率较低。而采用 FDM 技术就能很好地规避这一问题，在运用该技术制作雕塑的任一阶段，都能很好地规避风险、降低误差。如图 8-30 所示为采用 FDM 技术创作出的雕塑艺术品。

图 8-30　FDM 打印雕塑

8.6
本章小结

以丝材为成型原料的 FDM 技术通常采用加热的方式，将固体丝材加热到熔融态并挤出，进而由线-面-体的路径逐层沉积到工作平台上，并最终获得所需三维实体。FDM 技术出现较早，商业化程度高，主要用于高分子材料成型，是解决复杂几何形状复合材料构件一体化、高性能、高附加值、定制化制造的有效途径。该技术具有成本低、效率高等优点。

思考题

8.1　简述 FDM 的原理、工艺流程及其优缺点。

8.2　多喷头 FDM 装备优势体现在哪些方面？

8.3　影响 FDM 成型误差的因素有哪些？

8.4　FDM 的应用领域有哪些？

附录 1　扩展阅读

熔融沉积成型（fused deposition modeling，FDM），又称熔融挤出成型，由美国学者 Scott Crump 博士于 1988 年率先提出。这种工艺不采用激光，而是采用热熔挤压头的技术，整个成型系统构造原理和操作简单，维护成本低，运行安全，广泛应用在产品设计、测试与评估等方面。目前产品制造系统开发最为成功的公司主要是美国的 Stratasys 公司，Stratasys 公司从 1987 年开始研究 FDM 技术，1989 年制成第一台 3D Modeler 样机，经过两年的试用和完善，1991 年正式把改进型 FDM1000 投放市场，之后又先后推出了一系列的基于熔融沉积成型工艺的快速成型机，特别是 1998 年推出的 FDM Quantum 机型，采用了挤出头磁浮定位系统，可以独立控制两个喷头，其中一个喷头用于填充成型材料，另一个喷头用于填充支撑材料，因此其成型速度为过去的 5 倍，且最大成型体积为 600mm×500mm×600mm。

在国内，清华大学激光快速成型中心（CLRF）与北京殷华激光快速成型与模具技术有限公司进行了 FDM 工艺成型设备的研制工作，它们是国内较早从事熔融沉积成型设备及工艺研究开发的单位，研制推出了专门用于人体组织工程支架的快速成型设备 Medtiss，该设备以清华大学激光快速成型中心发明的低温沉积成型（LDM）工艺为基础，最多可同时装备 4 个喷头。该设备成型材料广泛，可成型 PLLA、PLGA 聚乳酸（LA）-羟基乙酸共聚物（GA）、PU（聚氨酯）等多种人体组织工程用高分子材料。成型的支架孔隙率高，贯通性好，在组织工程中有良好的应用前景。四川大学和华中科技大学正在研究开发可以成型粒状或粉状材料的螺杆式双喷头，以扩大成型原料的使用范围。

近年来，桌面级熔融沉积成型设备有了飞速发展，因其物美价廉，被很多教育单位、企业等选用。最具代表性的桌面级熔融沉积成型机品牌有 MakerBot 公司的 MakerBot Replicator 系列，3D Systems 公司的 Cube 系列，以及开源打印机 RepRap 系列等。

在 FDM 材料方面，熔丝线材料主要是 ABS、人造橡胶、铸蜡和聚酯热塑性塑料。1998 年澳大利亚的 Swinburne 科技大学研究了一种金属-塑料复合材料丝。1999 年 Stratasys 公司开发出水溶性支撑材料，有效地解决了小型中空结构以及复杂型腔中的支撑材料难以去除的难题，使得 FDM 工艺在成型具有复杂内部结构零件时，比无需外支撑的成型工艺诸如 SLS 和 3DP 更具优势。从 2003 年至今，Stratasys 公司为扩大 FDM 工艺在 RM（快速成型）领域的应用，先后推出 PC、PC/ABS、PPSF 等三种材料，使成型的零件可直接用作汽车仪表盘、电子产品外壳甚至塑料注塑模具等。根据 Stratasys 技术报告提供的数据,采用 PPSF 材料制造的注塑模具可生产 150 件 POM(聚甲醛)零件或者 201 件 PA 零件。此外,Stratasys 公司推出的工程塑料 ABS 有多种颜色,包括象牙白色、白色、蓝色、亮黄色、黑色、红色、橄榄绿色、深灰色、玫瑰红色,允许客户定制。

附录 2 相关软件介绍

在开源的 FDM 打印系统中,Repetier 是该开源系统的切片软件,功能模块更加专业,适合高阶用户。作为一体化解决方案,Repetier 可以提供多挤出机支持,最多 16 台挤出机,通过插件支持多切片机,并支持市场上几乎任何 FDM 3D 打印机。

Cura 由 3D 打印机公司 UltiMaker 及其社区开发和维护。Cura 本身源于开源,3D 打印切片软件是免费的,也是行业内普及率非常高的一款切片软件,早期国内很多 3D 打印厂商也在用 Cura 做切片功能。

第 9 章

其他非金属材料增材制造技术原理及应用

案例引入

如图 9-1 所示，生产汽车零部件时，传统汽车制造工艺基本流程包括：铸造、锻造、焊接、冷冲压、金属切削加工、热处理、装配等。过程复杂，周期长，适用于批量生产，后续仍需将零部件拼装成整体。实际上，有多种非金属增材制造技术可应用于汽车一体化成型，可以直接成型汽车发动机缸体、离合器等复杂零件。在整车造型、设计验证及性能测试、小批量试制零件，以及制造结构复杂的零件、多材料复合零件、轻量化结构零件等方面具有优势。本章将会详细介绍其他非金属增材制造技术原理及工艺特点（三维打印成型技术、墨水直写成型技术、分层实体制造成型技术），并且详细列出了三种工艺的典型应用，最后介绍了非金属材料制造的前沿新技术。

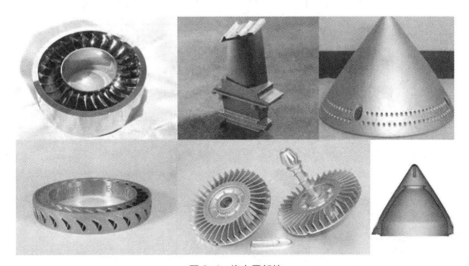

图 9-1 汽车零部件

学习目标

（1）掌握三维打印（3DP）成型、墨水直写（DIW）成型、分层实体制造（LOM）成型的基本原理及技术特点；

（2）了解其他非金属增材制造的典型应用案例；

（3）了解非金属增材制造前沿新技术的种类及含义。

知识点思维导图

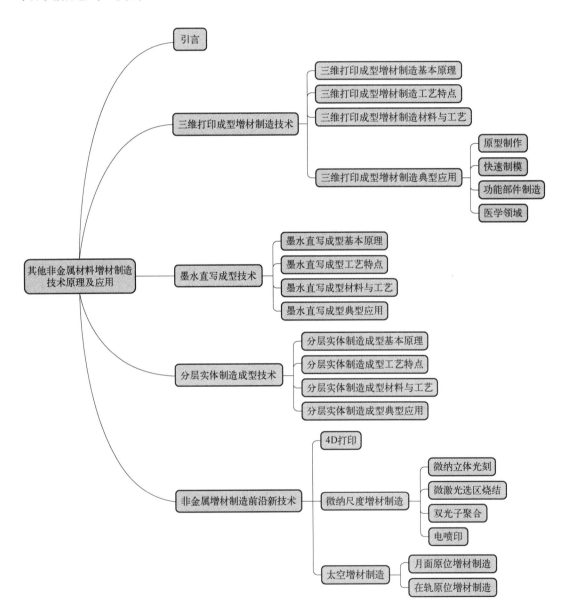

9.1
引言

在晶体结构上，非金属晶体结构远比金属复杂，具有比金属键和纯共价键更强的离子键和混合键。这种化学键所特有的高键能、高键强赋予了这一大类材料高熔点、高硬度、耐腐蚀、耐磨损、高强度和良好的抗氧化性等基本属性。非金属材料这些优点是金属材料所无法代替的，其应用变得越来越重要。

目前，常用于非金属材料的增材制造技术有：三维打印（3DP）、分层实体制造（LOM）、光固化成型（SLA）、激光选区烧结（SLS）、激光选区熔化（SLM）等。用于增材制造的非金属材料大多数为浆料和粉末状态，原材料处理是否得当直接关系到后续成型件的质量和性能，同时原材料的状态也间接决定了该使用何种增材制造技术。本章将介绍其他非金属材料增材制造技术原理及应用。

9.2
三维打印成型增材制造技术

黏结剂喷射打印（BJP）又称为三维打印（3DP，three-dimensional printing）成型技术，是最早开发的一种增材制造加工技术，由麻省理工学院 Sachs 等人于 20 世纪 80 年代末发明。该技术是一种基于粉末的自由成型制造方法，通过逐层喷射黏结剂实现成型，能够广泛应用于塑料、陶瓷、金属和铸造砂等材料。

9.2.1　三维打印成型增材制造基本原理

如图 9-2 所示，黏结剂喷射技术的加工原理是，首先铺粉辊利用自身的运动将粉末从

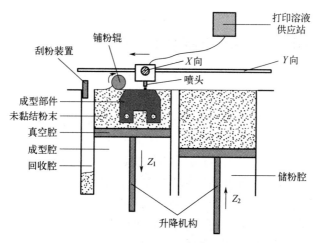

图 9-2　3DP 结构示意图

189

粉缸移至工作缸内，并铺设平整，然后喷头将黏结剂溶液按照加工件截面形状喷射到粉末上，喷有黏结剂处的粉末黏结在一起，一层的打印结束后，粉缸上升一个层厚，工作缸下降一个层厚，此时铺粉辊重复开始的运动，继续铺粉，然后进行下一层的打印，如此循环直至整个制件打印完成。未被喷射黏结剂的地方是干粉，在成型过程中可以起到支撑作用，并且成型结束后也很容易去除。

9.2.2　三维打印成型增材制造工艺特点

三维打印成型增材制造工艺的优点：

① 成型效率高　黏结剂喷射技术能在较短的时间内完成复杂结构的打印，这在快速原型制造和小批量生产中具有显著优势。

② 无需支撑　与一些其他的 3D 打印技术不同，黏结剂喷射技术通常不需要额外的支撑结构，这简化了后处理步骤并减少了材料浪费。

③ 打印材料范围广　黏结剂可以与多种不同类型的粉体材料相结合，包括金属、塑料、陶瓷等，这增加了该技术在不同行业中的适用性。

④ 材料利用率高　由于喷射过程精度较高，材料损失相对较少，这不仅降低了材料成本，也减轻了环境负担。

三维打印成型增材制造工艺的缺点：

① 喷头堵塞问题　在加工过程中，喷头有时会由于材料粒度或者黏结剂质量问题而堵塞，这会影响整个制程的稳定性和精度。

② 致密度和力学性能不佳　由于铺粉辊施加的压力有限，粉体间的黏结不够紧密，导致制品的力学性能和密度相对较低。

③ 有后处理需求　由于上述的密度和力学性能问题，打印出的制品通常需要额外的热处理或其他后处理步骤以提升其性能。

④ 外力作用下易溃散　如果未经适当后处理，制件在受到外力影响下很容易发生裂纹或者溃散，这限制了其在某些高负载或高压应用中的可用性。

⑤ 成本和可用性问题　高质量的黏结剂和专用的喷射设备可能增加整体成本，特别是对于大型组件或复杂结构的组件。

9.2.3　三维打印成型增材制造材料与工艺

黏结剂喷射技术的成型材料和应用领域范围极广，包括：原型制件应用材料，例如 PA 粉末、ABS 粉末、石膏粉末；模具应用材料，例如各种金属粉末、陶瓷粉末以及用于砂模铸造的各种砂粉、高性能 PA 等；快速制造应用材料，例如具有特殊性能的贵金属粉末、轻质金属粉末、高强度金属粉末、橡胶粉末、结构陶瓷粉末、功能陶瓷粉末等。同时在医学应用领域，主要可以成型各类药片的压片用原粉、干细胞溶液以及一些特殊功能并具有生物兼容性的结构材料粉末，而在微纳制造应用材料中，可以成型各类半导体制造中使用到的常规材料，包括金、铂、铜以及一些绝缘材料等。

理论上讲，任何可以制作成粉末状的材料都可以用 3DP 工艺成型，材料选择范围很广。目前此技术发展的最大阻碍就在于成型所需的材料，主要包括粉末和黏结剂两部分。

3DP 打印主要由机械运动系统、墨路系统、铺粉系统和控制系统四大部分组成，除此之外还包括结构部件、计算机软硬件等部分。机械运动系统主要包括铺粉辊 Y 向进给、铺粉辊转动、喷头部分（字车）X 向进给、工作缸 Z 向升降、粉缸 Z 向升降五个部分。墨路系统采用外置墨水瓶，再用导管与打印机的墨盒相连，能够源源不断地向墨盒提供墨水，且供墨量大，经济实惠。铺粉系统主要保障成型过程中工作打印平面的平整度，主要包括工作缸的粉末供给、工作缸成型深度上的粉末铺展、接粉桶的粉末回收几个部分。控制系统主要利用运动控制卡发出脉冲信号以及开关量信号，以实现伺服电机的启停、转向等，同时，用于检测元件位置的传感器信号和限位信号都由控制卡进行采集并传送到计算机程序中进行处理。

3DP 装备的实物图，如图 9-3 所示，为由惠普公司于 2022 年推出的 3D 打印机 Metal Jet S100，打印机采用了 6 个热喷墨打印头，能够以每秒 1200 点/in（1in=25.4mm）的分辨率精确地定位并喷射黏结剂液滴，在确保更大打印幅度的基础上，成型效率提高一倍以上。

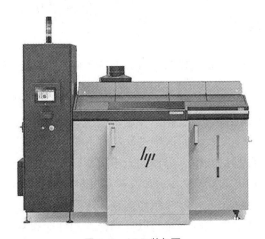

图 9-3　3DP 装备图

从三维打印技术的工作原理可以看出，其成型粉末需要具备成型性好、成型强度高，以及粉末粒径小、不易团聚、滚动性好、密度和孔隙率适宜、干燥硬化快等性质，可以使用的原型材料有石膏粉末、淀粉、陶瓷粉末、金属粉末、热塑材料或者是其他一些有合适粒径的粉末等。用于打印头喷射的黏结剂要求性能稳定、能长期储存、对喷头无腐蚀作用、黏度低、表面张力适宜且不易干涸，以达到流量正常挤出、喷头抗堵塞时间延长、低毒环保等效果。

在工艺上，黏结剂和粉末特性，如粉末填充密度、粒径、粉末流动性、粉末润湿性、层厚度、黏结剂液滴体积、黏结剂饱和度及干燥时间等参数，会对最终的制件质量产生很大影响。另外，喷头的喷射频率、运动速度、分辨率等也会对工艺过程有显著的影响。

9.2.4　三维打印成型增材制造典型应用

3DP 技术应用也十分广泛，下面主要介绍在原型制作、快速制模、功能部件直接制造、医学模型等领域的应用。

（1）原型制作

3DP 可以用于产品模型的制作，提高设计交流的能力，是强有力的与用户交流的工具，可以进行产品结构设计及评估、样品功能测评等。如图9-4所示，除了一般工业模型，3DP 也可以成型彩色模型，特别适合生物模型、产品模型、建筑模型及艺术创意等。此外，彩色原型制件可通过不同的颜色来表现三维空间内的温度、应力分布情况，这对于有限元分析有非常好的辅助作用。

彩图

图 9-4　彩色模型用于产品设计、建筑模型、有限元分析

（2）快速制模

3DP 技术可以用来制造模具，包括直接制造砂模、熔模，以及模具母模。采用传统方式制造模具，需要事先人工制模，而这个过程耗时占整个模具制作周期的 70%。采用 3DP 技术，可以实现铸造用砂型、蜡模、母模的无模成型，从而缩短生产周期、减小成本。可以制造出形状复杂、高精度的模具。如图 9-5 所示展示了维捷（voxeljet）公司采用 3DP 技术制造的砂型、蜡模。3DP 技术也能够制作出具有随形冷却水道的任意复杂形状模具，甚至在模具中构建任何形状的中空散热结构以提高模具的性能和寿命。

(a) 砂型制造　　　　　　　　　　　　(b) 蜡模制造

图 9-5　3DP 成型砂型及蜡模

（3）功能部件直接制造

直接制造功能部件是三维打印成型技术发展的一个重要方向。ProMetal 公司采用 3DP 技术，可以直接成型金属零件。采用黏结剂将金属材料黏结成型，成型制件经过烧结后，形成具有很多微小空隙的零件，对其渗入低熔点金属，就可以得到强度和尺寸精度满足要求的功能部件。

如图 9-6 所示为 ProMetal 公司采用此方法直接制造出来的工艺品。可以采用类似的工艺制造陶瓷材料的功能部件，如采用 Ti_3SiC_2 陶瓷成型的功能部件，具有高的导热率和导电率，可用于柴油机或者航空制造领域。

采用 3DP 技术制成的具有内部孔隙的过滤器，如图 9-7 所示，可用于电厂、汽车尾气处理等方面，具有优良的吸附性能。

图 9-6　金属艺术品

图 9-7　陶瓷过滤器

（4）医学模型

3DP 可以用于假肢与植入物的制作，利用模型预制个性假肢，提高精确性，缩短手术时间，减少病人的痛苦。此外，3DP 制作医学模型可以辅助手术策划，有助于改善外科手术方案，并有效地进行医学诊断，大幅度减少术前、术中和术后的时间和费用，其中包括上颌修复，膝盖、骨盆的骨折，脊骨的损伤，头盖骨整形等手术，给人类带来巨大的利益。在 3DP 打印器官模型的帮助下，许多罕见而复杂的手术得以顺利完成。医生可以在医疗成像扫描结果的基础上制作出患者心脏的解剖学模型，并使用该模型掌握外科医生或将在手术中面临的状况。华盛顿大学的心脏病专家博士 Peter Manning，根据医学影像数据，利用 3D Systems 公司生产的全色彩 3DP 设备为 20 月大儿童心脏手术创建的彩色 3D 打印心脏模型，如图 9-8（a）所示，整个手术历时 2.5h，医疗团队顺利完成了手术。

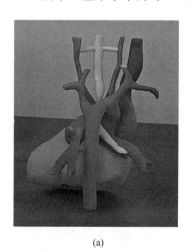

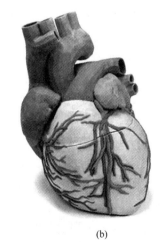

彩图

（a）　　　　　　　　　　　　　　　　（b）

图 9-8　彩色 3D 打印心脏模型

9.3
墨水直写成型技术

墨水直写（direct ink writing，DIW）成型是一种增材制造技术，通过控制流体墨水的沉积来构建三维结构。这种基于挤压的增材制造技术，有助于在中观和微观尺度上制造具有复杂结构和成分的 3D 结构。在这个过程中，作为黏弹性墨水的材料通过沉积喷嘴一层一层地挤出，在计算机控制的平移台上构建支架和其他 3D 几何形状。挤压后，3D 结构固化，生成所需特征和属性的结构。通常 DIW 也称为 Robocasting，可分为两类：液滴和连续油墨挤出。

9.3.1 墨水直写成型基本原理

如图 9-9 所示为墨水直写打印工艺示意图，打印墨水通常储存在点胶管中，技术人员选择并安装合适的喷嘴，打印墨水由压缩空气驱动从点胶管中挤出成型。在这种情况下，墨水可以连续地以丝状而不是液滴的形式挤出喷嘴。此外，装满墨水的点胶管的移动路径是由控制器预先设置的。因此，墨水直写技术可以很容易地制造各种复杂的二维图案或三维结构。打印过程中使用的喷嘴直径为几十微米到几百微米。二维图案可以用小直径喷嘴挤出打印；连续逐层打印可用于制作三维物体。打印完成后，得到的图案或结构通常在溶剂蒸发、化学变化（如聚合物交联）或自然冷却的作用下彻底固化。

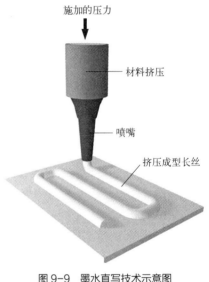

图 9-9 墨水直写技术示意图

DIW 技术的核心在于通过喷嘴挤出流体墨水，并按需在基板上沉积成层。整个工作机制可以分为三个主要阶段：

① 墨水制备 制备适合 DIW 的墨水是关键。墨水需要具备特定的流变学特性，以保证在挤出和沉积过程中能够流动，同时在沉积后能够迅速固化，保持形状。这通常涉及将材料溶解或分散在液体介质中，形成均匀的悬浮液或溶液。

② 墨水挤出与沉积 墨水通过喷嘴挤出，并在基板上按预定路径沉积。喷嘴通常由精密控制系统驱动，能够按照计算机辅助设计（CAD）模型进行精确移动。挤出速度和喷嘴与基板之间的距离是关键参数，直接影响打印精度和结构的稳定性。

③ 墨水固化与成型 墨水沉积后需要迅速固化，以保持结构的形状。固化机制可以是物理固化（如溶剂挥发、温度变化）或化学固化（如光固化、热固化、化学反应）。固化后的材料应具有足够的机械强度和稳定性，以支持后续层的沉积。

流变学特性是 DIW 墨水成功挤出和沉积的关键。理想的 DIW 墨水应具备以下特性：

墨水在高剪切速率下应表现出较低的黏度，以便通过喷嘴顺利挤出。墨水应在低剪切应力下具有较高的弹性模量，以确保在沉积后迅速固化，形成稳定的结构。同时，墨水的黏性模量应足够低，以避免沉积过程中产生过多的流动。墨水在沉积后应迅速从液态转变为固态。这可以通过物理或化学固化机制实现。

9.3.2　墨水直写成型工艺特点

DIW 的关键特性是能够更自由地定制油墨，以良好的精度在中观和微观尺度上打印 3D 结构。包括喷嘴尺寸和打印速度在内的机器参数影响打印精度和分辨率（x-y 层 100～1200μm，z 层 100～400μm，最小特征尺寸≈500μm）。通常，直径较小的喷嘴可以提高打印分辨率；然而，更大的挤压压力和更长的构建时间将需要避免喷嘴堵塞。同样，较低的打印速度通常会带来更好的形状公差和保真度，尽管它会延长打印时间。印刷工艺的独特之处在于它在室温下挤出连续细丝的能力，因为印刷能力不依赖于温度，而是取决于油墨的流变特性。因此，优化油墨的流变组成对 DIW 至关重要，这可以通过各种方式实现，例如油墨的化学改性，添加流变改性剂、填料等。一旦油墨离开喷嘴，在最终沉积之前，它并不是完全静止的；相反，墨丝在一定程度上经历弯曲和拉伸。油墨的拉伸程度可以通过调整挤出速率（材料挤压）和打印速度（打印头运动≈5～50mm/s）之间的比例来控制。油墨沉积后，固化发生自然或辅助外部过程，如溶剂蒸发、凝胶化、溶剂驱动反应、热处理和光固化。

如图 9-10 所示为墨水直写成型工艺特性，主要有六点。

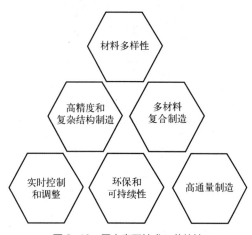

图 9-10　墨水直写技术工艺特性

① 材料多样性　DIW 技术能够处理多种材料，包括聚合物、陶瓷、金属和生物材料等。相比其他增材制造技术，DIW 不需要高温熔融或复杂的烧结过程，因此在材料选择上具有更大的灵活性。这一特点使 DIW 能够满足从电子器件到生物医疗的多种应用需求。

② 高精度和复杂结构制造　DIW 技术能够实现高精度和复杂结构的制造。通过精确控制挤出速度、打印路径和喷嘴与基板之间的距离，可以构建微米级的精细结构。这对于制造微电子器件、微流体系统和复杂几何形状的零件尤为重要。

③ 多材料复合制造　DIW 技术可以在同一过程中使用多种材料，制造复合结构。通过多喷嘴系统或分步打印，可以将不同材料按需沉积在同一零件中，从而实现功能集成和性

能优化。例如,在打印电子器件时,可以同时沉积导电材料和绝缘材料,形成完整的电路。

④ 实时控制和调整 DIW 技术具有实时控制和调整的能力。通过调整打印参数(如挤出速率、打印速度和温度),可以在打印过程中实时优化打印质量和结构性能。这种灵活性使 DIW 技术能够适应各种复杂和变化的制造需求。

⑤ 环保和可持续性 DIW 技术在环保和可持续性方面也具有优势。由于 DIW 不需要高温处理或有毒溶剂,材料利用率高,废料少,因此对环境的影响较小。此外,DIW 技术还可以使用可再生和可生物降解材料,进一步提升其环保性能。

⑥ 高通量制造 结合 DIW 技术可以同时进行多喷头打印,高通量制造在复杂结构的制造过程中具有很强的优势。

9.3.3 墨水直写成型材料与工艺

各种材料的 DIW 具有截然不同的性能,可以导致复杂的工艺机制。然而,通过仔细控制油墨成分、流变行为、打印参数、最终的 3D 几何形状和打印设置,可以用各种具有重要和复杂特征的材料构建结构。聚合物、陶瓷、金属等主要材料及其分类,如图 9-11 所示,推动了 DIW 在不久的将来成为当前制造工艺的前沿之一。

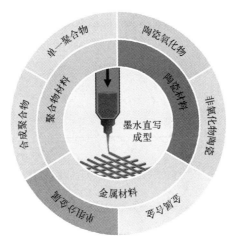

图 9-11 墨水直写技术主要材料及其分类

如表 9-1 所示为墨水直写技术材料分类情况。

表 9-1 墨水直写技术材料分类

材料分类	材料类型	材料物质
聚合物材料	合成聚合物	颗粒增强复合材料、纤维增强复合材料、生物聚合物复合材料
	单一聚合物	热固性材料、热塑性塑料、弹性材料、生物高分子材料
陶瓷材料	陶瓷氧化物	氧化铝 Al_2O_3、氧化钛 TiO_2、氧化锆 ZrO_2、氧化钇稳定氧化锆 YSZ、钇铝石榴子石 YAG、钛酸钡 BTO
	非氧化物陶瓷	碳化硼 B_4C、氮化硅 Si_3N_4、碳化硅 SiC、碳化氧硅 SiOC、碳化钛铝 Ti_2AlC

续表

材料分类	材料类型	材料物质
陶瓷材料	生物陶瓷	硅酸钙、硅酸钙锌、磷酸钙
	陶瓷基复合材料	—
金属材料	单组分金属	钛、镁、铜、锡、铁、锆、镍、钨、银
	金属合金	铜铁合金、铜镍合金、钨镍合金、钨铜合金、钛铝碳化物、钛硼碳化物
	液态金属	钛、镁、铜、锡、铁、锆、镍、钨、银
其他材料	玻璃材料	石英砂、硼砂、硼酸、重晶石、碳酸钡、石灰石、长石、纯碱
	水泥材料	硅酸盐、普通硅酸盐、矿渣硅酸盐、火山灰质硅酸盐、粉煤灰硅酸盐、复合硅酸盐
	石墨烯材料	

（1）聚合物材料墨水直写

大量的聚合物材料可以通过 DIW 打印。合成聚合物（颗粒增强复合材料、纤维增强复合材料、生物聚合物复合材料）和单一聚合物（热固性材料、热塑性塑料、弹性材料、生物高分子材料）的 DIW 在众多工程领域都显示出巨大的应用前景。DIW 技术与其他聚合物增材制造技术（如 FFF、SLS 和 SLA）有些不同，因为前体聚合物油墨，无论是热塑性、热固性、弹性体还是复合材料，都可以在室温下通过精细的喷嘴挤出，而不需要在沉积之前或沉积过程中熔化、激光选区烧结或额外地黏合。因此，虽然其他技术受到打印聚合物类型的限制，但 DIW 却没有。聚合物材料是 DIW 技术中最常用的材料之一。聚合物墨水通常包含单体或低聚物，通过光固化、热固化或化学交联等方法进行固化。聚合物墨水在挤出过程中应具备低黏度和高流动性，以保证顺利通过喷嘴。同时，在沉积后应能够迅速固化，形成稳定结构。聚合物墨水可以通过多种方法进行固化，包括紫外光固化、热固化和化学交联。每种方法均适用于不同的应用场景和材料类型。通过调整聚合物墨水的成分和固化条件，可以实现不同的力学性能和功能特性。例如，使用热固性聚合物可以获得高强度和高耐热性结构，而使用柔性聚合物可以制造柔性电子器件。

（2）陶瓷材料墨水直写

陶瓷，通常由氧化物、氮化物和碳化物组成，由于其高的强度、热稳定性、生物相容性、电绝缘性以及优异的耐磨损和耐腐蚀性而广受欢迎。这些材料在结构、电子、光子和生物医学领域得到了广泛的应用。其中很多应用需要复杂的架构，跨越从几微米到几毫米不等的多个长度尺度。

传统的陶瓷制造工艺，包括注射成型、模压成型、胶带铸造或凝胶铸造，在产生复杂结构方面受到限制。此外，由于其固有的脆性、硬度和较高的熔化温度，在传统的加工过程中会产生裂纹和热梯度等缺陷，导致性能变差和结构破坏。传统技术还存在处理时间较长的问题。

与其他打印技术相比，DIW 实现了更简单、更便宜和更快的制造过程。使用 DIW，可以制造具有高纵横比墙壁的独立陶瓷结构，而无需支撑，这是其他 3D 打印技术无法实现的。使用这种技术可以制造出大量复杂的陶瓷结构，从密集的整体部件到多孔支架和陶瓷基复合材料。主要使用的陶瓷材料有：陶瓷氧化物（氧化铝 Al_2O_3、氧化钛 TiO_2、氧化锆 ZrO_2、氧化钇稳定氧化锆 YSZ、钇铝石榴子石 YAG、钛酸钡 BTO）、非氧化物陶瓷（碳化硼 B_4C、氮化硅 Si_3N_4、碳化硅 SiC、碳化氧硅 SiOC、碳化钛铝 Ti_2AlC）、生物陶瓷（硅酸钙、硅酸钙锌、磷酸钙）、陶瓷基复合材料等。

（3）金属材料墨水直写

主流的金属 3D 打印技术包括激光选区熔化（SLM）、电子束熔化（EBM）、激光工程近净成型（LENS）和 SLS。这些过程通常涉及高能光束烧结粉末。然而，这些技术需要惰性环境，特别是对于活性金属，如钛、镁及其合金。由于高能光束系统和严格的环境条件，打印设备和相应的维护成本都很高。另一个缺点是需要昂贵的球形粉末。DIW 是一种有广泛应用前景的制造 3D 金属结构的技术。金属材料在 DIW 技术中的应用主要集中在导电线路和结构部件的制造方面。

金属墨水通常包含金属纳米颗粒或液态金属，固化后通过烧结或氧化层形成稳定结构。金属材料具有优异的导电性能，适用于制造电子器件和导电线路。金属材料的力学强度和稳定性使其适用于制造承载结构和耐用部件。金属墨水可以通过烧结、氧化层形成等方法进行固化，适应不同的制造需求。应用于 DIW 技术的金属材料包括：单组分金属（钛、镁、铜、锡、铁、锆、镍、钨、银）、金属合金（铜铁合金、铜镍合金、钨镍合金、钨铜合金、钛铝碳化物、钛硼碳化物）、液态金属等。

（4）其他材料墨水直写

玻璃是一种非晶固体，由于其光学性能、绝缘性、耐久性、硬度以及化学和热稳定性好而被广泛应用。因此，各种玻璃基结构已经成功地开发使用增材制造技术，如熔融长丝和激光辅助长丝工艺。然而，其中一些技术需要精确控制温度且需花费高昂的费用来确保结构的稳定性。另一方面，DIW 已被证明是一种更可行的技术，可以在分辨率和性能可控的情况下获得更广泛的成分和更高的设计自由度。

水泥是结构和/或建筑应用中应用最广泛的材料之一。增材制造技术，如"混凝土打印"和"轮廓打印"，已经用于大型水泥基结构的建造。然而，生产具有机械响应特性的水泥基结构，需要应用微型高分辨率打印技术。DIW 的高度控制性和灵活性能为复杂几何形状的水泥提供高分辨率打印功能。因此，近年来，水泥基材料的 DIW 受到越来越多的关注。

石墨烯具有优异的力学性能、化学稳定性、高导热性和导电性等特性，比表面积大，不仅是 3D 结构的理想增强材料，其工业用途还被从电池电极领域扩展到传感器、超级电容器和催化领域。因此，DIW 与石墨烯基材料打印的结合在低成本制造应用中具有巨大的潜力。然而，原始石墨烯不能转化为可印刷的油墨，因为单个原子层之间存在强烈的范德华引力，阻碍了它们在水溶液或其他常见溶剂中的分散。解决这个问题的一种方法是添加聚合物黏结剂，以提高石墨烯浆料的可印刷性。然而，引入这种黏结剂会阻塞印刷结构的活性表面积，从而恶化电气性能等。虽然这个问题也可以通过引入导电黏结剂如聚苯乙烯磺酸盐、聚（3，4-乙烯二氧噻吩）来解决，但它们的数量有限。

9.3.4　墨水直写成型典型应用

DIW 技术在多个领域展示了其独特的应用价值，包括电子、医疗、航空航天和食品工业等。

（1）电子领域

在电子领域，DIW 技术被广泛用于打印导电线路、天线和其他电子器件。使用导电墨水（如银纳米颗粒墨水）可以打印出高导电性和高精度的电子元件。在电子元件与器件的制造方面，DIW 技术以其高精度和灵活性，实现了导电线路、电极等关键部件的精确打印。这不仅简化了传统制造工艺的复杂流程，还提高了产品的性能和可靠性。如图 9-12 所示，是导电墨水在多种界面上绘制柔性电路的示意图及所绘制的柔性电路。

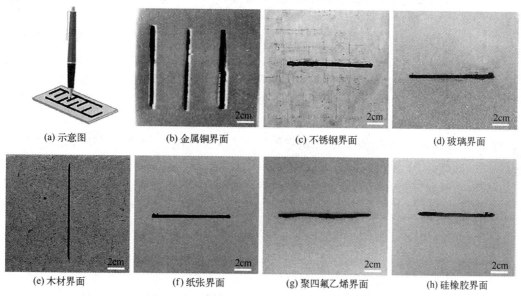

(a) 示意图　　(b) 金属铜界面　　(c) 不锈钢界面　　(d) 玻璃界面

(e) 木材界面　　(f) 纸张界面　　(g) 聚四氟乙烯界面　　(h) 硅橡胶界面

图 9-12　导电墨水多种界面上绘制柔性电路的示意图及所绘制的柔性电路

DIW 技术还能够打印出三维电子结构，如三维集成电路，为电子设备的集成度提升和性能优化开辟了新途径。DIW 技术通过打印柔性电子材料，成功制造出了具有优异柔韧性和可拉伸性的电子器件，如柔性显示屏、柔性传感器等。这些器件不仅为可穿戴设备提供了更加舒适、贴合的佩戴体验，还极大地丰富了设备的功能和应用场景。在微纳电子领域，DIW 技术同样展现出了其独特的优势。通过优化打印参数和墨水配方，该技术能够精确打印出纳米线、纳米点等微纳结构，为电子器件的性能提升和功能拓展提供了有力支持。此外，DIW 技术还可用于三维集成电路的制造，通过打印具有特定功能的电子元件和互联线路，构建出具有更高集成度和性能的三维电路结构。更为重要的是，DIW 技术为电子领域的新材料开发提供了广阔的平台。研究人员可以通过打印具有特殊性能的墨水材料，如功能性聚合物、复合材料等，探索新的电子元件和器件的制造方法。这些新材料不仅具有优异的电学、力学和化学性能，还能够赋予电子产品更多的功能和特性，推动电子技术的不断创新和发展。

（2）医疗领域

DIW 在医疗领域的应用正以前所未有的深度和广度改变着传统医疗模式。该技术凭借其高精度、多材料兼容性和灵活的设计能力，为组织工程、药物研发、个性化医疗以及医疗设备制造等多个方面带来了显著的创新与突破。

在组织工程领域，DIW 技术通过精确控制生物墨水的流动与沉积，能够直接打印出具有复杂结构和生物活性的三维组织模型。这些模型不仅可用于疾病模型的建立、药物筛选与评估，还为再生医学领域提供了定制化的组织修复与替换方案。例如，科学家已经利用 DIW 技术成功打印出血管、软骨、骨骼等组织，为临床治疗提供了全新的可能性。

在药物研发方面，DIW 技术促进了药物的个性化设计与生产。通过打印技术，研究人员可以精确控制药物的剂量、释放速率和靶向性，从而开发出更加安全、有效的药物产品。此外，DIW 技术还可用于制备智能药物载体，如微针贴片，实现无痛、微创的经皮给药，为患者提供更加便捷、舒适的治疗体验。

个性化医疗是 DIW 技术在医疗领域的另一重要应用方向。该技术能够根据患者的具体病情和需求，定制化制造医疗设备和治疗方案。例如，通过 DIW 技术打印出的个性化植入物可以精确匹配患者的解剖结构，提高手术的成功率和患者的康复速度。同时，该技术还可以用于制备个性化药物，针对患者的遗传背景、疾病类型和病情严重程度进行精准治疗。

在医疗设备制造领域，DIW 技术同样展现出了巨大的潜力。该技术能够打印出具有复杂形状和功能的柔性电子传感器、生物传感器等医疗设备，为医疗监测、诊断和治疗提供更加精准、便捷的工具。这些设备可以贴附在人体表面或植入体内，实时监测患者的生理信号和数据，为医生提供重要的诊断依据和治疗参考。通过优化支架的结构和材料，可以提高组织再生的效率和质量。通过 DIW 技术制造的个性化医疗器具，如牙科植入物、骨骼修复器具等，可以根据患者的具体需求进行定制，提高医疗效果和舒适度。图 9-13 展示了 DIW 技术在心血管问题中应用的解决方案。

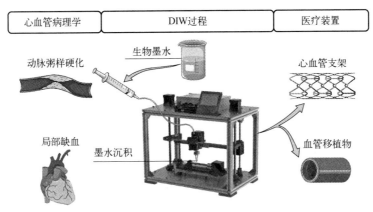

图 9-13　DIW 技术在心血管问题中应用的解决方案

（3）航空航天领域

在航空航天领域，DIW 技术被用于打印高性能热固性聚合物和复合材料。这一前沿技术不仅推动了航空航天材料科学的进步，还极大地促进了飞行器设计与制造的革新。

在航空航天领域，对材料性能、结构设计和制造工艺的要求极为严苛。DIW 技术以其独特的优势，满足了这些严苛要求。首先，DIW 技术能够精确控制高黏度液体或固液混合浆料的挤出过程，实现复杂三维结构的直接打印。这使得设计师能够创造出传统制造技术难以实现的复杂几何形状,进而优化飞行器的气动性能和结构强度。DIW 技术在材料选择上的灵活性为航空航天领域带来了更多可能性。通过调整墨水的成分和配方,可以打印出具有特定性能的材料,如轻质高强度的复合材料、耐高温的陶瓷材料以及具有特殊电学、磁学或光学性能的功能材料。这些新型材料的应用,不仅减轻了飞行器的重量,提高了其燃油效率,还增强了飞行器的环境适应性和任务执行能力。

如图 9-14 所示,在航空航天领域具有很大潜力的 Ti-6Al-4V 组件,通过 DIW 技术成功制造出来。在航空航天领域的应用还促进了快速原型制作和定制化生产的发展。通过快速打印出飞行器的关键部件或原型机,可以大大缩短设计周期和降低生产成本,加速新产品的开发和上市速度。同时,DIW 技术还支持小批量、多品种的定制化生产,满足航空航天领域对个性化、差异化产品的需求。

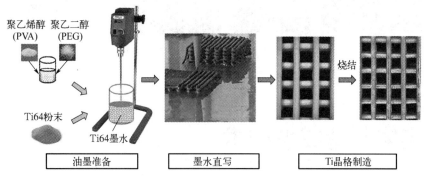

图 9-14　通过 DIW 技术成功制造航空航天 Ti-6Al-4V 组件

(4)食品工业领域

DIW 技术在食品工业中的应用也取得了显著进展。研究人员利用 DIW 打印出了多种食品材料和结构,包括巧克力、果冻和营养强化食品等。这些应用不仅展示了 DIW 在食品设计和加工中的潜力,还为个性化营养和新颖食品的开发提供了新的思路。

通过 DIW 技术,可以将食品成分精确分配,实现个性化的营养需求,同时还能制作出外观新颖、结构复杂的食品产品。通过 DIW 技术精确控制食品成分的分配,可以制造符合个体营养需求的定制食品,提升食品的营养价值和健康效益。利用 DIW 技术可以打印出复杂形状和独特口感的食品,如巧克力雕塑、果冻建筑等,为食品工业带来了新的创意和市场机遇。

DIW 在食品加工行业的应用虽然不像在电子或医疗领域那样直接,但其独特的精准控制和材料灵活的性能却为食品创新、个性化定制以及高效生产提供了新的思路。该技术可以通过精确控制食品级"墨水"(如糖浆、巧克力、果酱等可食用材料)的流动与沉积,实现复杂图案、精细纹理和三维结构的打印。这不仅提升了食品的外观吸引力,还满足了消费者对食品多样化和个性化的需求。例如,在烘焙领域,DIW 技术可以打印出精美的蛋糕装饰,使每一款蛋糕都成为独一无二的艺术品;在糖果制造中,该技术则能创造出形状各异、色彩缤纷的个性化糖果,为消费者带来全新的味觉与视觉体验,如图 9-15 所示。

此外,DIW 技术还有助于食品营养成分的精准控制,通过打印不同成分的材料层,实现营养素的均衡分布，为健康食品的开发提供了技术支持。随着技术的不断发展和食品安全的严格监管，DIW 技术在食品加工行业的应用前景将更加广阔，必会为食品产业的创新发展注入新的活力。

彩图

图 9-15　DIW 在食品加工领域的应用举例

9.4
分层实体制造成型技术

分层实体制造（laminated object manufacturing，LOM）成型是快速成型制造的一种，它采用板材为成型材料，以激光按照 CAD 分层模型所获数据切割板材，板材之间在热熔胶和热压辊的压力和高温下进行熔化黏结，反复逐层切割-黏结-切割制造原型，直至整个零件模型制造完成。

9.4.1　分层实体制造成型基本原理

1984 年，Michael Feygin 提出了分层实体制造成型方法，并于 1985 年组建了 Helisys 公司，1992 年推出了第一台商业成型系统 LOM-1015。除 Helisys 公司外，日本的 KIRA 公司、瑞典的 Sparx 公司以及新加坡的精技（集团）有限公司等也一直从事 LOM 工艺的研究与设备的制造。华中科技大学快速制造中心于 1991 年开始研究快速成型技术，并于 1994 年成功开发了薄材叠层快速成型系统样机——HRP-1。

典型的 LOM 过程，如图 9-16 所示，由原材料存储及送进机构、热黏压机构、激光切割系统、可升降工作台和数控系统等组成。

LOM 成型过程中，片材表面会被涂覆上一层热熔胶，加工时，片材受到加热辊的热量与压力使其与下面已成型的工件进行黏结。激光在刚黏结的新层上切割出零件截面轮廓和工件外框，并在截面轮廓与外框之间的区域内切割出上下对齐的网格。其激光切割原理为：对于常用的纸张、塑料薄膜、复合材料薄片，利用高能量密度的激光束加热薄材，在短的时间内使其气化，形成蒸气，在材料上形成切口，继而切割薄材，如图 9-17 所示。而对于金属片材，则是通过高能量密度的激光束加热薄材，使得金属薄片熔化，形成切口，继而切割薄材。

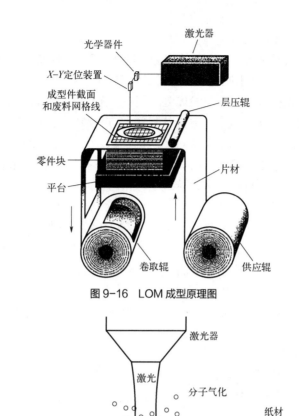

图 9-16　LOM 成型原理图

图 9-17　激光切割原理图

　　每次切割完成后，如图 9-18 所示，利用工作台使单层板材的厚度降低，与带状片材分离。供料机构运转收料轴和供料轴，使料带移动，从而使另一片材向前一沉积层的顶部推进。待工作台上升到加工平面后施加热量和压力，将新层与前一层黏合。激光切割轮廓后，重复该过程，直到整个组件或零件完成。

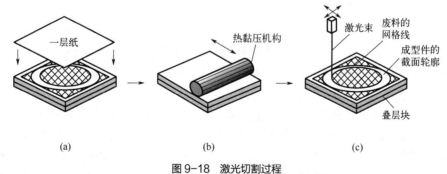

图 9-18　激光切割过程
（a）工作台下降、送纸；（b）热黏压；（c）切割轮廓线和网格线

9.4.2　分层实体制造成型工艺特点

　　与其他方法相比较，LOM 技术在空间大小、原材料成本、加工效率等方面独特的优点，

得到了广泛的应用，具体表现为：

① LOM 技术在成型空间大小方面的优势　LOM 工作原理简单，一般不受工作空间的限制，从而可以采用 LOM 技术制造较大尺寸的产品。

② LOM 技术在原材料成本方面的优势　相对于 LOM 技术，其他加工系统都对其成型材料有相应的要求，如 SLA 技术需要液体材料并且材料需要可光固化，SLS 技术要求较小尺寸的颗粒形粉材，FDM 技术则需要可熔融的丝材。这些成型原材料不仅在种类和性能上有差异，而且价格上也各不相同。从材料成本方面来看，FDM 技术和 SLA 技术所需的材料价格较高，SLS 技术的材料价格比较适中，相比较而言 LOM 技术的材料最为便宜，用纸质原料还有利于环保。

③ LOM 技术在成型工艺加工效率方面的优势　相对于其他快速成型技术，LOM 以面为加工单位，因此这种加工方法有最高的加工效率。由于 LOM 工艺只需要在片材上切割出零件截面的轮廓，而不用扫描整个截面，因此成型速度快，易于制造厚实的大型零件。

④ 其他优势　成型时间较短，激光器使用寿命长，制成件有良好的力学性能，适合于产品设计的概念建模和功能性测试零件。且用纸张作原料的成型件，由于制成的零件具有木质属性，特别适合于直接制作砂型铸造模。

但 LOM 技术仍具有如下缺点：

① 有激光损耗，维护费用昂贵。

② 可以应用的原材料种类较少，尽管可选用若干原材料，但目前常用的还是纸，其他还在研发中。

③ 打印出来的模型必须立即进行防潮处理，纸制零件很容易吸湿变形，所以成型后必须用树脂防潮漆涂覆。

④ LOM 技术很难构建形状精细、多曲面的零件，仅适用于结构简单的零件。

⑤ 制作时，加工温度过高，容易引发火灾，需要专门的人看守。

⑥ 由于片材厚度的膨胀和尺寸偏差，控制零件 Z 方向的精度比较困难。

⑦ 由于在层状结构中使用了胶水，零件的力学性能和热性能不均匀。

9.4.3　分层实体制造成型材料与工艺

LOM 成型材料一般由薄片材料和黏结剂两部分组成，薄片材料根据对原型件性能要求的不同可分为：纸片材、金属片材、陶瓷片材料、塑料薄膜和复合材料片材。用于 LOM 纸基的热熔性黏结剂按基体树脂类型分类，主要有乙烯-乙酸乙烯酯共聚物（EVA）型热熔胶、聚酯类热熔胶、PA 类热熔胶或其混合物。

目前 LOM 基体薄片材料主要是纸材。此材料由纸质基底和涂覆的黏结剂、改性添加剂组成，材料成本低。基底在成型过程中始终为固态，没有状态的变化，因此翘曲变形小，最适合中大型零件的成型。在 Kinergy 公司生产的纸材中，采用了熔化温度较高的黏结剂和特殊的改性添加剂，用这种材料成型的制件坚如硬木且表面光滑。一些材料能在 200℃ 下工作，制件的最小壁厚可达 0.3～0.5mm，成型过程中只有很小的翘曲变形，即使间断性地进行成型也不会出现裂缝，成型后工件与废料易分离，经表面涂覆处理后不吸水，有良好的稳定性。作为纸基黏结剂的热熔胶是一种可塑性的黏结剂，在一定温度范围内其物理状态随温度改变而改变，而化学特性不变。分层实体打印的一个重要问题是翘曲问题，而黏结剂的选择往往对零件的翘曲与否有着重要的影响。

在 LOM 成型过程中，通过热压装置作用使得材料逐层黏结在一起，形成所需的制件。因此每一层之间的黏结是 LOM 工艺的重要组成部分。LOM 对于基体薄片材料要求是厚薄均匀、力学性能良好并与黏结剂有好的涂挂性和黏结能力。用于 LOM 的黏结剂通常为加有某些特殊添加组分的热熔胶，对性能有如下要求：

① 良好的热熔冷固性能（室温固化）；

② 在反复"熔融-固化"条件下其物理化学性能稳定；

③ 熔融状态下与薄片材料有较好的涂挂性和涂匀性；

④ 足够的黏结强度；

⑤ 良好的废料分离性能。

材料品质的优劣主要表现为成型件的黏结强度、硬度、可剥离性、防潮性能等。

LOM 技术的轮廓切割工艺使用标准白色聚乙酸乙烯酯（PVAc）胶水处理的 A4 纸张。由于这种胶水会使纸张起泡，因此设计了一种基于微滴的特殊涂层系统来克服这个问题，选择性地将黏结剂喷洒在零件轮廓区域，而在不属于零件的区域，液滴密度较低，易于清理。图 9-19 所示的 Matrix 300 型机器工作速度快，可提供约 0.1mm 层厚。如果使用彩色纸，则可以对零件进行着色。为了获得零件的彩色结构，必须按正确的顺序手动归挡。

彩图

图 9-19　Mcor Matrix 300 机器与彩色纸制部件

除了纸片材外，也有研究学者结合流延成型将 LOM 工艺用于多孔陶瓷片材的增材制造，如图 9-20 和图 9-21 所示，主要工艺如下：采用流延工艺将陶瓷浆料刮涂在具有空间交错网格的聚乙烯有机网格布中得到坯体片材，随后利用 LOM 工艺装置对坯体片材进行切割，从而得到目标片材，对所得目标片材进行高温烧结，除去坯体内部的有机网格骨架，最终获得具有特定网格结构的多孔陶瓷。该工艺的优点在于，所得材料的孔隙结构可由有机物网格进行控制；根据有机物网格丝材直径，可以进行孔隙直径控制，通过有机物线的编织方式，可以进行孔隙排布控制；而且由于丝材结构特点，在烧结后留下的孔隙相连通。因此，采用基于有机网格骨架陶瓷坯体片材的叠层实体工艺可以进行可控结构孔隙多孔陶瓷制备。

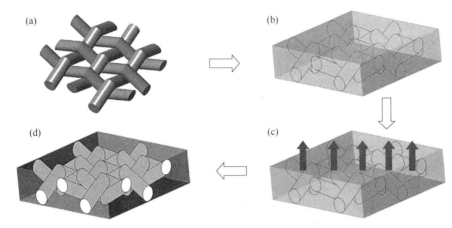

图 9-20　基于 LOM 制备多孔陶瓷示意图
（a）材料；（b）生坯；（c）烧结；（d）成孔

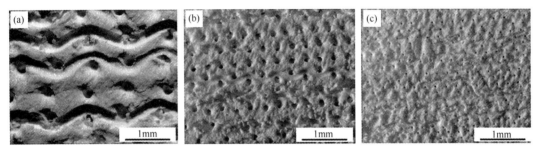

图 9-21　基于 LOM 工艺制备的多孔陶瓷微观图

LOM 技术的一般工艺流程如图 9-22 所示。

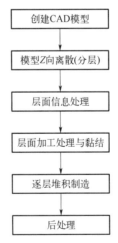

图 9-22　LOM 技术的一般工艺流程

　　图 9-22 中 CAD 模型的构建与一般的 CAD 建模过程没有区别,许多三维软件如 Pro/E、UG、Inventor、Catia 等均可完成这样的任务。利用这些软件建模后,将三维模型转化成易于对其进行分层处理的三角面片造型格式,即 STL 格式。模型 Z 向离散（分层）是一个切片的过程,它将 STL 格式的 CAD 模型横切成一系列具有一定厚度的薄层,得到每一切层的

内外轮廓等几何信息。层面信息处理就是根据分层处理后的层面几何信息,识别层面内外轮廓特性,生成成型工作的数据代码,以便成型机的激光对每一层面进行精确加工。层面加工处理与黏结就是将新的切割层与前一层进行黏结,并根据生成的数控代码,对当前成型面进行加工,包括对当前成型面进行截面轮廓切割以及网格切割。逐层堆积制造是指当前层与前一层黏结且加工结束后,使零件下降一个层面,送纸机构送上新的纸,成型机再重新加工新的一层,如此反复,直到加工完成。后处理是对成型机加工完的制件进行必要的处理。

9.4.4　分层实体制造成型典型应用

LOM 工艺不仅适用于纸张,也适用于涂有聚乙烯等黏结剂的塑料和金属层压片。如图 9-23 所示是 Solido 公司研制并由南京紫金立德电子有限公司生产的 SD300 Pro 型成型机,这种成型机也属于 LOM 成型机,采用的成型材料是厚度为 0.15mm 的 PVC(聚氯乙烯)塑料薄膜(在熨平机内涂胶),用刻刀在塑料薄膜上刻写成型件的截面轮廓线,用笔尖粗细不同的 3 支除胶笔涂覆解胶剂,以便消除轮廓线外胶水的黏性。如图 9-24 所示为该设备的成型件。

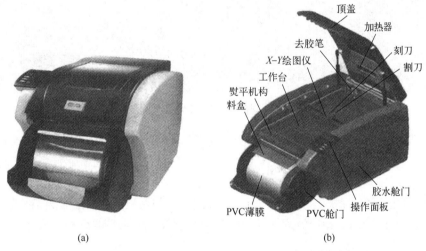

(a)　　　　　　　　　　　　　(b)

图 9-23　南京紫金立德电子有限公司生产的 Solido SD300 Pro 型成型机

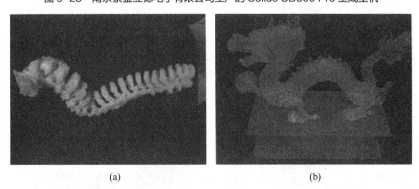

(a)　　　　　　　　　　　　　(b)

图 9-24　Solido SD300 Pro 型成型机的成型件
(a)人体脊柱;(b)龙

如图 9-25 所示为 Fabrisonic 公司生产的 LOM 成型机,如图 9-26 所示为成型用的金属箔片和金属制件。

图 9-25　Fabrisonic 公司生产的 LOM 成型机

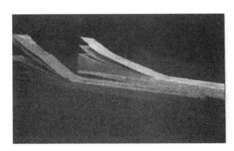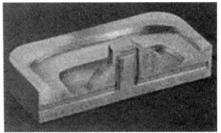

图 9-26　LOM 成型用的金属箔片和金属制件

　　这种成型方法是片层成型、超声波金属缝焊与 CNC（computer numerical control，计算机数控）铣削复合的方法。零件从下到上构建，每一层级包含几个金属箔片，使用 CNC 铣削方法切割。一个可转动的超声波焊极沿着金属箔片（100～150μm 厚度）的长度运动，通过可转动的超声波焊极施加一个正压力，金属箔片与基板或前一层金属箔片紧紧连接在一起，如图 9-27 所示。超声波焊极以 20kHz 频率和设置的振动幅度横向振动，沉积一层

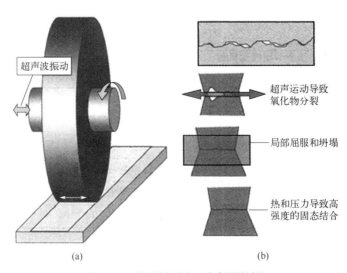

(a)　　　　　　　　　　　　(b)

图 9-27　超声波振动与压合金属件过程
（a）超声波振动；（b）压合金属件过程

金属箔片后，另外一层金属箔片沉积在上面，四层金属箔片被称为一个层级，沉积一个层级后，CNC 铣削头铣削其轮廓，轮廓可以是垂直的，也可以是曲面或都是有角度的表面。上述加工过程反复进行，将一张张金属箔片压合成金属件。该工艺允许用于制作致密的铝制部件，这些部件可以用于制作集成传感器。

该工艺不仅可以制造不同的材料，包括钛、钢、铜和镍，还可以实现组合，因此，也可实现制造梯度模量能量吸收材料（GMEAM），这将使材料的抗冲击性得到巨大的改善，如图 9-28 所示。

图 9-28　钛铝高能吸收结构

9.5
非金属增材制造前沿新技术

9.5.1　4D 打印

随着增材制造技术水平的不断发展，其包含的内容愈来愈丰富，比如 3D 打印（3DP）、快速成型（RM）、直接数字化制造（direct digital manufacturing）等，它们均被统称为"增材制造技术"。直至 2013 年，4D（四维）打印的概念首次被提出，人们认为传统 3D 打印的局限性应该被打破，因此在原本空间三方向维度的基础上增加了新的"时间维度"，共同组成"四维"。从这时开始，4D 打印技术正式被纳入增材制造技术的范围内。

9.5.1.1　4D 打印概念

在 2013 年的 TED（Technology，Entertainment，Design）大会上，美国麻省理工学院（Massachusetts Institute of Technology，MIT）的教授做了一个演示：将一个用 3D 打印机制造出的软长圆柱体放入水中，随后它将自动折成如图 9-29 所示的"MIT"字母缩写形状。这便是 4D 打印技术的起源，而 4D 打印技术的概念被定义为"3D+时间维度"，具体而言即环境刺激（如温度、湿度、pH、磁场等）使得材料随着时间的推移而自驱动发生形状变化，可见其关注点在于构件形状的变化。同时人们认为 4D 打印是对智能材料进行 3D 打印。

图 9-29 4D 打印"MIT"缩写

随着 4D 打印方面的研究和成果越来越多，其概念和内涵也不断深化和演变。2016 年，华中科技大学的史玉升教授集结国内相关权威专家，于武汉市召开了中国第一届 4D 打印技术学术研讨会，进一步丰富了 4D 打印技术的概念。他们认为：增材制造构建的形状、性能及功能均可以在外界预定的环境刺激（如温度、湿度、水、光源、pH、磁场等）下，随时间发生改变。该次大会提出的概念有利于 4D 打印技术从现象演示走向实际应用，使"4D"的范畴更加宽泛，内涵更加丰富。

人们在后续的研究中发现，以往的 4D 打印概念仍具有一定程度上的局限性。结合最新的研究成果和专家研讨，目前最新的 4D 打印技术概念又发生了如下几个变化：不应局限于智能材料，还可以是非智能材料；在构件上的某特定位置可以预置各种信号；构件的改变应不仅仅局限于随着时间维度变化，还可以随空间维度而变化；这些改变都具有可控性。在未来，4D 打印技术仍会不断更新和进步，其概念和内涵也将进一步升华。4D 打印与 3D 打印的区别如图 9-30 所示。

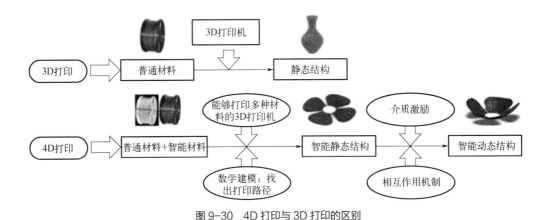

图 9-30 4D 打印与 3D 打印的区别

9.5.1.2 4D 打印变形原理

目前已经实现的 4D 打印变形如图 9-31 所示，主要有线性变形（拉伸和收缩）、弯曲、螺旋和扭曲，它们的变形原理有相似点但又不完全相同，接下来逐一进行分析。

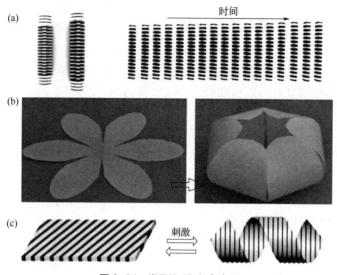

图 9-31　常见的 4D 打印变形
（a）线性变形（拉伸和收缩）；（b）弯曲变形；（c）螺旋和扭曲变形

（1）线性变形（拉伸和收缩）

众所周知，增材制造技术是通过逐层堆积而达到成型效果的，因此在各层之间结合界面处或多或少会存在位差，该处的缠结网格与晶体密度均会低于材料本身，这就使得该技术的充填结构间会存在间隙，最终导致增材制造制成的构件会呈现出各向异性的力学性能。因此，当整体材料同时包含刚性材料和膨胀材料时，材料发生线性变化成为可能。当结构受到激励环境时，通过调整膨胀材料和刚性材料的比例，便可以控制拉伸长度而完成线膨胀。

（2）弯曲

对于具有自弯曲特点的构件，主要是通过双层结构（活性材料和刚性材料）发生应变时产生的应变差来实现弯曲。具体而言可以分为两种弯曲方法：第一种是使活性材料收缩从而造成弯曲，源于形状记忆材料的残余应力释放；第二种则是使活性材料膨胀从而造成弯曲。以形状记忆聚合物（shape memory polymer，SMP）为例。首先将 SMP 材料通过 3D 打印机熔融，热熔丝在挤出机的作用下挤出，再冷却，并固化至基底或上一层。在其快速的温度循环（加热/迅速冷却）过程中，内应力和内应变会被储存在材料中，并且这种储存是可长期存在的。最后控制温度即可实现弯曲：当温度低于玻璃化转变温度（T_g）时，SMP链无法恢复；当温度高于 T_g 时，SMP 链恢复且储存的应变释放，复合结构完成弯曲。

（3）螺旋和扭曲

通过 4D 打印技术制造可扭曲结构主要有两种途径：第一种是由单层表面内应力而引起的扭曲行为，也就是仅仅由拉伸造成的；第二种是表面应力/残余应力和层压复合材料层间几何/弹性失配而引起的扭曲行为，因此它由拉伸和弯曲驱动。具有各向异性的纤维结构是完成扭曲结构的基础，以引入了纤维素或液晶基元的复合打印材料为例，当它们被喷嘴挤出后，纤维素和液晶基元产生剪切诱导排列，沉积纤维在环境的激励作用下就会显示出各向异性的力学性能。典型例子为加入了纤维素的水凝胶便具备了各向异性的膨胀能力。

（4）其他复杂变形

当两个或两个以上弯曲形式以不同方向存在，或者不同变形同时存在时，就会耦合成更加复杂的变形。在三维空间复杂形状的设计中，通常使用平均曲率和高斯曲率共同对形状进行控制，即用局部某一定值的曲率来代替某一范围内的曲率。因此，局部弯曲点的数量越多，变形后的形状就越接近预期形状，精度就越高。

9.5.1.3　4D 打印成型材料分类

在整个 4D 打印领域中，工艺层面上似乎与 3D 打印具有异曲同工之处，而合理的材料设计和应用对于实现 4D 打印智能构件形状、性能和功能的可控变化显得更为关键。4D 材料本身的性能特点也很大程度上决定着 4D 打印构件的智能行为、服役能力和应用领域。

（1）按照材料对环境激励的反应特性分类

主要分为两种，分别是形状改变材料和形状记忆材料。形状改变材料是指材料的形状在受某个环境条件激励后会立刻发生改变，当激励被移除后，这种材料又会立刻恢复原状。而形状记忆材料是指该材料在环境条件激励下会变形为一个临时形态，而在另一个合适的环境条件激励下又变回初始形状，如图 9-32 所示为形状记忆材料的变形过程。

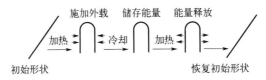

图 9-32　形状记忆材料的变形过程

（2）按照物理化学属性分类

主要可分为以下三种：高分子及其复合材料、金属及其复合材料、陶瓷及其复合材料。接下来对三者分别进行介绍：

① 高分子及其复合材料　具有价格低廉、密度低、成型工艺简单等优点，部分还具有良好的生物相容性和生物可降解性，因此已成为 4D 打印领域应用最广泛的材料。根据4D 打印材料的激励机制，目前 4D 打印高分子及其复合材料主要包括水响应型、热响应型、磁响应型和光响应型高分子及其复合材料：

水响应型高分子及其复合材料：吸水后能发生膨胀的亲水性高分子及其复合材料是目前最常用的水响应型 4D 打印材料。这类高分子及其复合材料本身并不具有智能特性，但通过对其溶胀行为的编码设计却可以实现水作用下的可控变形。该复合材料构件的变形原理是：当放入水中时，亲水性高分子材料发生膨胀，从而带动与之连接的刚性高分子材料发生折叠变形；当与邻近的刚性高分子材料相接触时会产生阻力使变形停止，材料稳定在新的形状；改变亲水性高分子材料和刚性高分子材料的形状、位置和比例可实现对材料折叠变形角度和方向的调控。

热响应型高分子及其复合材料：这是一类能够在温度作用下恢复到初始形状的智能材料。凭借其独特的热响应型形状记忆效应和价格低廉、可打印性好、输出应变大、密度低、变形编程设计简单等诸多优点。热响应型形状记忆高分子及其复合材料通常由记忆初始形状的固定相和能够随温度变化发生可逆固化和软化反应的可逆相组成。固定相为具有较高软化温度（T_h）的物理交联结构或化学交联结构，可逆相为具有较低软化温度（T_s）的物理交联结构。其形状记忆原理是：将具有一定初始形状的热响应型形状记忆高分子材料加热至可逆相的软化温度区间时（$T_s < T < T_h$），可逆相软化；通过外力作用将材料变形后，保持应力并将材料冷却至 T_s 以下，可逆相硬化，变形后的临时形状保持下来；当再次将材料加热至 T_s 以上时，可逆相软化，固定相在回复应力的作用下回复，从而使材料恢复到初始形状。

磁响应型高分子及其复合材料：目前 4D 打印磁响应型高分子复合材料的主要设计及制备方法是在高分子及其复合材料基体中嵌入分立磁体或加入磁性颗粒。在外加磁场作用下，该材料的不同区域可以对磁荷实现不同的响应，从而产生特定的形变。

光响应型高分子及其复合材料：可在光作用下发生化学或物理反应，从而实现形状、性能和功能变化的智能材料。

② 金属及其复合材料　金属及其复合材料一般具有更为优良的力学性能，可实现承载变形、变性、变功能等智能变化的多功能集成。目前 4D 打印金属及其复合材料主要包括之前所说的形状记忆合金及其复合材料。在现有形状记忆合金中，NiTi 基形状记忆合金的形状记忆效应和超弹性最好，且具有高的回复应力和驱动能量密度、优良的耐蚀性能和生物相容性，因此已成为目前 4D 打印领域研究最广、应用最多的形状记忆合金。相较于 NiTi 基形状记忆合金，Cu 基形状记忆合金价格低廉。同时，Cu 基形状记忆合金还具有较好的形状记忆效应和超弹性、优良的导热和导电性，目前也处于研究热潮之中。

③ 陶瓷及其复合材料　陶瓷具有稳定的物理化学性质、优良的耐磨和耐腐蚀性、优良的电绝缘性质。但是传统陶瓷材料的脆性比较大，这会导致成型后难以实现变形可控。然而通过特制的自动拉伸装置将弹性基体拉伸，可以产生预应力。之后可在预拉伸的弹性基体中打印所需结构，当预应力释放后，则可以使所需结构发生变形。

9.5.1.4　4D 打印应用

目前增材制造技术的成熟度还不及传统的金属加工技术，如铸造、焊接、锻造、切削、粉末冶金等，但是 4D 打印技术是材料、化学、机械、生物、计算机及其他多种技术高度交叉而成的技术，在智能制造中占有重要地位。目前，4D 打印技术已经实现在很多领域的实际应用，并且在未来具有广泛的应用前景。

如表 9-2 所示为 4D 打印技术的应用，以及它们的激励环境和成型技术。

表 9-2　4D 打印应用

序号	作者	材料	激励环境	成型技术	应用
1	Mao 等	SMP 和水凝胶	水	PolyJet	巴基球
2	Ge 等	SMP	热	SLA	智能夹持器
3	Bakarich 等	水凝胶	20℃和60℃的水	FDM	冷热水可控智能阀
4	Kokkinis 等	SMP	磁场	FDM	智能钥匙锁接头
5	Leist 等	SMP	加热	FDM	智能纺织品
6	Zarek 等	SMP	人体体温	SLA	腔内装置气管支架

续表

序号	作者	材料	激励环境	成型技术	应用
7	Jamal 等	聚乙二醇双层膜	人体体温下的水介质	SLA	辅助胰岛素生产装置
8	Yamada 等	液晶弹性体、聚乙烯薄膜	光	—	柔性履带
9	Gladman 等	水凝胶	变温水	DIW	复杂仿生花卉
10	Michael 等	NIH/3T3 纤维细胞和 HaCaT 角质形成细胞	小鼠内环境	LABP（激光辅助生物打印）	小鼠皮肤替代品
11	Zhang 等	SMP	光和热	SLA	Miura-Ori 结构
12	Miao 等	SMP	人体体温	SLA	自适应支架
13	Malachowski 等	SMH（形状记忆复合水凝胶）	热	SLA	药物洗脱装置
14	Momeni 等	SMP、银铬	热	FDM	智能太阳能聚光器
15	Zarek 等	导电银浆、SMP	热	SLA	智能温度传感器
16	Wang 等	微生物沉积物	湿度	BioPrint（欧莱雅细胞生物打印）	智能跑步服
17	Wang 等	明胶-纤维素复合膜	水	XPrint	自变形食物
18	Wei 等	Fe_3O_4、SMP	热	DIW	自膨胀血管内支架
19	Momeni 等	SMP	热	FDM	智能风力机叶片
20	Cabrera 等	SMP	人体体温	FDM	心脏支架
21	Zhu 等	PDMS（聚二甲基硅氧烷）/Fe 复合油墨	磁场	DIW	仿生蝴蝶
22	Meyer 等	α，ω-PTHF（聚四氢呋喃）-DA（二胺）树脂	38℃	SLA	血管支架
23	Yang 等	SMP	光	FDM	向日葵
24	Zarek 等	SMP	热	SLA	动态钻戒

（1）生物医学

在 4D 打印技术出现前，增材制造技术就已被证明其在生物和医学上有巨大前景，而 4D 打印的提出也让其更加迅速地发展。对于智能植入生物支架、辅助生产激素装置、人工皮肤和皮肤替代物等生物产品的制造，4D 打印有着尤为明显的优势。比如在心脏瓣膜手术中，通过微创植入的 4D 打印技术制备的心脏支架，该支架以收缩的形式进入身体并向心脏传输，其具有随时间变化的特性，到达指定位置后会展开至预先设计的形状，从而对心脏起到支撑作用。再如管道（如气管、血管等）支架，这些管道极其纤细和脆弱，难以承载常规支架在其内部流动，而 4D 打印的具有智能变化的支架在管道中先以较小的姿态流通，待到达目标位置后再进行扩张，这样能够大大减小病人的生命危险。对于皮肤种植，利用 4D 打印技术，可使纤维细胞和角质细胞在 11 天后和原皮肤边界紧密地生长在一起。在人体内部进行药物的释放和装载方面，利用 4D 打印技术打印出的包裹着药物的花瓣形载体结构，在完成药物释放后该载体能够被人体进行消化吸收。

各种细胞材料和高分子材料在 4D 打印技术的支持下具有极大的发展前景。

（2）航空航天

3D 打印技术无需模具，可以通过层层叠加材料的方法直接造出任意形状的复杂构件，减轻结构重量，同时还能够减少工序，缩短生产周期，大大降低成本，一直以来都广泛应用于航天航空领域，例如中国的歼-15、歼-20 战机、美国国家航空航天局（NASA）进行探月行动的飞行器、火箭零件等，均用到这种技术。而基于 3D 打印技术的 4D 打印技术让航空航天领域有了更加宽泛的发展空间，其形状、性能、功能的可控性在智能变形飞行器、人造卫星天线、柔性执行器、航空功能变形件等智能构件的制造中具有很大优势。在航空方面，智能变形飞机的概念最先由 NASA 提出，该飞机的形状可随不同飞行环境的刺激而变化，从而以该环境中性能最优异的形态飞行，同时还能降低飞行成本。而在航天方面，4D 打印技术可用于制造人造卫星上的天线网络，这需要用到一种具有变形回复特点的形状记忆合金（shape memory alloy，SMA）。SMA 的典型代表为 NiTi 合金，通过 4D 打印技术，合金在发射过程的低温环境中揉成团，在到达太空并因受到太阳光辐射而导致升温后，便能恢复成原本网状天线模样。目前我国对 4D 打印在航空航天领域发挥的作用十分重视，未来 4D 打印技术也定会为人类带来更多令人佩服的航空航天成果。

（3）仿生学应用

仿生是模仿生物系统的功能和行为，来建造技术系统的一种科学方法。它打破了生物和机器的界限，将各种不同的系统沟通起来。比如现代的飞机、极地越野汽车、雷达系统的电子蛙眼、航海的声呐系统、航空建造工程的蜂窝结构、人工肾及人工心脏等，都是仿生学下的产物。人类可以通过 4D 打印技术来进行仿生研究。例如，通过 4D 打印技术可以制造一种无需外部传感器和执行器的太阳能聚光器，其想法来源于自然界中某些花朵昼夜间的状态差异。这种智能聚光器可根据一天中阳光照射的角度和强度自行变化。与传统非智能的双曲线聚光器相比，其总光能收集效率能够提高 25%以上。再如，利用聚乳酸和活性材料，通过 4D 打印技术，可以制得具备光响应形状记忆能力的人造向日葵。当有光源作为刺激并持续一段时间后，向日葵的花瓣会自动由闭合状态变为张开状态，十分类似于现实中真正向日葵的开花过程。软体机器人也是 4D 打印技术在仿生领域的典型应用之一，其思路在于模仿自然界中的软体动物。比如在 2014 年，哈佛大学（Harvard University）研究人员使用 4D 打印技术将高弹性硅胶材料制成了仿海星机器人，其不仅具有超多自由度和连续变形能力，还能够利用压缩空气为自己提供运动驱动力。

9.5.2　微纳尺度增材制造

微纳制造技术是指尺度为毫米、微米和纳米量级的零件，以及由这些零件构成的部件或系统的设计、加工、组装、集成与应用技术。传统"宏"机械制造技术已不能满足这些"微"机械和"微"系统的高精度制造和装配加工要求，必须研究和应用微纳制造的技术与方法。微纳制造技术是微传感器、微执行器、微结构和功能微纳系统制造的基本手段和重要基础。微纳制造包括微智造和纳制造两个方面，分别针对微米级和纳米级零件的制造，但由于传统的制造工艺在零件材料、结构复杂程度等方面受限，阻碍了传统工艺在微纳尺度上的应用和发展。微纳尺度增材制造是增材制造在微纳米尺度上应用的技术。与传统制造技术相比，增材制造技术独特的自下而上的逐层制造特点，不论是在材料的使用范围方面还是零件的复杂程度上，都表现出了传统制造技术所无法达到的显著优势，因此，将微纳制造与增材制造相结合，成为了设计和制造微纳尺度功能器件的最优选择技术之一。

在电子学、光子学、仿生学、计算机和信息技术中，对生产微观和纳米尺度物体的方法和结果有很高的需求，然而，它们的应用主要局限于制造二维结构。从平面微纳米结构向具有功能优势的三维结构过渡的必要性和必然性早已被普遍认识。因此为了满足这方面的需求，微纳尺度增材制造技术的发展是势在必行的。复杂的三维微纳结构在微纳机电系统、生物医学、组织工程、新材料、新能源、高清显示、微流控器件、微纳光学器件、微纳传感器、微纳电子、生物芯片、光电子、印刷电子等领域有着巨大的工业需求。然而，现有的各种微纳制造技术无论在技术上还是在生产率、成本和材料等方面都难以满足工业应用对高效、低成本批量制造复杂三维微纳结构的需求。三维复杂微纳结构（特别是大面积复杂三维微纳结构）的高效低成本批量制造一直被认为是一个国际难题，也是国际学术界和产业界的研究热点和亟待解决的瓶颈问题。

微纳尺度 3D 打印在复杂三维微纳结构、高深宽比微纳结构和复合（多材料）材料微纳结构制造方面具有很高的潜能和突出优势，而且还具有设备简单、成本低、效率高、可使用材料种类广、无需掩模或模具、直接成型的优点。微纳尺度 3D 打印被 *MIT Technology Review*《麻省理工技术评论》列为 2014 年十大具有颠覆性的新兴技术。世界各地的研究者针对微纳尺度的 3D 打印已开发出了多种工艺，其中具有代表性的几项技术主要为微纳立体光刻、微纳激光选区烧结、双光子聚合和电喷印等。

9.5.2.1 微纳尺度增材制造工艺

在上文中已经介绍了微纳尺度增材制造的基本概念，下面将从几种典型的制造工艺入手对微纳尺度增材制造进行更加全面的阐述。

（1）微纳立体光刻

立体光刻（光固化成型）是最早流行起来的增材制造方法之一，其利用光致聚合实现结构成型，由 CharlesHull 于 1986 年申请专利。该工艺过程是通过单光子吸收引发的聚合，光束在光刻胶中衰减迅速，能量难以深入到内部，只能在表面起到固化的作用，因此需要先通过控制光斑位置及液面高度来逐层固化，然后将待加工的 3D 器件按照不同高度切片，进而分层打印。在加工每一层时，通过振镜等光学元件控制光束斑点在光刻胶液面上移动，这样由点及线、由线及面。在完成单层切片后，降低升降台高度，使已完成的切片浸入光刻胶中，继续上一层切片的加工，这样逐层累加，可实现 3D 器件的增材打印。

微纳立体光刻是在光固化成型技术的基础上发展起来的一项新型微细加工技术，与传统的光固化成型工艺相比，微纳立体光刻采用尺寸更小的激光光斑，使材料在极小的范围内产生光固化反应。其根据成型层固化方式的不同分为扫描立体光刻技术和面投影立体光刻技术。

扫描立体光刻技术原理如图 9-33（a）所示。扫描立体光刻通过点对点或线对线的方式对光聚合物进行固化，根据每层的数据使激光光斑按指定路径逐点扫描固化。这种方式的加工效率较低且成本较高，因此，在扫描立体光刻的基础上开发出了面投影立体光刻技术，通过一次曝光可以直接完成一层的固化，大大提高了加工效率。

面投影立体光刻技术原理如图 9-33（b）所示，它利用分层软件对三维的 CAD 数字模型按照一定的厚度进行分层切片，每一层切片均被转化为位图文件，每个位图文件均被输入到动态掩模，根据显示，在动态掩模上的图形每次曝光，即固化树脂液面一个层面。与扫描微立体光刻相比，面投影微立体光刻具有成型效率高、生产成本低的突出优势，已经被认为是目前最有前景的微纳加工技术之一。

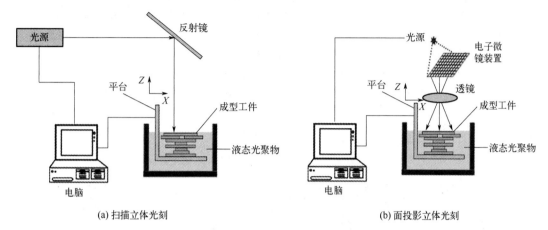

(a) 扫描立体光刻　　　　　　　　　　　　(b) 面投影立体光刻

图 9-33　微纳立体光刻原理图

（2）微激光选区烧结

微激光选区烧结（micro selective laser sintering，MSLS）是使用高温激光或者电子束有选择性地熔化金属粉末并最后黏结成微米尺度金属制品的一种快速成型方式。由于激光聚焦直径有限，普通 SLS 系统还不能制造尺寸小于 500μm 的微构件，因此想要获得高精度的微结构金属制品则需要更精密的结构和更细的金属颗粒。微激光选区烧结是在传统 3D 打印 SLS 工艺基础上由德国科学家开发的一种微米尺度 3D 打印技术，通过采用亚微米的粉末材料、圆柱形涂层刮刀，以及可调谐固体激光器（调制脉冲），实现金属、陶瓷等材料微米尺度结构的制造，原理如图 9-34 所示。

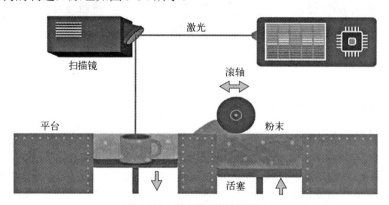

图 9-34　激光选区烧结原理图

与光固化成型类似，微激光选区烧结中激光能量在粉末状材料中的衰减迅速，只能烧结粉末状材料的表面。工作台上有两个活塞，一侧活塞盛放粉末状材料，另一侧活塞盛放待加工的 3D 器件，激光可以通过振镜系统照射到工件侧活塞的不同位置，由点及线、由线及面地完成每一层粉末状材料的烧结。需要加工新的一层时，工件侧活塞带动待加工的

3D 样品及周围未烧结的粉末状材料下降，留出新一层的空间；底部活塞上升提供新的粉末状材料，由刮刀送到工件侧并铺平，待加工的 3D 样品上铺平新的一层粉末状材料，再进行下一层的加工。重复送料、烧结的过程，直至完成 3D 样品的加工。由于粉末本身就具有支撑的作用，激光选区烧结无须考虑支撑结构。

与传统 SLS 工艺相比，微激光选区烧结所制造的结构其分辨率和粗糙度都提高了一个数量级。各种金属材料（Al、Ag、Cu、Mo、Ti、W、80Ni20Cr、WCu、不锈钢材料等）都可以被使用，分辨率已经达到 15μm，表面粗糙度 Ra 达到 1.5μm，深宽比达到 300，烧结材料的相对密度高于 95%。对于陶瓷材料，最高分辨率达到了 50μm。

微激光选区烧结技术为个性化、功能整合和小型化的需求提供了解决方案：该技术的打印层厚已经可以达到 5μm 以下，焦点直径在 30μm 以下，它们使用的金属粉末颗粒大小也在 5μm 以下，因此微激光选区烧结技术让人们进入了更小的时代。它甚至可以制造免装配的微型活动部件。如图 9-35 所示展示了制造的典型微米尺度金属零件。

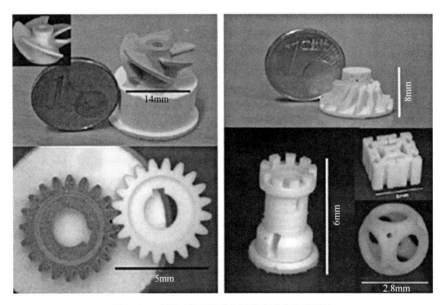

图 9-35　微激光选区烧结制造的氧化物陶瓷零件

（3）双光子聚合

基于双光子聚合的激光 3D 直写是目前实现纳米尺度 3D 打印的一种非常有效的技术。与传统的微立体光刻（单光子微立体光刻工艺）不同，基于双光子聚合激光直写的 3D 打印是基于双光子聚合原理，或者多光子吸收（multiphoton absorption）。双光子聚合是物质在发生双光子吸收后所引发的一种光聚合过程，双光子吸收是指物质的一个分子同时吸收两个光子。双光子吸收主要发生在脉冲激光所产生的超强激光束焦点处，光路上其他地方的激光强度不足以产生双光子吸收，并且由于所用光波长较长，能量较低，相应的单光子吸收过程不会发生。

与单光子聚合相比，双光子聚合具有两个特性：

① 双光子吸收中，单个光子的能量不足以使分子由基态激发到激发态，光的吸收散射少，避免了单光子吸收时能量在介质中迅速衰减、只有表面附近的能量被吸收的情况，光的能量能够深入介质。

② 双光子吸收中，两个光子的能量能使分子由基态激发到激发态，吸收强度正比于光强的平方，只有光强足够大的焦点附近才有显著的双光子吸收现象，因此聚合单元可以远小于波长。

如图 9-36 所示为常见的双光子聚合直写光路，激光经过扩束进入物镜，并聚焦到光刻胶中，振镜控制焦点的横向偏移，样品台控制样品的纵向移动，两者配合完成焦点相对光刻胶的移动，再加上快门控制激光的开关，即可完成直写过程。图 9-36 中光路还有成像的功能，能够在加工过程中实时观察。双光子聚合中焦点的移动不需要完全按照由下至上的顺序，遇到特定的支撑结构，可以按照支撑的顺序移动。与光固化成型相比，双光子聚合能够加工更加复杂的支撑结构。

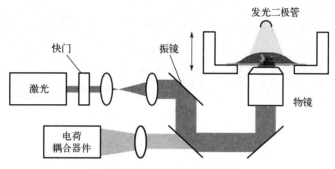

图 9-36　双光子聚合示意图

双光子聚合激光直写 3D 打印利用了双光子吸收过程对材料穿透性好、空间选择性高的特点，目前已经显示出巨大的潜能和工业化应用前景。

（4）电喷印

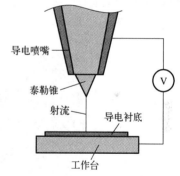

图 9-37　电喷印原理示意图

电喷印也称电流体动力喷射打印，是一种基于电流体动力学的微液滴喷射成型沉积技术，其基本原理如图 9-37 所示：在导电喷嘴（第一电极）和导电衬底（第二电极）之间施加高压电源，喷嘴和衬底之间形成的强电场力将液体从喷嘴口拉出，形成泰勒锥，由于喷嘴具有较高的电势，喷嘴处的液体会受到电致切应力的作用，当局部电荷力超过液体表面张力后，带电液体从喷嘴处喷射，形成极细的射流，喷射沉积在衬底之上，结合承片台（X-Y 方向运动）和喷嘴工作台（Z 向）的运动，从而实现复杂三维微纳结构的制造。

电喷印采用微垂流按需喷印的模式，能够产生非常均匀的液滴并形成高精度图案。并且打印分辨率不受喷嘴直径的限制，能在喷嘴不易堵塞的前提下，实现亚微米、纳米尺度分辨率复杂三维微纳结构的制造。电喷印具有材料广泛、结构简单、成本低、精度高等优点，是目前具有广泛应用前景的微纳尺度增材制造技术之一。

9.5.2.2　微纳尺度增材制造的应用

（1）超材料和先进材料

微纳尺度 3D 打印为超材料、复合材料、功能梯度材料、变密度材料的研制提供了一种强有力的工具，使得许多原本是概念性的设计成为现实，尤其是超材料的成功开发对于航空航天、高速列车、汽车等行业具有非常重要的意义。

如图 9-38 所示，为美国研究人员采用微立体光刻技术开发的一种新的超轻、超强的超材料。该材料比目前学术报道中的其他超轻量级点阵材料刚度高 100 倍，这个以受拉桁架为主的结构单元由聚合物使用面投影微立体光刻技术制造。

图 9-38　微纳尺度 3D 打印制造的超导材料

（2）生物组织

越来越多的研究证实，微纳尺度 3D 打印技术适用于打印血管、细胞、生物支架、细胞活性因子和构建 3D 细胞-生物支架材料复合物。利用多材料微纳尺度 3D 打印技术能够打印出具有血管的生物组织，该技术可以制造出拥有理想功能的生物材料，最终获得人造器官。如图 9-39 所示，为哈佛大学的科学家利用增材制造技术打印的功能性"血管"。

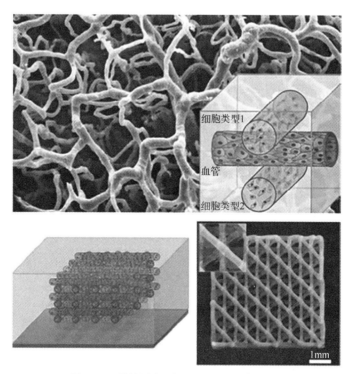

图 9-39　增材制造技术打印的功能性"血管"

（3）其他领域

微纳增材制造技术除了在上述领域具有重要应用外，还被用于生物医疗、组织工程、微纳光学、微纳机电系统、新能源等诸多领域。毛细血管、轻量化材料、超材料、组织器官、柔性电子、微纳光学器件、亚微尺度复杂三维金属结构及其制造是当前微纳尺度 3D 打印在应用方面的研究热点。随着近年来各个制造领域的快速发展，微纳尺度增材制造技术也发挥着越来越突出的作用。

9.5.3　太空增材制造

随着地球有限资源的大力开发以及科学技术的大力发展，太空资源以及太空作业在科研、经济、社会方面的战略价值日益凸显，人类正迎来太空探测热潮。人们对太空资源的占有以及太空作业的实现在地面定位、巡航、实时监控、宇宙科学研究、空间站在轨应急维修保障、大型空间荷载在轨部署，尤其是在国防军事等领域均有着迫切的应用需求。随着人类企图进行外太空全面、大规模科学探测以及技术试验，开发利用太空资源，甚至长期驻留或移民外太空，"太空制造"不停歇地向着"太空智造"靠拢，太空科研站或者其他行星科研站的建设已逐渐成为必然趋势。

随着人类探索深空的脚步加快，如何将太空独特的环境为人类所用，成了科学家们关注的焦点，"太空制造"就是其中一项目标。放在多年以前，提及太空制造，可能大多数人联想到的只能是宇航员们在无重力的空间里艰难挪动着被厚重宇航服包裹的手臂，将一滴滴金属液体或者粉材从仪器中挤出，再通过传统加工设备慢慢成型，但是随着近年来 3D 打印技术的高速发展，运用增材制造技术在太空中直接生产零部件，在太空中建立工厂以服务空间站建设运营，助力人类深空探测行稳致远，将不再仅是想象，人类太空探索技术面临革命性进展。

太空增材制造的种类可以根据制造位置进行区分，主要分为在其他行星上进行的制造作业以及在空间站或飞船舱内等无重力环境下的生产制造，包括月面原位制造、在轨原位制造以及火星原位制造等。同时，太空增材制造也可以根据制造产物的种类分为一体化制造以及零部件增材制造等。本节主要介绍月面原位增材制造、在轨原位增材制造，这两种制造方法均属于一体化增材制造。

（1）月面原位增材制造

随着科学技术的大力发展，月球及月球资源在科研、经济、社会方面的战略价值日益凸显，人类正迎来月球探测复兴潮。月球科研站的建设将是进一步进行深度探测、开发与利用月面资源的必然选择，已经成为世界各航天大国抢占空间科技战略制高点的重要手段。为了实现月面长期生存、不间断观测和实验以及月球资源持续开发的需求与目的，月球科研站的建设已成为必然趋势，而月面原位增材制造也成为月球建设的必然选择，成为支撑全面、大规模科学探测、技术试验、月面资源开发利用和人类长期驻留任务实施的关键基础。

太空原位增材制造技术需要通过分析实际位置的独特环境提出合理的解决方案，从而满足原位增材制造的必要条件。对于月面原位增材制造，人们需要先清楚月球工程环境与条件以提出研究过程中的解决方案，例如：首先，月球具备低重力，因此月壤密实度低、月基长期承载性能弱,增材制造成型过程材料界面结合薄弱,3D 打印机构运动性能的模拟和验证难度大,所以需重点研究月基处理加固技术,重点研究月壤材料 3D 打印性能提升技术,研究过程中需采用悬吊、气浮等方法构造小重力模拟环境进行装备运动性能验证;其次,月球温度变化差异大,处于 130~180℃之间,导致月面建筑结构材料会在热疲劳作用下性能退化,而且目前人们对原位 3D 打印系统效率与性能的影响未知,对 3D 打印设备在极低温度下打印的可行性未知,此外,装备部件冷焊会导致机械卡滞失效,所以需重点研究结构-材料-功能一体化优化方法和月壤 3D 打印系统工艺与性能评价方法,在研究过程中采用热控措施和大温变模拟环境开展可行性实验,采用热惰性涂层及主被动热控方式避免冷焊;再次,月球的高真空环境也会导致月面建筑结构同时承受复杂拉-压应力,原位 3D 打印材料热交换过程复杂,材料沸点降低,稳定性下降,因此需重点研究月面结构破坏模式与优化设计,同时探索月壤 3D 打印材料热质传输迁移规律,以及在真空环境下较稳定的 3D 打印固化材料体系;此外,月球的强辐射、陨石冲击、高频月震也会导致原位 3D 打印装备电子元器件失效,建筑结构安全防护困难,易受循环载荷及震动冲击,3D 打印装备易共振,从而降低打印精度,因此需重点研究月面结构破坏模式与优化设计与月面原位 3D 打印实时调控技术,考虑通过铝壳封装保护电子元器件,通过选址规划提高建筑安全系数;最后,由于月面复杂地形地质存在月壤内摩擦角高和黏聚力低、月壤承载能力弱且厚度不均、月面凹凸不平、月面局部地理信息有限、月面陡坡多且分布随机等问题,成型月壤作业活动困难,3D 打印装备运动易失稳,柔性部件易产生鞭鞘效应,设备的运动及打印精度控制难度大,3D 打印导航定位困难,整体装置爬坡越障及制动困难,因此需重点研究大型驱动及可重构 3D 打印系统、轻量化移动复合式机构构型、随形自适应 3D 打印与精度补偿技术,及 3D 打印驱动实时辨识和定位方法。

美国 NASA 先后设计了月面移动实验室,基于熔结月尘,能使细小的纳米颗粒粉末通过加热熔化形成类陶瓷固体技术的 SinterHab 月面科研站,和基于 3D 打印挤出成型技术的以三维壳体/穹顶结构为主的 3D 打印月球基地 ESA,如图 9-40 所示。

　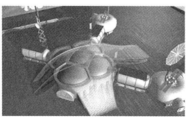　

(a) 月面移动实验室　　　　(b) SinterHab 月面科研站　　　　(c) 3D打印月球基地

图 9-40　月面上的应用

国内由北京空间飞行器总体设计部牵头,联合华中科技大学、中建工程产业技术研究院、东南大学、西北工业大学、中国科学院岩土所等三所高校、两个研究所、一个工程企业致力于月面原位制造技术研究。该团队目前针对模拟月壤力学性能测试分析、3D 打印层间界面的强化机理、梯度 3D 打印轻质高强材料、月壤基地聚合物的固化性能、聚合物-月壤基材料可打印性、模拟月壤材料真空烧结性能、月壤烧结材料物理-力学-热性能等多方面开展了研究并取得了部分研究成果。其中华中科技大学针对月面原位制造进行了建筑结构设计，得到的月壶樽如图 9-41 所示，并基于挤出式 3D 打印设计了一种可实现自主运动、自动打印的月面打印机器人，如图 9-42 所示。

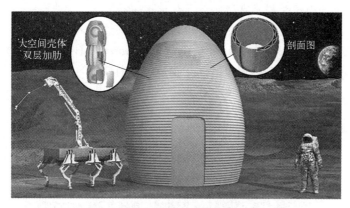

图 9-41 月壶樽

图 9-42 月面打印机器人

（2）在轨原位增材制造

随着航天技术的发展，世界各国一直在大力发展航天装备。大型化、高功耗、可维护已经成为在轨航天器未来发展的一大趋势。但是，由于受到运载火箭整流罩包络尺寸、发射过程中严苛的力学环境、维护成本的限制，大型化、高功耗、可维护在轨航天器技术发展始终受到严重制约。特别是作为大型化、高功耗两大需求的结合体，空间大型太阳能帆板无法发射入轨，成为制约未来航天器向规模化发展的瓶颈。在轨增材制造技术作为一种新型制造技术，具有颠覆性的技术优势。其直接将航天器制造环境与运行环境相统一，强调"所需即所得"的太空直接成型制造理念，以"自我增长"的方式实现产品的成长型研制，将产品部分或全部从地面传统研制模式中解脱出来，不仅可以克服当前制约航天器研制的运载火箭整流罩包络尺寸、发射过程中严苛的力学环境等的主要问题，建造不便在地面制造与运输的大型航天器，而且能够实现按需制造，操作更为便捷灵活，具有广阔的应用前景。

在轨增材制造工艺复杂，空间环境下零重力、高真空、大温差、强辐射，与地面环境显著不同，由此造成在轨增材制造技术与地面增材制造技术差异大，在材料成型特性、性能演化规律、失效机理等多方面都存在较大的出入，因此在在轨增材制造技术的研发过程中应该重点研究成型材料设计及制备、增材制造成型方法及装备、材料原位回收再利用方法及装备，以及地面模拟实验方法。

美国作为在轨增材制造技术的先行者，其 NASA 研究中心于 2002 年就开始进行以电子束熔丝沉积快速制造（electron beam freeform fabrication，EBF3）技术为基础的航天钛合金结构件的打印研究和以熔融沉积成型（FDM）技术为基础的高分子材料微重力环境打印研究。2014 年，NASA 与 Made in Space 公司合作，在国际空间站上安装了首台可打印塑料的太空增材制造验证机，并于 2017 年实现了可打印聚合物材料的"增材制造工厂"（addictive manufacture factory，AMF）。除此之外，研究人员还着力于研发原材料回收循环再利用装置 R3DO，用于将使用完毕或损坏废弃的零件材料进行回收并制成丝材，以便再次用于空间在轨增材制造，如图 9-43 所示。

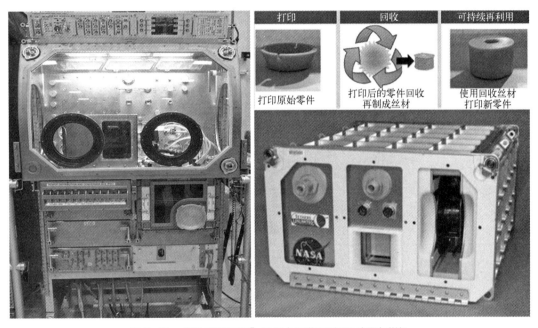

图 9-43 "增材制造工厂"AMF 与回收再利用示意图与样机

在国内，中国航天科技集团联合华中科技大学也进行了在轨增材制造的研究。考虑到铝合金材料及高分子复合材料的性能，人们试图将成型金属丝材的 EBF3 技术与成型非金属丝材的 FDM 技术相融合，设计出一种可打印多材料的空间环境 EBF3/FDM 增材制造方法及装备。

9.6
本章小结

本章详细地阐述了其他无机非金属材料增材制造的研究与发展状况，重点介绍了 3DP、

DIW、LOM 工艺的成型原理和工艺特点，并且详细展示了该领域的典型应用。同时介绍了近年来无机非金属材料增材制造的前沿新技术。

思考题

9.1 简述三维打印成型的原理、工艺流程及优缺点。应用领域有哪些？

9.2 简述墨水直写成型的原理、工艺流程及优缺点。应用领域有哪些？

9.3 简述分层实体制造成型的原理、工艺流程及优缺点。应用领域有哪些？

9.4 实现 4D 打印的变形原理主要有哪些？你认为 4D 打印作为前沿技术有哪些应用价值？

9.5 什么是多材料增材制造？可用于增材制造的多材料原料有哪些，各有哪些优点？

9.6 请简要叙述微纳尺度增材制造未来可能的应用前景。

9.7 实现太空增材制造存在哪些困难？请对太空增材制造技术进行分类并分析其差异。

附录1 扩展阅读

通过近年来非金属材料增材制造的研究与发展状况来看，非金属材料的增材制造工艺得到了快速发展，并且制得的某些非金属成型件得到了广泛应用，像砂型、砂芯以及某种特定形状的石膏。对于像陶瓷等制品，尽管其性能得到了优化，但是其致密度、抗压强度、尺寸精度等仍达不到特定应用场合的需求，所以材料处理工艺、三维成型工艺、后处理工艺都需要进一步研究。从趋势上来看，今后非金属材料增材制造研究的重点将集中在改善成型件的表面质量和整体的力学性能上。

（1）开发某种待成型材料特定工艺

待成型材料是决定最终成件质量、性能好坏的最主要的源头，待成型材料的组成成分、成分比例以及颗粒粒径大小都是影响成型质量、性能的重要因素。目前无机非金属材料中陶瓷、覆膜砂等待成型材料的制备已经商业化，但制造商较少，特别是制造待成型陶瓷材料的厂商，所以开发各种非金属成型材料特定工艺很有必要，这种必要性不仅能促进更广泛的非金属材料快速成型，而且还能降低制品的价格。

（2）对特定的非金属材料三维成型工艺建立特定的数学模型

3DP 中的喷头直径、挤出速度、挤出压力、扫描速度、分层厚度、两层构建中间延时时间、构建方向等工艺参数以及 SLS、SLM 中的预热温度、激光功率、扫描速度、扫描间距、扫描层厚等工艺参数都对最终成型件质量、性能有重要的影响。到目前为止，某种材料增材制造的最优三维工艺参数都是通过正交实验法获取的，这就造成了不同的待成型材料都要通过正交实验法来获取最优三维工艺参数，实验过程相当烦琐，迫切需要建立适应某种特定材料的三维成型工艺参数数学模型。

（3）深入研究并拓宽后处理工艺

熔渗、等静压、高温烧结是现今无机非金属材料快速成型最常用的后处理工艺，优化这些工艺参数能进一步提高成型坯体的致密度及力学性能。对于等静压处理工艺，在加压致密化过程中，结构形状较复杂的坯体更容易在棱角等尖锐的地方发生变形。为了减小其变形，需要设计与坯体相匹配的包套，包在坯体表面进行加压致密。另外，熔渗、等静压、高温烧结 3 种后处理工艺往往耗时较长，延长了零件的成型时间，不利于量产，需要后期探索更加高效可行的处理工艺。

附录 2　相关软件介绍

　　LOM 工艺需先利用三维造型软件 SolidWorks 造出要加工零件的三维模型，将这个模型保存为 STL 格式的文件。利用自主开发的切片软件，可以选择零件最优的加工方向，对 STL 格式模型进行分层，并生成每一层三坐标数控加工代码；利用数控加工中心，可以加工金属板材，最后逐层叠加，利用真空压力热扩散焊将整体焊接成型。

　　3DP 工艺在打印模型前，首先需要使用切片软件（Cura、S3D、Repetier-Host 等）将三维模型文件（STL、CAD、VRML、PLY、3DS 等格式）转化为 GCode、图片等格式文件，然后将该文件输入到 3DP 设备，随后通过逐层喷射黏结剂实现整体成型。

第 10 章

再制造技术原理及应用

学习目标

（1）学习掌握基于沉积成型、喷涂成型、熔覆成型、堆焊成型原理的再制造技术；

（2）掌握各再制造技术的技术原理及特点；

（3）了解各再制造技术的材料体系及应用领域。

知识点思维导图

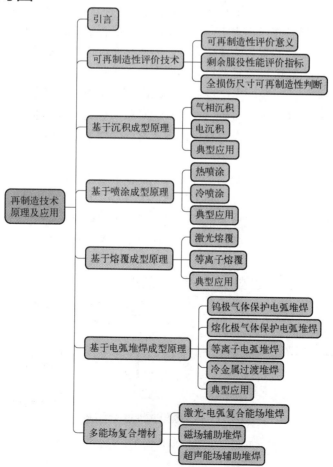

10.1
引言

开展废旧零部件可制造性评价是增材再制造修复工程的关键环节,决定了废旧零部件是否值得开展增材再制造修复。目前主流再制造技术包括基于沉积成型原理的再制造技术、基于喷涂成型原理的再制造技术、基于熔覆成型原理的再制造技术和基于电弧堆焊成型原理的再制造技术几类,此外,本章还介绍了部分代表领域前沿的多能场复合增材再制造技术,在剖析各种再制造技术基本工作原理的基础上,针对其典型的应用开展讨论。

10.2
可再制造性评价技术

10.2.1　可再制造性评价意义

可再制造性判断研究最早始于 Robert 基本原则,他以再制造工程的工艺特点为基础,定义了拆卸、清洗、检查、装备以及服役性能检测等各个环节为可再制造性判断指标,并以指标大小作为可再制造性判断的依据,同时提出了现有可再制造性评价的基本准则。随着生产力需求的增大和机械装备的换代升级,为适应新时代的再制造需求,Robert 的七条基本原则更新为:①再制造对象具有较高的耐用性;②再制造对象是因为功能不满足要求而进行再制造;③再制造对象的生产过程符合标准化;④再制造对象仍有较高的附加值;⑤可通过比较简单的途径再制造对象;⑥再制造对象具有比较成熟的生产技术;⑦再制造对象已得到广泛应用。上述七条准则将可再制造性评价体系分为两层:准则层与指标层。准则层侧重于可再制造性评价的宏观层面,可基本分为资源环境准则、技术性准则以及经济性准则;而指标层是基于准则层的具体可再制造性评价指标。

可再制造性评价是再制造工程的必需环节,如图 10-1 所示。可再制造性评价是指废旧毛坯在再制造预处理后和再制造修复前的阶段,以技术、经济、环境以及剩余服役性能等为关键指标,评估废旧毛坯是否值得开展再制造修复。剩余服役性能是经过再制造预处理

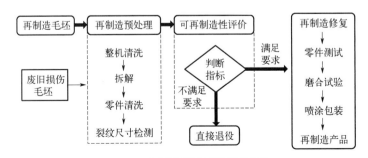

图 10-1　再制造毛坯可再制造性评价

后，废旧毛坯的剩余静态力学性能、动态疲劳性能等仍满足一定的机械装备服役要求。只有现有再制造修复技术可以满足废旧毛坯的修复要求、整个修复过程中产生的修复费明显少于换新成本、再制造修复过程中产生的环境污染明显少于新品制造、再制造毛坯的剩余服役性能仍能满足服役要求，该废旧毛坯才可开展再制造修复。

10.2.2　剩余服役性能评价指标

再制造过程指标是废旧毛坯可制造性评价的重要组成部分，是从技术、经济、环境的角度判断废旧毛坯是否具有再制造修复的可行性、合理性和环保性。如今，增材再制造技术是再制造修复的关键手段，是实现废旧毛坯由旧到新、由坏到好质变的技术保障。增材再制造技术过程的技术水平、修复费用和污染排放是再制造过程指标评价的主要对象。然而，增材再制造技术日新月异，技术创新层出不穷，高效能、低污染、低成本的技术和装备不断发展。若给予增材再制造技术充足的发展时间，当下解决不了的技术问题、效能问题、环境问题等，在未来必会迎刃而解。因此，本书不过多阐述以再制造过程为指标的可制造性评价方法。

可再制造性评价中技术、经济、环境等问题会随着增材制造技术发展而解决，而废旧毛坯的剩余服役性能却不会随时间的改变而改善。对于机械装备零部件而言，以剩余服役性能为指标的可再制造性评价是重中之重，关乎再制造产品的服役可靠性和安全性。

如今国内外关于再制造修复后零件的疲劳寿命预测还处于早期工艺技术与疲劳理论攻关阶段，缺少可广泛接受的基体与界面的力学性能表征，如拉伸、疲劳和冲击的理论推导与寿命模型。再制造零件疲劳失效是多裂纹耦合作用的结果，进而导致其疲劳失效过程变得更为复杂，现有公开的再制造零件的疲劳性能研究大多仅基于试验研究，仍缺少可广泛接受的和可靠的二元材料界面疲劳理论。因此，再制造前毛坯的剩余疲劳寿命预测就显得尤为重要。

另外，再制造零件的性能主要由再制造毛坯质量和再制造零件修复质量两部分决定。研究发现，通过引入再制造影响系数对毛坯剩余疲劳寿命模型进行修正，可得到再制造零件的疲劳寿命。因此，如果再制造毛坯剩余服役性能满足可再制造性判断要求，那么再制造产品的服役可靠性也可得到保证。

机械装备服役过程中会产生多种损伤形式，如点蚀、腐蚀、外物损伤（FOD）以及疲劳裂纹等，不同的损伤形式需采用不同的增材再制造修复技术，进而对应不同的剩余服役性能评价方法。机械装备服役损伤可分为微观损伤与宏观损伤。

10.2.2.1　微观损伤剩余服役性能评价

微观损伤的尺寸定义不是一个常数值。对于尺寸较小的表面损伤，再制造废旧毛坯经拆解、清洗后，可直接应用增材再制造技术对其进行修复。因此，微观损伤的尺寸依赖于增材制造修复技术水平，选用不同增材制造技术可修复不同尺寸的损伤。

（1）微观损伤疲劳强度

微观损伤零件疲劳强度可由 Murakami 评估：

$$\Delta\sigma_{\mathrm{w}} = \frac{0.65(\mathrm{HV}+120)}{\left(\sqrt{\mathrm{area}}\right)^{1/6}} \tag{10-1}$$

式中，σ_w 为含有表面损伤零件的条件疲劳强度；HV 为维氏硬度；area 为表面缺陷的投影面积，如图 10-2 所示。

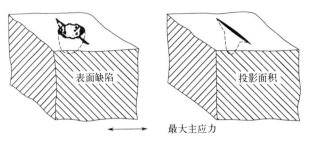

图 10-2　表面缺陷投影面积

（2）微观损伤剩余疲劳寿命

在大量理论与试验研究的基础上，如今已提出了一百多个疲劳裂纹扩展速率表达式，而著名的 Paris 公式在描述裂纹稳定扩展速率上应用最为广泛。废旧毛坯的表面损伤可等效为初始裂纹，其剩余疲劳寿命主要是裂纹扩展寿命，可采用断裂力学进行预测。Paris 公式如下：

$$\frac{\mathrm{d}a}{\mathrm{d}N} = C(\Delta K)^m \qquad\qquad (10\text{-}2)$$

式中，$\mathrm{d}a/\mathrm{d}N$ 是裂纹扩展速率，mm/cycle；C 和 m 是由试验确定的与材料相关的系数和指数经验值；ΔK 为应力强度因子范围，$\mathrm{MPa\cdot m^{1/2}}$。

Paris 公式可较为准确地描述了第Ⅱ区裂纹稳定扩展阶段的扩展速率，是断裂力学理论最基本的公式。针对不同应用场景，需要考虑不同因素，如应力比、应力强度因子门槛值、断裂韧性等的影响。为此，学者基于 Paris 公式，提出了多种不同服役场景的裂纹扩展模型，如表 10-1 所示。

表 10-1　da/dN 表达式

方法名称	修正的 da/dN 表达式	特点
Paris 公式	$\dfrac{\mathrm{d}a}{\mathrm{d}N} = C(\Delta K)^m$	建立了应力强度因子和裂纹扩展速率之间的关系，是疲劳扩展理论的基础，适用于长裂纹稳定扩展行为。但是没有考虑不同应力比 R 的影响
Forman 公式	$\dfrac{\mathrm{d}a}{\mathrm{d}N} = \dfrac{C(\Delta K)^m}{(1-R)K_\mathrm{c} - \Delta K}$	考虑了应力比 R 和材料断裂韧性 K_c 的影响；适用于长裂纹稳定扩展和失稳扩展。由于高韧性材料的断裂韧性 K_c 不易测得，该公式适合于高硬度合金材料
Walker 公式	$\dfrac{\mathrm{d}a}{\mathrm{d}N} = \begin{cases} C\left[\Delta K(1-R)^m\right]^n, & R \geqslant 0 \\ C\left[K_\mathrm{max}(1-R)^m\right]^n, & R < 0 \end{cases}$	考虑了应力比 R 和应力强度因子 K_max 的影响，但是没有考虑应力强度因子门槛值 K_th 对裂纹扩展的影响
W.Elber 公式	$\dfrac{\mathrm{d}a}{\mathrm{d}N} = C(\Delta K_\mathrm{eff})^m$	考虑了有效应力强度因子 ΔK_eff 的影响，描述了裂纹闭合现象，对裂纹扩展加速和迟滞现象做出了初步解释
Willenberg 公式	$\dfrac{\mathrm{d}a}{\mathrm{d}N} = \dfrac{C(\Delta K_\mathrm{eff})^m}{(1-R_\mathrm{eff})K_\mathrm{c} - \Delta K}$	考虑了裂纹高载迟滞效应，可以估计迟滞期间的裂纹扩展速率，进而预测裂纹疲劳扩展寿命
弹塑性断裂力学公式	$\dfrac{\mathrm{d}a}{\mathrm{d}N} = C_J(\Delta J)^{m_J}$	线弹性断裂力学给出的裂尖附近的应力趋于无穷大，实际上裂尖附近的材料必然要进入塑性发生屈服，采以 J 积分控制参量的材料常数 C_J 和 m_J 来描述

运用断裂力学开展疲劳裂纹扩展寿命预测需确定初始裂纹尺寸 a_0 和疲劳断裂时裂纹尺寸 a_c。疲劳断裂时裂纹尺寸 a_c 可由裂纹扩展路径所在的零件尺寸确定。对于微观损伤废旧毛坯而言，初始裂纹尺寸 a_0 可直接由损伤尺寸确定，表征方法如下：

① 直接法　采用无损检测等技术直接测得初始裂纹尺寸 d 作为初始裂纹尺寸 a_0。

② $\sqrt{\mathrm{area}_\triangle}$ 法　对于存在机械划痕而退役的零部件，可采用划痕截面三角形面积的根号值作为初始裂纹尺寸。

③ $\sqrt{\mathrm{area}}$ 法　对于存在毫米级类缺口尺寸的情况，如点蚀、腐蚀、外物冲击损伤等，可采用损伤投影面积的根号值作为初始裂纹尺寸。

10.2.2.2　宏观损伤剩余服役性能评价

对于毛坯的微观裂纹，尺寸较小时可直接对其开展再制造修复。而毛坯的宏观裂纹不能直接开展再制造修复，必须首先采用裂纹打磨方式清除损伤。裂纹打磨可为后续再制造修复技术提供良好的作业环境和规则结合面，保证再制造修复技术顺利开展。再制造毛坯经过表面裂纹打磨，表面将产生一个缺口，包括边缺口、表面缺口等，此时再制造毛坯称为再制造缺口毛坯。再制造缺口毛坯是再制造毛坯在再制造预处理后与再制造修复前的过渡形态，其剩余疲劳性能是再制造产品的性能基础，如图 10-3 所示。如再制造缺口毛坯剩余疲劳寿命满足可再制造性判断要求，那么再制造产品的服役可靠性也可得到保证。

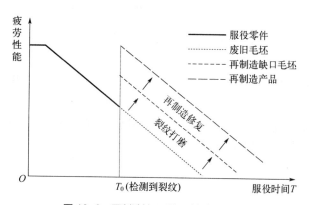

图 10-3　再制造缺口毛坯剩余疲劳性能

（1）宏观缺口疲劳强度

① 疲劳缺口系数法　疲劳缺口系数 K_f 为光滑试件的疲劳强度与缺口试件疲劳强度之比：

$$K_f = \frac{\Delta\sigma_R}{\Delta\sigma_w} \tag{10-3}$$

式中，$\Delta\sigma_R$ 为光滑试件的疲劳强度。

K_f 可采用 Neuber 法和 Peterson 法求解。

Neuber 法：
$$K_f = 1 + \frac{K_t - 1}{1 + \sqrt{a_N / \rho}} \tag{10-4a}$$

Peterson 法：
$$K_f = 1 + \frac{K_t - 1}{1 + a_P / \rho}$$
（10-4b）

式中，a_N 和 a_P 分别为 Neuber 法和 Peterson 法的材料参数；K_t 为理论应力集中系数；ρ 为缺口根部曲率半径。

那么，再制造缺口毛坯疲劳强度 $\Delta\sigma_w$ 可表示为：
$$\Delta\sigma_w = \frac{\Delta\sigma_R}{K_f}$$
（10-5）

② Murakami 理论公式　再制造毛坯经损伤打磨后缺口尺寸通常属于毫米级别，可直接测量缺口形状与尺寸，进而确定沿加载方向的投影面积 area。基于 Murakami 理论即式（10-1），开展再制造缺口毛坯条件疲劳强度预测。

（2）宏观缺口剩余疲劳寿命

再制造缺口剩余疲劳寿命预测是一个缺口问题。由于表面损伤已经被清除，再制造缺口剩余疲劳寿命过程主要包括裂纹萌生阶段和裂纹扩展阶段。

① 裂纹萌生寿命　缺口应变是开展缺口疲劳性能研究的主要参数，准确评估缺口应变是保证疲劳寿命预测精度的关键基础。Neuber 法则和 ESED（当量应变能密度）准则是评估缺口局部应力应变最广泛、最便捷的理论模型。一般情况下，Neuber 法则的解被视为缺口应力应变的上限值，而 ESED 准则结果被视为下限值。

循环载荷下，采用 Neuber 法则评估缺口应变可由下式表示：
$$\Delta\sigma_n \Delta\varepsilon = \frac{K_f^2 \Delta\sigma^2}{E}$$
（10-6）

式中，$\Delta\sigma_n$ 和 $\Delta\varepsilon$ 分别为缺口局部应力范围和局部应变范围；$\Delta\sigma$ 为名义应力范围；E 为弹性模量或者杨氏模量。

为评估缺口根部局部应变响应，仍需材料循环应力-应变曲线表达式。在循环加载过程中，材料会发生循环硬化或者循环软化，因此循环加载下应力-应变曲线和单调加载下的应力-应变曲线具有明显的不同。所以，循环加载下材料应力-应变分析通常以循环应力-应变曲线作为材料的本构关系。在循环疲劳载荷下，材料循环应力-应变曲线可用 Ramberg-Osgood 表述：
$$\varepsilon_a = \varepsilon_a^e + \varepsilon_a^p = \frac{\sigma_a}{E} + \left(\frac{\sigma_a}{K'}\right)^{\frac{1}{n'}}$$
（10-7）

式中，K' 为循环强度系数；n' 为循环应变强化指数，《中国航空材料手册》介绍了航空材料的化学、物理、力学等材料性能，并提供了详细且权威的性能数据供查阅。

联立 Neuber 法则和材料 Ramberg-Osgood 公式，可计算缺口局部应力应变值。

采用 ESED 准则评估局部应力应变可用下式表示：
$$\frac{(K_t\Delta\sigma)^2}{4E} = \frac{\Delta\sigma^2}{4E} + \frac{\Delta\sigma}{n'+1}\left(\frac{\Delta\sigma}{2K'}\right)^{\frac{1}{n'}}$$
（10-8）

局部应力应变法（LSSA）已被成功地应用于含有应力集中零件的萌生寿命评估中。

LSSA 法认为在循环载荷下，当零件的缺口底部局部应力-应变响应与光滑试件的应力-应变响应一致时，缺口零件的裂纹萌生寿命等于光滑试件寿命。

材料在弹性阶段与塑性阶段的应变与疲劳寿命关系可由著名的 Manson-Coffin 公式表示：

$$\varepsilon_{\mathrm{a}} = \varepsilon_{\mathrm{a}}^{\mathrm{e}} + \varepsilon_{\mathrm{a}}^{\mathrm{p}} = \frac{\sigma_{\mathrm{f}}'}{E}(2N)^{b} + \varepsilon_{\mathrm{f}}'(2N)^{c} \tag{10-9}$$

式中，N 为疲劳寿命；ε_{a} 为总应变幅值；$\varepsilon_{\mathrm{a}}^{\mathrm{e}}$ 为弹性应变幅值；$\varepsilon_{\mathrm{a}}^{\mathrm{p}}$ 为塑性应变幅值。σ_{f}' 和 b 分别为材料的疲劳强度系数和疲劳强度因子，可通过材料的 $R=-1$ 疲劳试验获得，也可通过拟合材料的 S-N 曲线获得，b 值一般在 $-0.05\sim0.12$ 之间，材料强度越高，值越大，在缺少材料试验数据下，疲劳强度系数可近似为 $\sigma_{\mathrm{f}}'\approx\sigma_{\mathrm{f}}$，即断裂时真实应力值；$\varepsilon_{\mathrm{f}}'$ 和 c 分别为疲劳延性系数和疲劳延性因子，可通过材料 $R=-1$ 的疲劳试验获得，c 典型值为 $-0.5\sim-0.7$。

应力比或者平均应力是反映机械零部件实际服役载荷环境的重要指标之一，对疲劳寿命分布具有重要影响。平均应力对疲劳寿命的影响具有一般规律性，可由试验测定与量化。在给定应力幅值下，随着平均应力增大，疲劳寿命降低。

虽然试验测定材料疲劳寿命与应力比关系具有较高的量化精度，但这是一项耗费巨大人力、物力的工作，且无法满足实际工况应力比多样性和随机性的要求。因此，现有研究主要采用平均应力或者应力比对疲劳理论模型进行修正，提出了一些被广泛接受的修正模型。基于 Manson-Coffin 公式，为考虑平均应力影响，Morrow、Smith、Watson 和 Topper（SWT），以及 Walker 等人分别提出了平均应力修正模型。

Morrow 模型：

$$\varepsilon_{\mathrm{a}} = \frac{\sigma_{\mathrm{f}}' - \sigma_{\mathrm{m}}}{E}(2N)^{b} + \varepsilon_{\mathrm{f}}'(2N)^{c} \tag{10-10}$$

SWT 模型：

$$\sigma_{\max}\varepsilon_{\mathrm{a}} = \frac{(\sigma_{\mathrm{f}}')^{2}}{E}(2N)^{2b} + \sigma_{\mathrm{f}}'\varepsilon_{\mathrm{f}}'(2N)^{b+c} \tag{10-11}$$

Walker 模型：

$$\varepsilon_{\mathrm{a}} = \frac{\sigma_{\mathrm{f}}'}{E}\left[2N\left(\frac{1-R}{2}\right)^{\frac{1-\gamma}{b}}\right]^{b} + \varepsilon_{\mathrm{f}}'\left[2N\left(\frac{1-R}{2}\right)^{\frac{1-\gamma}{b}}\right]^{c} \tag{10-12}$$

式中，σ_{m} 为平均应力；$\sigma_{\max}$ 为最大加载名义应力；R 为应力比；γ 为平均应力影响指数。

由于引入了参数 γ，Walker 模型可提供更具优势的预测结果，但需要较多的试验数据以拟合参数 γ，依赖于疲劳寿命试验数据。SWT 模型与 Morrow 模型相对简单，便于科学研究与实际应用。

② 裂纹扩展寿命　应力强度因子是裂纹扩展速率模型的关键参数。明确表面缺口根部表面裂纹应力强度因子表达式是开展表面缺口件裂纹扩展疲劳寿命预测的基础内容之一。缺口根部裂纹的应力场分布状态更为复杂。为满足工程实际问题的需求，近似分析法、数值法以及试验法是主要的研究手段。区别于微观表面损伤毛坯的裂纹扩展寿命预测，缺口毛坯的裂纹扩展寿命需要考虑应力集中的影响。

Lukáš 等开展了大量缺口根部应力强度因子研究，针对缺口处穿透型裂纹和半椭圆形裂纹提出了简单的解析式：

$$K = \frac{Q}{\sqrt{1 + 4.5(a/\rho)}}K_{\mathrm{t}}\sigma\sqrt{\pi a} \tag{10-13}$$

式中，Q 为与裂纹几何形状有关的形状系数。通常，对于光滑体，半圆形裂纹 Q 可近似为 0.65，对于穿透厚度裂纹 Q 可近似为 1.12。

Newman 开展了位于无限大平板椭圆形中心孔处穿透裂纹应力强度因子研究，如图 10-4（a）所示，孔处 K_t 包括 1.5、2、3、5 和 9。Lukáš 通过数据分析发现，令 $Q=1.12$，可准确预测 Newman 的应力强度因子数据，误差仅为 5%。

Grandt 和 Kullgren 提出了单轴拉伸应力作用下无限板半椭圆形中心圆孔处表面裂纹应力强度因子的数值解，如图 10-4（b）所示。同样地，Lukáš 以他们的数据为基础，通过数据分析发现，采用光滑体表面裂纹 Q 也可准确描述半椭圆形缺口表面裂纹的应力强度因子，即令 $Q=0.65$，误差也仅为 5%。

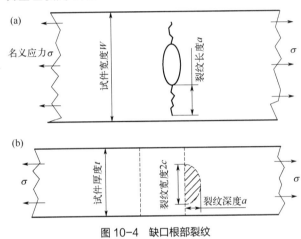

图 10-4　缺口根部裂纹

（a）Newman 研究的椭圆形中心孔处穿透裂纹；
（b）Grandt 和 Kullgren 研究的半椭圆形中心圆孔处表面裂纹

对于再制造缺口毛坯的缺口根部初始裂纹尺寸 a_0，可采用等效初始缺陷尺寸（EIFS）表征。EIFS 可看作是材料的性质，与材料的应力强度因子阈值和疲劳强度有关，适用于所有的载荷水平。EIFS 为裂纹扩展初始裂纹尺寸 a_0 的确定提供了理论参考值。El-Haddad 假设了一个虚构裂纹尺寸 a，将安全寿命设计方法的疲劳强度和损伤容限设计中应力强度因子阈值两者之间建立了解析关系式：

$$\Delta K_{\text{th}} = Y \Delta \sigma_{\text{f}} \sqrt{\pi a} \qquad (10\text{-}14)$$

式中，$\Delta \sigma_{\text{f}}$ 为材料的疲劳强度，MPa；ΔK_{th} 为材料的应力强度因子阈值，MPa·m$^{1/2}$；Y 是与裂纹结构有关几何修正系数。对于含有表面裂纹的板件，Y 可表示为

$$Y = \left[\frac{\left(\sin^2 \theta + \left(\dfrac{a}{c} \right)^2 \cos^2 \theta \right)^4}{E(a/c)} \right] M_{\text{f}} \qquad (10\text{-}15)$$

式中，θ 为半椭圆形表面裂纹周线上任一点的径向线与长轴间的夹角；$E(a/c)$ 为第二类完全椭圆积分；M_{f} 为修正系数，可由下式表达：

$$M_{\text{f}} = \left[M_1 + M_2 \left(\frac{a}{t} \right)^2 + M_3 \left(\frac{a}{t} \right)^4 \right] g f_{\text{w}} f_{\theta} \qquad (10\text{-}16)$$

其中

$$M_1 = 1.13 - 0.09\frac{a}{c}$$

$$M_2 = -0.54 + \frac{0.89}{0.2 + (a/c)}$$

$$M_3 = 0.5 - \frac{1.0}{0.65 + (a/c)} + 14\left(1 - \frac{a}{c}\right)^{24}$$

$$g = 1 + \left[0.1 + 0.35\left(\frac{a}{c}\right)^2\right](1 - \sin\theta)^2$$

$$f_w = \sec\left(\frac{\pi c}{2W}\sqrt{\frac{a}{t}}\right)$$

$$f_\theta = \left[(\frac{a}{c})^2\cos^2\theta + \sin^2\theta\right]^{1/4}$$

可知，依据裂纹尺寸 a 和 c 以及零件厚度 t 可求解准确的几何修正系数 Y，但具有一定的烦琐性。为方便工程实践，一般采用近似方法求解 Y。EIFS 数值一般处于微米级别，约为几十微米。与试件的宽度和厚度相比，它通常非常小。半椭圆形裂纹最底部应力强度因子最大，因此可令 θ=90°。为了方便起见，对于表面裂纹 Y 可简化为 2.24/π。

式（10-14）可改写为

$$a = \frac{1}{\pi}(\frac{\Delta K_{th}}{Y\Delta\sigma_f})^2 \tag{10-17}$$

然而，式（10-17）适用于整个疲劳期间部件处于弹性变形状态时。但缺口零件根部具有严重的应力集中现象，在中低周疲劳寿命区，缺口根部极易产生塑性变形，因此，EIFS 必须考虑塑性变形对初始裂纹尺寸的影响。为使 EIFS 可综合包括中低周疲劳和高周疲劳，循环塑性区可由下式计算：

$$\rho' = a\left[\sec\frac{\pi\sigma_{max}(1-R)}{4\sigma_y} - 1\right] \tag{10-18}$$

式中，ρ'为采用位错理论计算的塑性区尺寸。基于 Dugdale 的连续介质力学模型和理想非线性模型，上式可改写为：

$$\rho' = a\left[\sec\frac{\pi\sigma_{max}(1-R)}{4\sigma_0} - 1\right] \tag{10-19}$$

式中，σ_0 为流动应力。为考虑应变硬化效应，σ_0 可由材料的屈服强度 σ_y 和抗拉强度 σ_u 近似估计：

$$\sigma_0 = \frac{\sigma_u + \sigma_y}{2} \tag{10-20}$$

综合考虑循环载荷下弹性变形和塑性变形的影响，EIFS 可由下式表达，即初始裂纹

尺寸为

$$a_0 = a + \rho'$$ （10-21）

EIFS 作为材料的固有属性，只需得到静力学参数如抗拉强度、屈服强度以及疲劳性能参数如疲劳强度和应力强度因子阈值数据即可计算初始裂纹尺寸 a_0。

确定缺口根部裂纹应力强度因子表达式和缺口根部初始裂纹尺寸 a_0 后，结合表 10-1 裂纹扩展模型即可开展再制造缺口毛坯剩余疲劳寿命预测。

将再制造缺口毛坯裂纹萌生寿命与扩展寿命相加，最终可得再制造缺口毛坯的剩余疲劳寿命预测值。以此为基础，可开展宏观表面损伤毛坯可再制造性评价。

10.2.3　全损伤尺寸可再制造性判断

基于剩余疲劳寿命预测的再制造毛坯可再制造性研究大多关注于含有原始损伤（如疲劳裂纹）的毛坯，未曾考虑裂纹打磨的引入对可再制造性的影响。依据基于微观裂纹的再制造毛坯可再制造性判断方法，若判断毛坯为无可再制造性，那么该毛坯可直接报废退役。现有基于微观裂纹的再制造毛坯可再制造性判断研究成果较多，研究路线较为成熟。

然而，由于损伤打磨的引入，叶片毛坯剩余疲劳寿命得到改善与提高，再制造缺口毛坯仍可能具有较高的再制造价值。因此，若对于采用基于微观损伤的再制造毛坯可再制造性判断叶片毛坯为无再制造价值，此时该毛坯不应立即报废退役，应考虑引入损伤打磨以延长剩余疲劳寿命，进入基于宏观缺口的再制造毛坯可再制造性判断阶段，如图 10-5 所示。基于宏观缺口的可再制造性判断是基于微观损伤的再制造毛坯可再制造性判断的补充与延续，两种判断方法相互配合可满足不同损伤尺寸的可再制造性判断需求。这种既适用于微观损伤尺寸又适用于宏观缺口尺寸的再制造毛坯可制造性判断方法称为全损伤尺寸可再制造性判断方法。

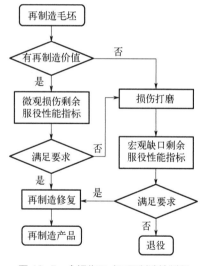

图 10-5　全损伤尺寸可再制造性判断

全损伤尺寸可再制造性判断综合考虑再制造毛坯阶段、再制造预处理阶段以及再制造修复阶段对可再制造性判断的影响，确定不同损伤状态下毛坯可再制造性评价方法，将评价对象由微观损伤毛坯拓展到宏观缺口损伤毛坯，避免因误判造成资源浪费，对再制造毛坯可再制造工程具有重要理论意义与现实意义。

10.3
基于沉积成型原理的再制造技术

表面沉积成型（surface deposition modeling，SDM）再制造技术是一种通过物理和化学手段将材料逐层沉积在基材或物体表面形成涂层，并用于再制造成型的工艺方法，简称沉积成型。沉积成型技术主要有气相沉积和电沉积。沉积成型技术具有很高的灵活性，能够在复杂几何形状的物体上沉积材料，形成不同厚度和功能的涂层或结构。沉积成型技术广泛应用于半导体电子工业、航空航天、生物医学、制造业等领域。

10.3.1　气相沉积技术

气相沉积技术是一种广泛应用于材料科学和工程领域的薄膜制备方法。它是通过气体化学物质在特定条件下将固态材料以薄膜形式沉积在基底表面上，形成薄膜层的工艺方法。按照涂层形成的基本原理，气相沉积一般可分为化学气相沉积（chemical vapor deposition，CVD）和物理气相沉积（physical vapor deposition，PVD）。

气相沉积技术具有许多特点。首先，气相沉积技术可以在大范围的基底材料上制备薄膜，包括金属、陶瓷、半导体等基体。其次，可以实现高效的沉积过程控制，包括沉积速率、组分调控及薄膜结构和形貌的调节。此外，气相沉积技术还能够在复杂的几何形状上进行均匀的沉积，满足工程应用的需求。气相沉积技术在半导体、陶瓷涂层、金属薄膜和光学薄膜等领域有着广泛、典型的应用。

10.3.1.1　化学气相沉积技术

（1）原理及工艺过程

化学气相沉积是一种通过气态化学前驱物与基材表面发生化学反应，在基材表面形成固态薄膜的技术。化学气相沉积依赖于高温、化学反应以及气体输运过程，能够沉积出高纯度、均匀性好的薄膜。其过程主要包括：①基体清洗与反应气体准备；②气体引入与反应腔体加热；③化学反应与薄膜沉积；④沉积过程控制；⑤冷却和质量检测。

（2）技术分类

按化学气相沉积过程的反应温度，可分为低温 CVD、中温 CVD、高温 CVD 及超高温 CVD；按化学气相沉积过程的气压，可分为常压 CVD、低压 CVD；按辅助增强方式的不同，可分为等离子辅助 CVD、电子辅助 CVD、激光辅助 CVD；还有其他 CVD，如热丝 CVD、金属有机体 CVD、化学气相浸渍等。如图 10-6 所示为常见化学气相沉积分类和衍生方法。

（3）设备组成

典型的 CVD 设备主要由以下几个部分组成：①反应室　是化学反应发生的场所，通常具有高真空或低压环境，以保证反应物充分混合和均匀沉积；②加热系统　用于加热基体至所需温度，以激活表面原子并促进化学反应；③气路系统　负责将反应物和载气输送至反应室，精确控制气体的流量和比例；④排气系统　用于排除反应过程中产生的废气，维持反应室的压力稳定；⑤控制系统　对设备进行整体控制，包括加热温度、气体流量、压力等参数的设定和调节。化学气相沉积设备组成如图 10-7 所示。

（4）技术特点

化学气相沉积是一种成熟的薄膜制备技术，主要特点包括：

① 设备简单，操作维护方便，灵活性强；

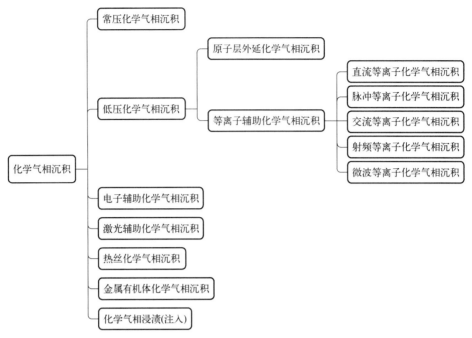

图 10-6 常见的化学气相沉积分类和衍生方法

图 10-7 化学气相沉积设备

② 适合沉积各种复杂形状的部件;

③ 沉积层致密均匀,可以较好地控制膜层的密度、纯度和晶粒度;

④ 因沉积温度高,沉积层与基体结合强度高。

（5）材料及应用

化学气相沉积材料以氮化物、氧化物、碳化物和硼化物沉积层为主,常见镀层主要包括 TiN、TiC、TaC、HfN、Al_2O_3、TiB_2 等。

化学气相沉积技术应用领域包括:

① 半导体制造　集成电路中的薄膜涂层制备,如扩散阻挡层和绝缘涂层;

② 航空航天　用于涂覆耐高温、耐腐蚀的陶瓷膜,如碳化硅等;

③ 光电器件　制备用于增强光电转换的涂层,如氮化镓、氮化硅薄膜;

④ 生物医学　用于沉积生物相容性薄膜材料,如钛、金等。

10.3.1.2　物理气相沉积技术

（1）原理及工艺过程

物理气相沉积技术是在真空条件下，采用高温蒸发、溅射、电子束、等离子体、离子束、激光束、电弧等物理方法，将材料源（固体或液体）表面气化成气态原子、分子或部分电离成离子，并通过低压气体（或等离子体），在基体表面沉积具有某种特殊功能的薄膜的技术。其过程主要包括：①基材前处理；②真空环境建立；③材料蒸发或溅射；④薄膜沉积生长；⑤工艺控制；⑥冷却和表面后处理。

（2）技术分类

物理气相沉积按离子化方式可分为蒸发 PVD、溅射 PVD 和离子镀 PVD。其中，蒸发 PVD 根据蒸发源不同又可分为电阻蒸发 PVD、感应蒸发 PVD、激光蒸发 PVD、电子束蒸发 PVD 与电弧蒸发 PVD；溅射 PVD 按照溅射源不同又可分为双极溅射 PVD、磁控溅射 PVD、离子束溅射 PVD 与三极溅射 PVD；离子镀 PVD 又可分为直流二极等离子辅助 PVD、射频离子镀、脉冲等离子镀。图 10-8 所示为常见物理气相沉积的分类和不同衍生方法。

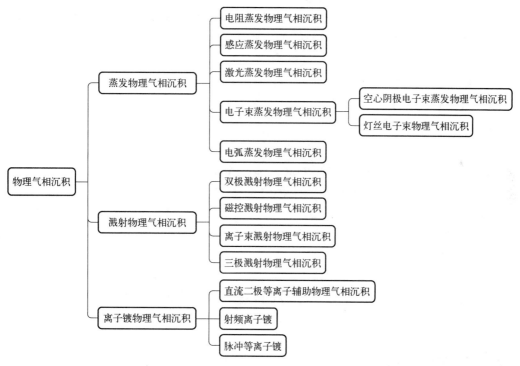

图 10-8　常见的物理气相沉积方法

（3）设备组成

典型的 CVD 设备主要由以下几个部分组成：①材料源　材料源是将材料蒸发或溅射到基底表面的关键部件；②靶材　靶材的选择和制造非常重要，需要考虑材料的纯度、密度、形状、尺寸等因素，以及其在溅射过程中的稳定性和耐久性；③加热器　加热器是用于将材料源加热至高温状态的部件；④旋转台　旋转台是用于保证基底表面均匀受到材料沉积的部件；⑤其他组成　真空系统、气体控制系统、电源等。物理气相沉积设备如图 10-9 所示。

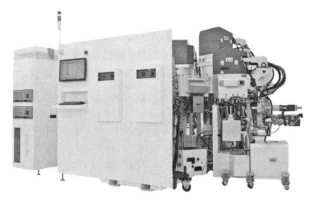

图 10-9　物理气相沉积设备

（4）工艺特点

物理气相沉积技术的主要特点包括：

① 镀膜材料广泛，包括纯金属、化合物、导电或不导电材料、低熔点或高熔点材料、液相或固相、块状或粉末，都可以使用或经加工后使用；

② 沉积粒子能量可调节，反应活性高；

③ 附着力强，薄膜致密；

④ 无污染，有利于环境保护。

（5）材料及应用

物理气相沉积常用材料主要包括金属、合金、化合物以及复合材料。如钛（Ti）、氧化物（TiO_2）、氮化物（TiN）、碳化物（SiC）等。PVD 工艺中的材料选择取决于涂层的功能需求，如硬度、耐磨性、耐腐蚀性、导电性等。

物理气相沉积技术应用领域包括：

① 半导体涂层　包括金属互连层、扩散阻挡层和绝缘层涂层；

② 工具和模具涂层　可以提高切削工具、模具的耐磨性和抗高温性能；

③ 光学涂层　包括反射膜、抗反射膜等光学器件涂层；

④ 装饰性涂层　包括珠宝、钟表、汽车零件的装饰性和保护性涂层；

⑤ 防护涂层　包括航空航天、能源领域的耐腐蚀、抗氧化和高温防护涂层。

10.3.2　电沉积技术

电沉积（electrodeposition）再制造技术是利用电流将金属离子从电解液中沉积在导电基底表面，并用于再制造成型的工艺方法。电沉积技术的基本原理是电解法，通过在电解池中引入电流，使得金属离子还原为固态金属，并均匀附着在阴极表面形成涂层。电沉积技术主要包括电镀和电刷镀。

电沉积技术以其简便、高效、成本低廉和沉积均匀性高的特点，被广泛应用于工业装备零部件表面功能性镀层制备、修复与再制造等。

10.3.2.1　电镀技术

（1）原理及工艺过程

电镀是在一个电解槽中进行的，电解槽中包含电解液、待镀工件（作为阴极）和可溶性阳极（金属电极）。当电流通过电解槽时，阳极上的金属离子溶解并迁移至阴极，在工件表面还原并沉积为金属薄膜。其过程主要包括：①预处理，包括清洗、去油、酸洗和钝化，确保基体表面清洁无污染，有利于镀层均匀附着；②电镀，将工件浸入电解液中，通电对其进行镀层沉积；③后处理，包括镀层钝化、抛光或封孔处理，以提高镀层性能，最终获得镀层。

（2）技术分类

根据镀层金属种类、工艺和用途，电镀可分为以下几种类型：

① 金属电镀　如镀铜、镀镍、镀铬、镀锌等，主要用于防腐、装饰和功能性改进；

② 合金电镀　如镍-铬合金、铜-锡合金，提供更优异的耐磨、耐蚀和电性能；

③ 多层电镀　在同一工件表面上电镀多层不同金属或合金，以获得不同的性能，如防护-装饰电镀层；

④ 功能性电镀　用于电子元器件、导电元件等，主要提升导电性、磁性或耐热性。

（3）设备组成

典型的电镀设备主要由以下几个部分组成：①电源，提供直流电源，用于控制电镀电流和电压；②电镀槽，容纳电镀液和工件，是电镀反应的主要场所；③阳极和电源导线，是金属离子的主要来源；④电镀液和循环系统，保持电镀液均匀性，去除杂质，维持电镀液温度；⑤其他辅助设备，如过滤机、升降温设备等。电镀设备如图 10-10 所示。

图 10-10　电镀设备

（4）技术特点

电镀技术的主要特点包括：

① 成本低，设备简单，适合大规模生产；

② 镀层质量好，均匀、致密、附着力强；

③ 多功能性，通过不同金属或合金的电镀，工件可以获得耐腐蚀、耐磨、导电、装饰等多种性能。

（5）材料及应用

常见的电镀材料主要包括：金属材料（如 Ni、Cr、Zn、Cu）、合金材料（如 Ni-Cr、

Zn-Ni、Co-Ni)、特殊电镀材料（如 Pt、Ru）等。

电镀技术常见应用领域包括：

① 防腐涂层　如镀锌、镀镍，广泛应用于汽车、航空、建筑等行业，提高金属部件的耐腐蚀性能；

② 装饰涂层　如镀金、镀银、镀铬等，应用于珠宝、钟表、家电、装饰材料等领域；

③ 功能涂层　如硬铬电镀，应用于工具和模具表面，提升耐磨、耐热性能。

10.3.2.2　电刷镀技术

（1）原理及工艺过程

电刷镀技术是一种局部电镀技术，通过使用特制的镀笔或镀刷，将电镀液涂覆在需要镀覆的工件表面上，再通过电流作用在指定区域沉积金属镀层。与传统的浸入式电镀不同，电刷镀不需要将工件浸入电解液中，而是通过移动镀刷实现镀层的沉积，因此特别适合局部修复、现场镀覆和大型工件的表面处理。其主要工艺流程包括：①表面预处理，对工件进行清洗、除锈、除油，保证镀层的附着力；②刷镀，镀液通过浸润的镀刷或镀笔均匀涂布在工件表面，并通过阳极和工件之间的电流作用进行镀层沉积。③后处理，包括清洗、抛光等。

（2）设备组成

电刷镀设备主要由以下几个部分组成：①电源，必须是直流电，用于控制电刷镀电压及电流；②镀笔，用于刷镀；③镀液及供液系统，提供金属离子，用于形成镀层并保持镀液清洁和均匀；④辅助设备，如搅拌装置和加热装置等。

电刷镀设备如图 10-11 所示。

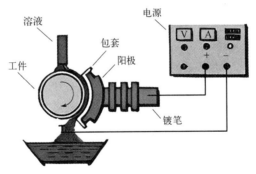

图 10-11　电刷镀设备

（3）电刷镀技术特点

电刷镀技术是一种成熟的薄膜制备技术，其特点主要包括：

① 灵活性强　可以对特定部位进行镀覆，无须将整个工件浸入电解液中，特别适合大尺寸和无法移动的工件；

② 材料节约　由于仅对局部区域进行处理，镀液消耗相对较少，工艺成本较低；

③ 镀层质量高　通过控制电流密度和刷动速度，能够获得高附着力、均匀的镀层，且镀层厚度可控；

④ 环保性好　相比于传统的浸入式电镀，电刷镀的镀液用量少，减少了化学物质的

使用和废液处理问题。

（4）电刷镀技术的材料及应用

电刷镀材料体系与电镀材料相同，主要包括金属材料，如 Ni、Cu、Ag、Cr、Co 等。

电刷镀的常见应用领域包括：

① 设备修复　在航空航天、船舶、机械设备等领域，电刷镀常用于修复磨损、腐蚀或机械损坏的零部件；

② 局部电镀　电刷镀广泛应用于需要局部镀覆的零件处理，如电气触点、工具、精密零件等；

③ 现场维护　在不能拆卸或移动的大型设备和工件上，电刷镀能够快速进行现场修复，如大型轴承、泵和管道的修复。

10.3.3　基于沉积成型原理的再制造技术典型应用

（1）真空蒸发镀膜技术在高端汽车灯具上的应用

我国已在超大容积室体的高真空动态快速获得、镀膜过程组态控制和复合镀制高性能保护膜、复杂曲面结构的均匀镀膜、生产过程的计算机全自动控制等方面取得突破，该技术成功应用于高中档轿车车灯上，如图 10-12、图 10-13 所示。目前我国汽车灯具镀膜工艺水平优于周边国家和地区，属于先进水平。

 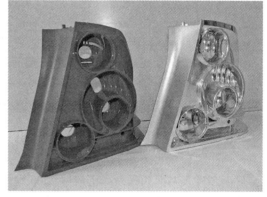

图 10-12　ZDL-2051 型镀膜设备　　　　　图 10-13　复杂曲面结构的镀膜灯具

（2）第四代（4G）阴极电弧气相沉积技术在刀具涂层上的应用

真空阴极电弧气相沉积是物理气相沉积的一种，广泛用于涂镀刀具、模具的超硬保护层，膜系包括 TiN、ZrN、TiAlN、TiC、TiCN、CrN、DLC（类金刚石涂层）等，如图 10-14 所示。镀层产品包括钻头、铣刀、齿轮刀具、丝锥、剪刀、切刀、顶头、冲模等。

第四代阴极电弧技术（4G-CAE）在传统（第三代）阴极电弧技术的基础上引入电磁驱动技术，可极大提高电弧斑在靶面的移动速度、碎化弧斑（降低弧斑亮度和能量）、增加弧斑数；能有效增强可镀区的等离子密度，提高反应镀膜活性，使镀膜层颜色更加丰富和饱满；增加调节参数，能更好控制电弧斑在靶面上跑动的形态和烧蚀的形貌。因此，采用 4G 阴极电弧可以提高工具性和装饰性镀膜的内在质量，增加膜层种类，提高涂层的细腻度和光泽度。

(a) TiN涂层冲棒

(b) AlTiN涂层滚刀

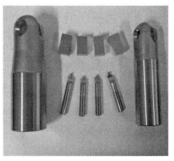
(c) TiN、ZrN涂层刀柄

图 10-14　各类气相沉积刀具涂层

（3）电刷镀技术应用于汽车发动机缸体再制造

电刷镀可用于汽车零部件中曲轴、缸体、缸套、连杆等端面及内孔类零部件的再制造修复。电刷镀修复缸体曲轴轴瓦配合面，如图 10-15 所示；电刷镀修复缸体缸套配合面，如图 10-16 所示。

图 10-15　电刷镀修复缸体曲轴轴瓦配合面

图 10-16　电刷镀修复缸体缸套配合面

（4）纳米电刷镀技术用于飞机发动机压气机叶片失效治理

中国人民解放军第五七一九工厂成功地将纳米电刷镀技术用于飞机发动机压气机叶片底面和榫头侧面的修复，已通过 300h 实车考核，证明性能可靠，被正式列入维修规范，而修复成本只是新品零件价值的 1%。纳米电刷镀液修复的气机整流叶片，如图 10-17 所示。

图 10-17　纳米电刷镀液修复的气机整流叶片

10.4

基于喷涂成型原理的再制造技术

喷涂（spraying）成型再制造技术是一种将喷涂材料通过热源加热至熔融状态，再利用喷枪或其他设备高速喷射到物体表面形成涂层，并用于再制造成型的工艺方法。喷涂技术主要包括热喷涂（thermal spraying）与冷喷涂（cold spraying）。喷涂技术的优势包括能够形成均匀的涂层，适应复杂形状的工件，工艺效率高，涂层材料多样化。

10.4.1　热喷涂技术

（1）原理及工艺过程

热喷涂技术就是利用热源（如乙炔、甲烷、等离子）和高压气体将熔融状态的喷涂材料（粉末、丝材或棒材）高速撞击经预处理的基体材料表面，然后摊平、铺展，最终形成具有层片状结构的涂层的技术。喷涂层与基体之间采用以机械结合为主、以微冶金结合为辅的结合方式。热喷涂技术原理，如图 10-18 所示。其工艺过程一般包括：①表面预处理（除锈、粗化、遮蔽）；②喷涂材料准备；③喷涂操作；④后处理（冷却、清理、封孔等）。

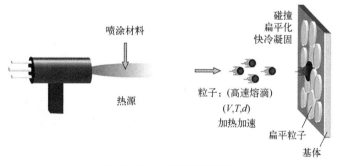

图 10-18　热喷涂技术原理图

（2）技术分类

热喷涂技术一般按热源性质进行分类，并根据热源的种类进行命名。常用的热喷涂技术分类，如图 10-19 所示，包括火焰喷涂、电弧喷涂、等离子喷涂及其他喷涂（爆炸喷涂等）技术。

（3）设备组成

不同的喷涂技术的设备组成不同，以下是常见的几种热喷涂设备组成。

① 火焰喷涂设备组成　a. 火焰喷枪。用于完成燃烧、加热和喷涂工作。b. 送粉/丝装置。负责将涂层材料（粉末、丝材或棒材）送入喷涂枪内。c. 气体供应系统。燃气供应系统为喷涂枪提供燃烧所需的气体。d. 控制系统。火焰喷涂设备的控制系统用于调节和监控火焰喷涂过程的关键参数。e. 其他辅助设备。包括转台、喷涂房、喷砂装置、除尘室等。超声速火焰喷涂设备，如图 10-20 所示。

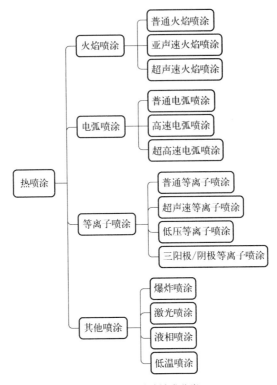

图 10-19 喷涂技术分类

图 10-20 超声速火焰喷涂设备

② 电弧喷涂设备组成 a. 电弧喷枪。负责将涂层材料熔化并喷射到工件表面。b. 电源。为电弧喷枪提供稳定的电能，以保证电弧的稳定性。c. 送丝系统。负责将丝材连续、稳定地输送到喷枪。d. 压缩气体系统。为电弧喷涂过程提供高压气流，用于雾化熔融金属和喷射涂层材料。e. 控制系统。用于调节和监控电弧喷涂过程的关键参数。f. 其他辅助设备。包括转台、喷涂房、喷砂装置、除尘室等。电弧喷涂设备，如图 10-21 所示。

③ 等离子喷涂设备组成 a. 等离子喷枪。用于产生等离子弧并加热喷涂材料。b. 电源系统。提供高压电流，产生等离子弧和调节功率输出。c. 粉末供给系统。负责将喷涂材料（通常为粉末状）稳定、均匀地输送到喷枪中。d. 气体供给系统。提供等离子弧所需的工作气体，用于精确控制气体流量和混合比例。e. 冷却系统。包括水泵、冷却液管路和散热装置，确保设备的持续运行和安全性。f. 控制系统。配备人机交互（HMI）界面或计算

机控制，用于调整参数并监控运行状态。g. 其他辅助设备。包括转台、喷涂房、喷砂装置、除尘室等。等离子喷涂设备，如图 10-22 所示。

图 10-21　电弧喷涂设备

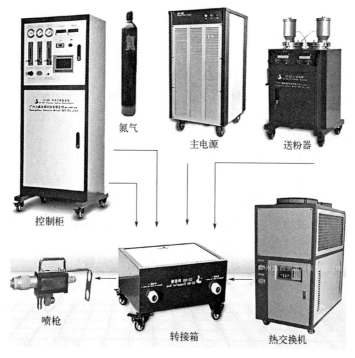

图 10-22　等离子喷涂设备

④ 爆炸喷涂设备组成　a. 爆炸喷枪。爆炸喷涂的核心部件，燃烧和喷涂在此进行。b. 燃料供给系统。提供燃烧所需的燃料气体和氧化剂。c. 粉末供给系统。为喷涂过程提供涂层材料（通常为粉末状）。d. 点火系统。用于触发燃气混合物的爆燃。e. 控制系统。集中控制设备各部分，确保喷涂过程稳定和参数可控。f. 冷却系统。为喷枪和其他关键部件提供冷却，防止设备和涂层过热。g. 工件运动定位系统。确保喷涂过程均匀，适应不同形状和大小的工件。h. 其他辅助设备。包括转台、喷涂房、喷砂装置、除尘室等。爆炸喷涂设备，如图 10-23 所示。

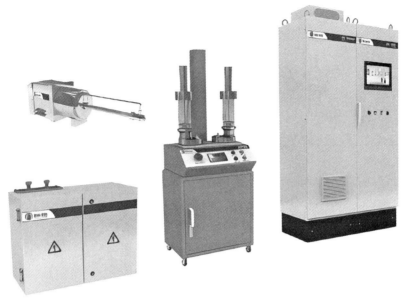

图 10-23　爆炸喷涂设备

（4）技术特点

① 火焰喷涂技术　根据喷涂的材料类型不同，火焰喷涂技术可分为丝材火焰喷涂技术和粉末火焰喷涂技术。其中，丝材火焰喷涂技术具有装置简单、操作方便、送丝连续均匀、喷涂质量稳定、喷涂效率高、耗能少等特点；粉末火焰喷涂技术具有喷涂材料范围广、涂层性能优异等特点。根据喷涂的速度不同，可分为普通火焰喷涂、亚声速火焰喷涂、超声速火焰喷涂。其中普通火焰喷涂、亚声速火焰喷涂主要采用氧气与乙炔燃烧，具有设备简单、操作方便、运行成本低等特点；超声速火焰喷涂主要以氧气与气体燃料（如氢气、丙烷、丙烯等）或液体燃料（如煤油）燃烧，具有涂层致密、结合强度高、孔隙率低等优点，虽然其运行成本相对较高，但是随着工业装备对涂层性能要求的不断提高，目前已被广泛应用于零部件的制造、维修与再制造。

② 电弧喷涂技术　电弧喷涂技术具有热效率高、生产效率高、生产成本低、操作简单、安全可靠、可制备伪合金涂层等优点。电弧喷涂的缺点是喷涂材料必须做成导电的丝材，材料种类受限。另外，由于温度相对等离子弧低，不宜喷涂不导电的陶瓷材料，因而在现代技术高新材料和高性能涂层领域，电弧喷涂的应用受到限制。

③ 等离子喷涂技术　等离子喷涂技术具有喷涂材料范围广泛、涂层质量高、喷涂效率高等特点，由于其具有超高温特性，可进行高熔点材料（如陶瓷、金属基陶瓷、难熔合金等）的喷涂。但是其运行成本较高，噪声大，光辐射强。

④ 爆炸喷涂技术　爆炸喷涂技术制备的涂层结合强度高，致密，孔隙率低（通常小于 2%），工件损伤小，涂层均匀且厚度易控制，涂层硬度高，耐磨性好。但是其喷涂效率低，噪声大，粉尘多，难以喷涂复杂零件。

（5）材料及应用

热喷涂材料主要包括：①金属材料，如 Al、Zn、Cu、Mo、Ni 等；②合金材料，如 Ni 基合金、Fe 基合金、Co 基合金、Al 基合金、Cu 基合金等；③陶瓷材料，如 Al_2O_3、ZrO_2、

TiO_2、Cr_2O_3、WC、Cr_3C_2、SiC 等；④复合材料，如金属陶瓷（如 WC-Co、NiCr-Cr_3C_2）、包覆粉末（如镍包石墨、镍包铝）等。

热喷涂技术应用领域包括：

① 航空航天　如燃气轮机、航空发动机涂层，提供高温抗氧化、耐腐蚀和隔热保护；
② 石油化工　如管道、储罐、阀门等设备；
③ 汽车工业　主要用于发动机、涡轮增压器和排气系统中的耐高温涂层；
④ 电力工业　主要用于汽轮机、锅炉和发电机的耐磨涂层，延长设备寿命；
⑤ 机械制造　主要用于提升零部件的耐磨、耐腐蚀性能，如轴类、齿轮、泵件等。

10.4.2　冷喷涂再制造技术

（1）基本原理及工艺过程

冷喷涂原理是将压缩气体（如氦气、氮气或空气）加热到相对较低的温度（通常低于材料的熔点）并使其加速通过喷枪喷嘴，材料颗粒通过供粉系统被引入高速气流中，并在喷嘴中被加速到超声速，最终高速撞击基材表面，高速粒子和基体发生严重的塑性变形，实现机械结合，形成涂层。典型的冷喷涂技术的工作原理示意图，如图 10-24 所示。其工艺过程一般包括：①喷涂试样基体前处理（对基体进行清洁、粗化、预热）；②粉末准备（预热、筛粉）；③喷涂设备准备（喷枪调试、粉末速率调试、工艺调试）；④喷涂过程，高速粉末撞击基材表面后发生塑性变形，逐层堆积，形成致密涂层；⑤涂层检查和后处理；⑥设备清理与维护。

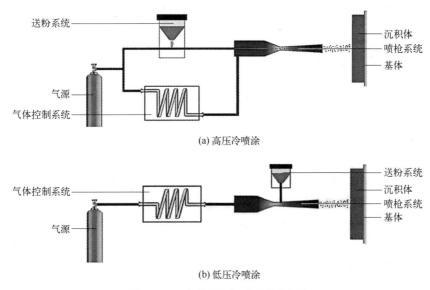

(a) 高压冷喷涂

(b) 低压冷喷涂

图 10-24　冷喷涂技术工作原理示意图

（2）设备组成

冷喷涂设备主要包括如下的组成部分：a. 冷喷涂喷枪，它是该系统的核心设备；b. 送粉器；c. 气体加热装置，主要作用是预热工作气体，使气体充分膨胀，提高气体的加速作用，保证喷涂质量；d．高压气源装置；e．冷喷涂控制及操作系统；f．持枪机械手；g．其他辅助装置，主要包括喷枪的水冷装置、粉末预装置、工作转台/夹具系统、通风除尘系统及喷砂间、隔音间、工具间等。冷喷涂设备，如图 10-25 所示。

图 10-25　冷喷涂设备

（3）技术特点

冷喷涂技术主要有以下特点：

① 喷涂效率高，可达 3kg/h；粉末沉积效率高，可达 80%；

② 应用的材料广泛，可沉积多种金属及其合金材料或者它们的混合物；

③ 对基体影响小，具有稳定的相结构和化学成分；

④ 喷涂残余应力较低，一般为压应力，适合进行涂层厚成型或增材制造；

⑤ 冷喷涂对环境基本无污染，喷涂飞溅的粉末可回收再利用，操作简便。

（4）工艺参数

在冷喷涂过程中，影响涂层质量的工艺参数主要包括：

① 气体参数　气体压力是影响粉末粒子能否达到临界速度的决定性因素；气体温度的提高能显著提高工作气体和喷涂粒子的速度；气体的种类对粒子速度有很大的影响，相同条件下，使用 He 作为工作气体比使用 N_2 更能提高粒子的速度。

② 粉末参数　粒子直径越小，越容易获得和工作气体相同的速度，但小直径粒子的动量较小，很容易偏离运动方向，降低涂层质量；大直径粒子，虽然有足够的动量，但粒子加速困难，也容易堵塞喷枪。因此，合适的粒子直径是获得优良涂层的重要前提。粉末粒子的密度同样影响粒子在工作气体中的加速性能，密度越小，加速性能越好。粉末粒子形貌的规则度也能影响粒子的加速性，不规则粒子受力比球形粒子大，更容易被加速。

③ 基材参数　包括基体材料的力学和热学性能、基体表面粗糙度和基体表面温度等。

④ 喷枪参数　喷枪是冷喷涂核心设备之一，喷枪的喉部直径、喷管长度和喷嘴形状都能影响工作气体的马赫数，从而影响粒子速度。

（5）材料及应用

冷喷涂材料体系主要包括：①金属材料，如 Zn、Cu、Ni、Fe 等；②合金材料，如不锈钢、铝合金、锡合金、钛合金等；③金属陶瓷材料，如 WC-Co、NiCr-Cr$_3$C$_2$ 等；④亚稳材料，如 Zr 基、Ni 基、Fe 基非晶合金；⑤聚合物，如聚乙烯、聚烯烃等。

冷喷涂再制造技术的主要应用领域包括：

① 航空航天　钛、铝和镍基合金涂层用于修复和增强航空发动机和结构件的性能；

② 电子行业　铜、银等材料用于导电涂层，提升电子元件和电路的可靠性；

③ 化工设备　锌、不锈钢和镍基合金用于防腐蚀涂层，提升设备在恶劣的化学环境下使用寿命；

④ 汽车工业　钛和铝合金用于发动机零件、涡轮增压器等的修复和增强。

10.4.3　基于喷涂成型原理的再制造技术典型应用

（1）超声速火焰喷涂用于冷轧张力辊的复合制造与再制造

超声速火焰喷涂已用于冷轧张力辊新品的复合制造和旧品的再制造，如图 10-26 所示。图中张力辊的母材是 Q345B，过去辊表面镀铬，现在用超声速火焰喷涂制备 WC 涂层后，使用寿命提高 3～4 倍，环保效果显著。

（2）高速电弧喷涂技术在机件再制造中的应用

目前，高速电弧喷涂技术广泛应用于钢结构的长效防腐、锅炉管道的高温冲蚀与热腐蚀防护、机械零部件的尺寸恢复与磨损防护等领域。发动机曲轴高速电弧喷涂，如图 10-27 所示；喷涂 ZnAlMgRE 防腐涂层的飞机降落平台格栅，如图 10-28 所示。

图 10-26　张力辊表面超声速火焰喷涂

图 10-27　发动机曲轴高速电弧喷涂

（3）等离子喷涂陶瓷涂层在印刷设备网纹辊制造中的应用

柔版印刷机上的网纹辊，原制造工艺是对辊表面镀铜后先机械雕刻再镀硬铬，使用寿命短，影响印刷质量。经试验研究，先采用等离子喷涂高质量陶瓷涂层，再用激光雕刻技术雕出需要的网孔，辊寿命可提高 3 倍以上，已完成大批量生产。如图 10-29 所示。喷涂层的主要性能指标包括：孔隙率小于 3%，结合力 30MPa，硬度 73 HRC，极限厚度 1mm，抛光可达表面粗糙度 Ra 0.08μm。

喷涂成型再制造技术已成为航空航天、医学、新能源、电力电子等高新技术领域，以及石油化工、能源动力、冶金、机械制造等传统领域用于制备特殊性能与功能涂层及零件修复、表面强化等不可或缺的重要工艺手段。

图 10-28　喷涂 ZnAlMgRE 防腐涂层的飞机降落平台格栅　　图 10-29　网纹辊等离子喷涂氧化铬

10.5
基于熔覆成型原理的再制造技术

熔覆（clading）成型再制造技术通过在基材表面添加熔覆材料，并利用热源使之与基材表面薄层一起熔凝的方法，在基层表面形成冶金结合的再制造熔覆层。相比其他再制造技术，熔覆成型再制造技术具有效率高、成本低、经济性好，可操作性强等优点。按照热源种类不同，主要包括激光熔覆与等离子熔覆。

10.5.1　激光熔覆技术

（1）原理及工艺过程

激光熔覆技术是一项重要的激光加工技术，也是一种新型的材料加工与表面改性技术。激光熔覆技术通过在基材表面添加熔覆材料，并利用高能密度的激光束使之与基材表面薄层一起熔凝的方法，在基层表面形成冶金结合的熔覆层。激光熔覆技术原理，如图 10-30 所示。

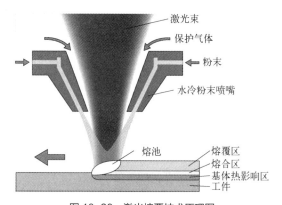

图 10-30　激光熔覆技术原理图

激光熔覆工艺过程一般包括：①基体前处理，清除基材表面的油污、氧化物和杂质，可使用机械打磨、喷砂或化学清洗；②熔覆材料准备，确保粉末具有良好的流动性、纯度与合适的粒径；③设备准备，进行参数设置、光束控制；④激光熔覆；⑤后处理。

（2）设备组成

激光熔覆设备组成：①激光系统，包括激光器、激光头、水冷系统；②送粉/丝系统，包括送粉器/送丝机、输送装置、送粉气体源；③行走机构，包括转台/床、机器人/操作机、夹持装置；④控制系统，包括激光控制器、数控系统等；⑤辅助设备，包括通风除尘系统、预热/保温装置、安全防护系统等。激光熔覆设备如图 10-31 所示。

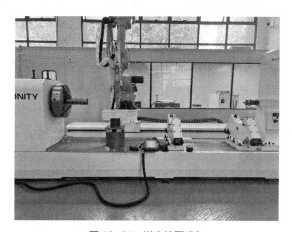

图 10-31 激光熔覆设备

（3）技术特点

利用激光熔覆技术对局部损坏的机械零部件进行熔覆修复，使损坏的零件恢复原有形状尺寸和使用性能，这种先进的修复技术称为激光熔覆再制造技术。它集激光技术、熔覆修复技术、先进数控和计算机技术、CAD/CAM 技术、先进材料技术、光电检测控制技术为一体，形成了一类新的光、机、电、计算机、自动化、材料综合交叉的先进修复与再制造技术。激光熔覆再制造技术与电弧堆焊等传统修复方式相比，具有如下技术优势：

① 热影响区小，基本不降低基体的力学性能；

② 基体变形小，可实现薄壁类、精密零部件再制造成型加工；

③ 可实现选区修复，用较低成本在零件不同部位实现不同力学性能的修复；

④ 成型材料种类多，包括镍基、钴基、铁基，以及陶瓷、非金属材料；

⑤ 可实现较大面积和较深厚度的再制造尺寸恢复。

（4）工艺参数

激光熔覆再制造工艺参数包括激光功率、光斑直径、扫描速度、送粉速率、搭接率、层间停留时间和气体保护方式等。

① 激光功率 激光功率是影响熔覆修复层品质的关键因素。随着功率增加，熔覆层深度增加，熔池尺寸变大，熔池中的液体可以更好地填充气孔缺陷，使气孔和裂纹的数量减少。能量密度过低，熔覆层与基体的稀释率太小，可能会导致熔覆层与基体结合不牢，发生剥落，熔覆层表面出现局部起球、孔洞等现象。而能量密度过高，可能导致熔覆层与

基体稀释率太大，合金粉末发生过烧、蒸发，表面呈散列状，成型高度不一。如果无法控制受热影响区域的热损伤，最终可能导致基体组织恶化和力学性能下降。

② 光斑直径　激光束的光斑通常是圆形，光斑尺寸不同，激光束的能量密度不同，会直接导致熔覆层表面能量分布不均。一般来说，当光斑直径较小时，熔覆层质量好，成型精度佳；随着光斑尺寸的增加，熔覆层成型不均匀。常见的光斑形状还有矩形，应根据实际修复的要求，对光斑的形状和尺寸进行正确选择。

③ 扫描速度　扫描速度决定了粉末受热时间和熔池维持时间。扫描速度越低，则粉末的加热时间和熔池处于熔融状态时间越长，熔覆层凝固后形成晶粒的尺寸越大，缺陷数量有所下降。扫描速度较快时可以直接提高熔覆修复的效率，但过快的扫描速度可能导致激光与粉末接触时间过短，熔池温度低，导致合金熔化不彻底，容易在熔覆层间产生气孔和夹杂等缺陷。

④ 送粉速率　随着送粉速率的提高，成型体积明显变大。通常送粉速率需要与扫描速率进行匹配。一方面，激光能量密度与扫描速度和送粉速率有关；另一方面，过高的送粉速率会导致粉末飞溅浪费。

⑤ 搭接率　搭接率是影响修复层表面质量的主要因素。熔覆层道与道之间相互搭接区域的深度与每道熔覆层中心线的高度不同，因而搭接率的提高会导致熔覆层表面粗糙度的降低。通常来说，搭接率的选择与熔覆速率直接相关，高速熔覆的搭接率通常大于60%，而一般的激光熔覆修复的搭接率通常为45%～55%。

（5）材料及应用

激光熔覆常用材料有：

① 钴基合金粉末　常用的钴基合金粉末有 CoCrMo、CoCrW、Stellite 6B、Co-50 等；

② 镍基合金粉末　常用的镍基粉末有 Ni60、Ni45 等；

③ 铁基合金粉末　如 316L 和 304L 不锈钢等；

④ 金属陶瓷粉末　如氧化物金属陶瓷、碳化物金属陶瓷等；

⑤ 难熔金属及合金　如 Mo、W、Ta 等。

激光熔覆应用领域主要包括：

① 工程机械　采用激光熔覆技术对液压缸活塞杆等工程机械关键部件进行修复，提高使用寿命。

② 汽车工业　磨损或腐蚀的汽车零部件，通过应用激光熔覆技术，可以得到有效的修复。特别是应用在发动机气缸衬套、轴衬套等重要部件上，该技术能够显著延长其使用寿命，提高整车的可靠性和安全性。

③ 煤矿机械　采用大功率激光熔覆技术对煤矿机械齿轮、液压杆、传动轴等失效零部件进行改造修复，可大大提高齿轮的使用寿命与性能。

④ 石油化工　石油化工中的大多数机械设备，由于长期在高温、粉尘和腐蚀的环境下工作，频繁发生故障，严重影响企业的生产效率和经济效益。激光熔覆技术的诞生和发展，解决了传统方法不易修复的难题，为螺杆、钻头等修复带来新的技术手段。

⑤ 船舶行业　长期工作在海洋环境下的船舶机械主要受海水侵蚀的困扰，如传动轴极易出现腐蚀、磨损，从而影响船舶的航行率。目前利用激光熔覆技术对这类失效零部件

的修复再制造应用已较为广泛。

10.5.2　等离子熔覆技术

（1）原理及工艺过程

等离子熔覆采用等离子弧作为热源，在熔覆过程中，合金粉末被送入高温等离子弧中，迅速熔化，并在工件表面形成熔池。随着等离子弧的移动，熔池冷却并凝固，形成致密且与基体结合牢固的涂层，如图 10-32 所示。其工艺步骤包括：①表面预处理，便于熔覆层与基体进行良好结合；②粉末熔覆，合金粉末通过送粉器送入等离子弧中熔化，并沉积在工件表面；③熔覆过程控制，通过控制等离子弧的电流、电压、气体流量以及送粉速率等工艺参数，确保熔覆层的质量和厚度；④后处理，熔覆后的涂层表面可能需要进行打磨、抛光等后处理，以满足使用要求。

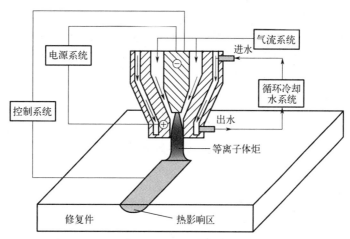

图 10-32　等离子熔覆原理示意图

（2）设备组成

等离子熔覆系统主要由等离子焊接机、操作柜、尾座定位器、可调辊架、送丝机、保护气组、送粉器、变位机、控制系统等部件组成，如图 10-33 所示。

图 10-33　等离子熔覆系统

（3）技术种类及特点

等离子熔覆根据不同的熔覆方式、设备和材料特点，可分为以下几种主要类型：

① 微弧等离子熔覆　微弧等离子熔覆是利用微弧等离子作为热源，将合金粉末熔化并沉积在工件表面。微弧等离子弧的能量密度较高，能够精确控制熔覆区域，特别适用于小面积或复杂形状零件的表面修复和强化。特点：精度高，热影响区小，适合精细表面处理。

② 常规等离子熔覆　常规等离子熔覆是最常见的形式，是利用等离子弧作为高能热源，将金属或合金粉末熔化并沉积到工件表面，形成均匀的涂层。该方法适用于大部分熔覆任务，尤其适合中大型工件的表面修复和强化。特点：工艺相对简单，适用范围广，熔覆层致密。

③ 真空等离子熔覆　真空等离子熔覆是在真空环境中进行的熔覆工艺，工件和熔覆材料不与空气接触，避免了氧化或其他气体杂质的影响，能够得到非常高质量的涂层。特点：避免氧化，涂层纯净，性能优异。

④ 低温等离子熔覆　低温等离子熔覆适用于基体材料对温度敏感的场合，通过降低等离子弧的温度进行熔覆，减少热应力和工件变形，仍然能形成高质量的熔覆层。特点：低温处理，适合温度敏感材料。

（4）工艺参数

等离子熔覆是一个复杂的工艺过程，熔覆的工艺参数是影响熔覆层质量好坏最直接的因素。熔覆工艺参数主要包括熔覆电流、离子气流量、送粉气流量、送粉量、焊接速度、喷嘴与工件的高度以及搭接率等。

（5）材料及应用

等离子熔覆常用材料主要包括：

① 铁基自熔性合金粉末　主要有 Fe-Cr-C、Fe-W-C、Fe-Ni-B-Si 等；

② 镍基自熔性合金粉末　主要有 Ni-B-Si、Ni-Cr-B-Si 等；

③ 钴基合金粉末　主要有 Co-Cr-W-C 等；

④ 碳化物陶瓷粉末　主要有 WC、TiC、Fe-C、Cr-C、SiC 等；

⑤ 氮化物陶瓷粉末　主要有 TiN、BN、AlN、CrN 等。

等离子熔覆的应用领域包括：

① 航空航天领域　等离子熔覆技术在航空发动机部件、燃气轮机叶片、涡轮盘等关键部件上广泛应用；

② 能源行业　在石油、天然气和火力发电等能源领域，等离子熔覆技术用于强化钻井设备、油井套管、泵轴、叶轮等部件的表面性能，尤其是耐腐蚀和抗磨损的性能；

③ 石油化工　等离子熔覆在石油化工设备如反应釜、热交换器、管道等领域得到广泛应用；

④ 汽车工业　等离子熔覆技术在汽车工业中用于修复和增强发动机缸体、活塞环、阀门、曲轴等关键部件的表面，等离子涂层可以提高这些部件的耐磨性、抗高温性和抗疲劳性；

⑤ 造纸行业　造纸行业的压辊、干燥缸、切割刀具等设备的表面处理常用等离子熔

覆技术，涂层提高了这些零件的耐腐蚀性、耐磨性和耐温性。

10.5.3　基于熔覆成型原理的再制造技术典型应用

（1）激光熔覆技术修复螺杆压缩机阴阳转子

激光熔覆技术已成功应用于电力、石化、冶金等行业高端技术设备的再制造中。特别是各类工程机械转子和转子副的修复，如图 10-34、图 10-35 所示。

图 10-34　用激光熔覆技术恢复转子的尺寸　　　　图 10-35　修复后的螺杆压缩机转子副

（2）等离子熔覆技术修复挤压辊

利用等离子熔覆成型再制造技术修复钢铁工业零部件轧辊和挤压辊，既能提高零部件使用寿命，还能起到节能、节材、降本增效的重要作用。辊压机挤压辊辊面的等离子熔覆再制造，如图 10-36 所示。

(a) 再制造前　　　　　　　　　　　　　　(b) 再制造后

图 10-36　辊压机挤压辊辊面的等离子熔覆再制造

（3）激光熔覆技术在矿山机械设备再制造中的应用

矿山机械工程工况条件恶劣，零件表面磨损、腐蚀、划伤严重。采用大功率激光表面熔覆技术和特种耐磨自熔性合金粉末，对采煤机及掘进机截齿、综采液压支架不锈钢立柱、刮板机、齿轮传动箱中的失效零件进行再制造，特别是在截齿端部锥面及刮板机易磨损部位，制备了冶金结合、硬质点和高韧性金属材料复合的激光强化覆层，使其使用寿命提高2~4倍。液压支架立柱采用激光熔覆再制造，如图 10-37 所示。

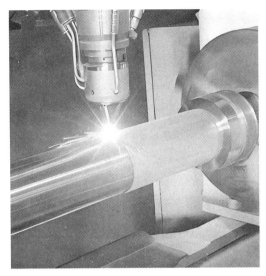

图 10-37　液压支架立柱采用激光熔覆再制造

（4）激光熔覆技术在冶金机械再制造中的应用

扁头套在冶金行业的热连轧轧机主传动中被广泛用来传递扭矩，扁头套一端内孔与轧辊扁头连接，另一端与主传动轴连接，把动力传递给轧辊，以带动其转动。扁头套直接承受来自轧辊的冲击，导致其内孔配合面磨损，使扁头套与轧辊扁头的配合间隙变大，从而对产品质量造成影响。传统堆焊修复易产生气孔和裂纹，工件变形大，使用安全无法保证，而激光熔覆则克服了传统堆焊的缺点，如图 10-38 所示。实践证明：通过激光再制造后，在扁头套内孔表面可以形成具有良好耐磨性和耐腐蚀性的覆层，其年磨损量不到新品磨损量的 1/5，恢复并超过了原品的使用品质，可以大幅度提高用户的经济效益。

(a) 再制造过程　　　　　　　　　　　(b) 再制造修复部位

图 10-38　扁头套激光熔覆再制造

10.6
基于电弧堆焊成型原理的再制造技术

10.6.1　钨极气体保护电弧堆焊再制造技术

（1）技术的原理

钨极气体保护电弧焊（gas tungsten arc welding，GTAW），又被称为钨极惰性气体（tungsten inert gas，TIG）保护焊（TIG 焊），是一种以非熔化钨电极进行焊接的电弧焊法。进行 TIG 焊时，焊接区可以保护气体阻绝空气的污染（普遍使用氩气和氦气等惰性气体），并通常搭配使用焊条（填充金属）。如图 10-39 所示为 TIG 焊设备示意图。

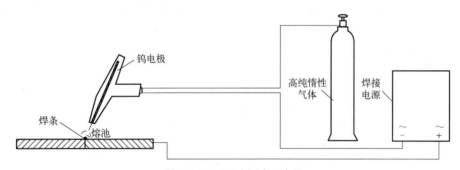

图 10-39　TIG 焊设备示意图

在了解 TIG 焊原理之前，首先要了解电弧的形成过程。电弧是一种由导电气体组成的电流通道，它可以在两个电极之间产生高温高能的放电现象。电弧的形成需要满足三个条件：①两个电极之间有足够的电压差，即电弧电压；②两个电极之间有足够的导电介质，即电弧介质；③两个电极之间有足够的电流，即电弧电流。

在 TIG 焊过程中，钨极和工件分别作为负极和正极，惰性气体作为电弧介质，焊接电源提供电弧电压和电流。TIG 焊的电弧形成过程为：当钨极和工件之间接近时，由于钨极的尖端效应，钨极表面会产生大量的热电子。这些热电子在高电场的作用下，从钨极表面发射出来，向工件方向运动，形成一股阴极射线。阴极射线在运动过程中，与惰性气体分子发生碰撞，使其电离，产生正离子和自由电子。这些正离子和自由电子构成了导电气体，使钨极和工件之间形成了一个导通通道。当导通通道建立后，焊接电源就可以通过该通道向工件输送大量的焊接电流。焊接电流在通道中产生了高温高能的焊接电弧。钨电极不熔化，只起到电极作用，因此需要在进行堆焊再制造时另外添加填充金属；电焊炬的喷嘴在焊接过程中输送氦气或氩气等惰性气体，主要起到两个作用，一个是作为产生电弧的导电介质，另一个是作为保护熔池的保护气。

（2）技术的特点和局限

TIG 焊具有以下几个特点：①焊接质量高，由于惰性气体可以有效地保护电弧和熔池，防止氧化和杂质的混入，因此 TIG 焊可以获得高质量、无缺陷的堆焊涂层。②焊接效率高，由于电弧稳定、热效率高、熔深大、变形小，因此 TIG 焊可以实现高速、连续的堆焊。③焊接灵活性高，由于钨极不熔化，可以根据需要选择填充金属，因此 TIG 焊可以适应不同厚度、不同位置、不同形式的焊接。

TIG 焊作为高质量、高效率的焊接方法，具有以下几个优点：①可以实现各种金属材料的高质量堆焊，无论是碳钢、不锈钢及铝合金等常见材料，还是镍合金、钛合金等特殊材料，都可以获得无缺陷、无气孔、无裂纹的堆焊涂层。②可以实现各种厚度工件的高效率堆焊，无论是 0.5mm 的薄板，还是 10mm 以上的厚板，都可以实现高速、连续、一次成型的堆焊。③可以实现各种位置工件的高灵活性堆焊，无论是平板、立板、横角、纵角等常规位置，还是上向、下向、水平等特殊位置，都可以实现自由、方便、准确地堆焊。因此适用于不同零部件的再制造。

TIG 焊作为一种高质量、高效率的再制造技术，也存在以下几个局限性：①需要较高的操作技能和设备条件，操作者需要掌握复杂的操作方法和技巧，设备需要具备稳定可靠的性能和功能。②需要较高的成本投入和维护费用，钨极、保护气体、填充金属等耗材需要定期更换和补充，设备需要定期检修和保养。③需要较高的安全防护和环境保护措施，电弧产生的紫外线和强光会对人体造成伤害，保护气体和电弧产生的烟尘会对环境造成污染。

（3）技术工艺

TIG 焊系统主要组成：①电源，为堆焊再制造过程提供电能；②焊接火炬，固定钨电极并控制保护气体流量；③钨电极，作为负电极形成电弧并承受高温；④保护气体，一般为氩气、氦气等惰性气体，保护堆焊熔池区域免受污染；⑤填充金属，添加可选材料制备堆焊涂层；⑥控制设备，调节焊接电流。

TIG 焊应用范围：主要应用于焊接不锈钢、轻金属（如铝合金、镁合金和铜合金）等，适用于除铅和锌以外的所有可焊材料的焊接。TIG 焊可应用于所有类型的接头和所有焊接位置。TIG 焊的工艺方法主要分为以下三种：

① 手工焊　手工焊是指由操作者手持钨极焊枪和填充金属丝，在工件上进行焊接的方法。手工焊具有操作简单、灵活方便、适应性强的特点，但也存在操作技巧要求高、效率低、质量不稳定等缺点。手工焊适用于小批量、多品种、复杂形状工件的焊接。

② 半自动焊　半自动焊是指由机械装置控制钨极焊枪或工件的运动，由操作者控制机械装置进行焊接的方法。半自动焊具有操作简便、效率提高、质量稳定的特点，但也存在设备成本高、适应性差等缺点。半自动焊适用于中大批量、单一品种、规则形状工件的焊接。

③ 自动焊　自动焊是指由机械装置或计算机程序控制钨极焊枪和工件的运动，并自动调节各种参数进行焊接的方法。自动焊具有操作无须人工干预、效率最高、质量最优的特点，但也存在设备投资大、维护复杂等缺点。自动焊适用于大批量、标准品种、简单形状工件的焊接。

TIG 焊的熔池质量在决定涂层的微观结构和性能方面起着重要作用。许多研究人员观察到，通过在熔化过程中选择和调整所需焊接工艺参数，可以在很宽的范围内控制 TIG 焊涂层获得固化结构和性能。其中，TIG 焊过程中通常由一些变量控制，例如电弧电流、移动速度、保护气体流速和电弧电压等。

（4）发展趋势和前景

TIG 焊作为一种先进的焊接方法，有着广阔的发展空间和应用前景。随着科技的进步和社会的发展，TIG 焊将面临以下几个方面的改进和创新：

① 提高 TIG 焊的智能化水平，利用计算机技术和人工智能技术，实现 TIG 焊参数的自动优化和调节、TIG 焊过程的自动监测和控制、TIG 焊质量的自动评估和反馈等功能。

② 提高 TIG 焊的多功能性水平，利用新型电源技术和新型电弧技术，实现 TIG 焊电弧形态和特性的多样化和可控化，如脉冲电弧、变形电弧、复合电弧等。

③ 提高 TIG 焊的环保性水平，利用新型材料技术和新型工艺技术，实现 TIG 焊耗材的节约和循环利用、TIG 焊废气和废渣的减少和处理等功能。

10.6.2　熔化极气体保护电弧堆焊再制造技术

（1）技术概述

熔化极气体保护电弧焊（gas metal arc welding，GMAW）在 20 世纪 40 年代后期被引入制造业，如今已成为全球制造业中广泛应用的工艺之一。GMAW 采用在可熔焊丝与被焊工件之间的电弧作为热源来熔化焊丝与母材金属，两者融合形成焊接接头，从而实现工件的相互连接，如图 10-40 所示。被连续送进的焊丝不断熔化并过渡到熔池，与熔化的母材金属融合形成焊缝。焊枪喷嘴向焊接区喷出保护气体，使熔化的焊丝、熔池以及附近的母材金属免受周围空气的氧化。该焊接方法的主要优点在于操作简单，适用于不同厚度板材（从 1mm 到 30mm，甚至更大）的全位置焊接，同时具有较快的焊接速度和较高的熔敷效率，生产效率高，且易于实现机械化和自动化。以氩气或氦气作为保护气体时，被称为熔化极惰性气体保护电弧焊（metal inert-gas welding，MIGW）；以非惰性气体或氧化性气体（如 O_2、CO_2）混合气体作为保护气体时，被称为熔化极活性气体保护电弧焊（metal active gas welding，MAGW）。

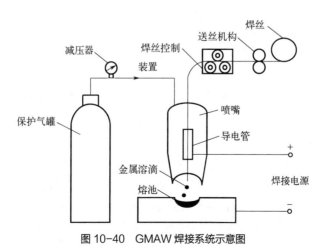

图 10-40　GMAW 焊接系统示意图

GMAW 可以通过以下三种方法进行安排：

① 半自动焊接　焊枪的运动由人工控制，设备负责电极的送丝。

② 机械化焊接　机械手握持焊枪（非手持式），通过操作员输入的命令进行监控和调整；

③ 自动焊接　在自动焊接时，整个焊接过程由设备独立完成，无须人工干预。焊接过程的所有参数，如焊枪位置、焊接速度和送丝速度等，均由自动化设备根据预设程序进行控制。电子传感设备常被用于检测焊缝边缘、跟踪焊缝和对准焊枪，从而确保焊接质量的稳定性和精度。

随着传统 GMAW 工艺的进步，该技术已经开发出来，可以使用多线电极并以较低的投资成本集成到现有生产线中，以提高生产率和稳定性。多线焊接的各种工作原理如下：

① 双焊（一个送料单元）　两根不同的电极丝通过传统的送丝单元送入焊枪和熔池。两根电线共享相同的电位并连接到同一电源。

② 双焊（两个送料单元）　两根电极丝分别从两个不同的送丝单元送入焊枪和熔池。需注意，两根电线具有相同的电位并连接到相同的电源。

③ 串联焊接（两个进料单元和两个电源）　两根电极丝由单独的送丝单元送入焊枪和熔池，并连接到单独的电源。两根电极丝在焊枪中相互电气绝缘，每根电极丝可独立设定电位和焊接参数。

GMAW 技术被广泛应用于机械制造、造船、汽车制造、航空航天、石油化工和电子技术等工业领域。它适用于大多数常见金属，包括碳钢、合金钢、不锈钢、铝、镁、铜、钛及镍合金等。随着焊接技术的不断发展和完善，GMAW 在现代工业焊接生产中的地位日益重要。而再制造技术是一种以恢复废旧产品性能为目标的制造过程，通过修复、再加工和组装旧零部件，以使其性能接近或达到原有水平，GMAW 在再制造技术中发挥了重要作用，尤其是在堆焊再制造领域。堆焊再制造是通过在旧零部件表面堆焊一层新材料，恢复其原有尺寸和性能的过程。GMAW 技术具有以下优势：

① 高效的材料利用率　连续送进的焊丝被有效利用，减少材料浪费。

② 优良的焊接质量　保护气体可以有效防止焊接过程中的氧化和污染，保证焊缝质量。

③ 多材料适用性　适用于多种常见金属，满足不同再制造零部件的材料需求。

④ 灵活性和自动化　易于实现机械化和自动化操作，提高生产效率，降低人为误差。

在再制造过程中，GMAW 技术可用于修复磨损部件、增强表面耐磨性和耐腐蚀性。例如，在工程机械、航空发动机和船舶推进系统等关键部件的再制造中，通过 GMAW 技术进行堆焊，可以有效延长其使用寿命，降低更换成本，提高设备的可靠性和安全性。

综上所述，GMAW 作为一种高效、可靠的焊接技术。通过高质量的焊接过程，它成功实现了废旧零部件的再生和利用，推动了工业的可持续发展。

（2）技术工艺参数及其影响

焊接变量或参数被分为直接焊接参数（direct welding parameters，DWP）和间接焊接参数（indirect welding parameters，IWP）。DWP 指的是焊接成品的特性，如熔深、焊道宽度、横截面积和焊道高度；而 IWP 则指影响 DWP 的因素，如焊接电压、焊接电流、焊枪行进速度、送丝速度、电极尖端角度、保护气体类型和流量。

　　焊接过程是一个多输入多输出、多变量系统，各变量之间紧密耦合，难以在不影响其他 DWP 的情况下单独调整某个 IWP。其次，无法实时观察所有输出变量。例如，焊接过程中可以在线监测焊道宽度，但无法在线获知焊道的熔深。一组焊接输入参数（WIP）作用于一组材料参数（material parameters，MP），从而产生一组焊接输出参数（WDP）。焊接输出参数可以被明确定义，例如以焊缝的宽度和熔深的尺寸作为焊道成型的标准。从本质上讲，必须根据材料参数适当地选择焊接输入参数。焊接输入参数可以被视为"原因"，焊接输出参数则是"结果"。在多变量焊接过程中，控制系统的主要功能是通过调整 WIP，确保在环境变化（尤其是材料参数变化）时，仍能保持恒定的焊接输出参数水平。或者，当在恒定材料参数区域运行时，控制系统必须通过适当调整 WIP，以在焊接输出参数中产生所需的变化。

　　下面将详细说明影响焊接输出参数的主要焊接输入参数。

　　① 焊接电流　是指电源提供以维持稳定电弧所需的电流。通过改变焊接电流，焊工可以控制沉积金属的量。焊接电流和电压显著影响焊缝金属的过渡机制。随着焊丝直径的增加（送丝速度相同），需要的电流更大。在其他参数保持不变的情况下，电流越大，沉积速度越快，熔深越深，焊道形状越好。在 GMAW 中，直流电极正极性（DCEP）焊接常用于碳钢、低合金钢及不锈钢等材料的焊接，其能产生可接受的焊道几何形状、少量飞溅、稳定的电弧和最大的焊缝熔深。低电流和电压与活性保护气体的组合，可获得频率为 100Hz 的短路金属过渡模式。这种模式适用于焊接薄壁材料和位置焊接，因为热输入较低。如果施加的电流和电压略高于短路模式，并结合惰性保护气体，则可获得球状金属过渡，其特点是液滴明显，其尺寸与较低频率下的电极直径相当。球状过渡模式受重力控制，适用于向下焊接位置。在较高的电流和电压水平下，金属过渡以喷射模式发生，液滴尺寸小于电极。

　　② 电源极性　是指焊枪或焊条与电源的电气连接类型，通常分为正极性和负极性。选择合适的极性对于焊缝的强度和质量具有重要影响。当电源的正极端子连接到焊枪或焊条时，为直流电极正极性（DCEP）焊接。DCEP 具有电弧稳定、金属传递良好、飞溅少、焊道质量高、熔深效果好等理想特性。而直流电极负极性（DCEN）焊接则很少使用，因为其液滴尺寸较大，且电弧力将液滴推离工件，会导致电弧不稳定。

　　③ 焊接电压　主要由电弧长度定义，电弧长度是熔融熔池与填充丝之间的距离。GMAW 中的电弧电压与电流和电弧长度直接相关。电弧电压在很大程度上受到屏蔽气体和电极延伸等因素的影响。随着电弧电压的增加，焊道具有变宽和变平的作用。对于低电压，焊缝增强层已增加，而过高的电压会导致气孔、飞溅、电弧不稳定和底切形成。

　　④ 焊接速度　是指焊枪沿焊接方向和焊缝沟槽移动的速度。焊枪移动速度越低，熔敷的填充金属就越多，而且低速时焊弧对熔池的冲击比对工件的冲击更大。此外，焊枪速度高时，单位长度焊缝传输的热能先上升后下降。此外，焊枪速度高时，填充金属沉积不足。因此，在所有参数保持不变的情况下，相当高的焊枪速度就能达到最大焊透率。

　　⑤ 电极延伸　指的是电极线末端与接触管尖端之间的距离。随着电极延伸的增加，电路的电阻增加，由于焦耳效应，散热和温度增加，电极熔化速率上升。然而，随着电阻的上升，其两端的电压吸收率更高，这会导致电源的焊接电流降低，从而降低熔化速率，缩短电弧长度并"稳定"伸出。对于浸渍转移模式，电极延伸范围为 5～15mm，对于其他

金属转移模式，延伸要求在＞15mm～25mm。

⑥ 沉积速率　随着电极直径的增加，熔化需要更高的电流，从而导致更高的沉积速率。通常电极直径为 0.8mm、1.0mm、1.2mm、1.6mm、2.0mm 和 2.4mm。较大直径的电极（1.2mm 和 1.6mm）用于焊接较厚的材料，需要更高的电流，产生更大的熔池。如表 10-2 所示，展示了在焊接电流、电弧电压、焊接速度和根部开度等其他焊接参数上适当选择薄中厚钢板厚度的电极丝的一般指南。

表 10-2　使用实心线的方形接头的适当焊接条件

板厚度/mm	电极直径/mm	根部开度/mm	焊接电流/A	电弧电压/V	焊接速度/(cm/min)
1.2	0.8/0.9	0	70～80	18～19	45～55
1.6	0.8/1.0	0	80～100	18～19	45～55
2.0	0.8/1.0	0～0.5	100～110	19～20	50～55
2.3	1.0/1.2	0.5～1.0	110～130	19～20	50～55
3.2	1.0/1.2	1.0～1.2	130～150	19～21	40～50
4.5	1.2	1.2～1.5	150～170	21～23	40～50
6.0	1.2	1.2～1.5	220～260	24～26	40～50
9.0	1.2	1.2～1.5	320～340	32～34	40～50

⑦ 保护气体　在 GMAW 中，保护气体的主要功能是为熔融焊缝金属提供屏蔽保护，使其免受大气接触，避免金属氧化物的形成。保护气体的成分及其流速对电弧特性、稳定性、金属转移方式、熔深、焊道轮廓和焊接速度有显著影响。纯气体以及二元、三元，甚至四元混合气体均可作为 GMAW 的保护气体。各种类型的保护气体和保护气体混合物在 GMAW 中具有不同的功能和效果，下面介绍常见的保护气体（纯气体以及二元、三元和四元保护气体混合物）的应用。

熔化极气体保护电弧堆焊再制造技术通过精确控制焊接变量，实现了对金属零部件的有效修复和增强。在选择和控制焊接参数时，需综合考虑材料特性和期望的焊接结果，以确保焊缝质量和再制造效果。通过合理选择焊接电流、电压、速度、电极直径和保护气体，GMAW 再制造技术能有效延长零部件的使用寿命，推动制造业可持续发展。

（3）金属转移特性

在熔化极气体保护电弧堆焊再制造技术中，金属转移特性是影响焊接质量的重要因素。金属转移模式指的是电极上的熔融金属如何从电极传输到焊接熔池中的过程。这个过程会受到焊接电流、电弧电压、保护气体类型和电极直径等因素的显著影响。以下是主要的金属转移模式及其在堆焊再制造中的应用。

① 短路金属转移模式　短路金属转移模式通过不断送入实芯或药芯电极线，导致熔融金属周期性地沉积在母材上并发生短路。在此过程中，电极以 20～200 次/s 的速率接触母材并短路，从而将金属转移到焊接熔池中。短路过程中电流增加，导致电极尖端产生更强的电磁力，进而挤压熔融液滴。这种模式通常使用 CO_2 或氩气含量（体积分数）低于 25%的混合气体保护，常用于汽车工业，适用于普通钢和不锈钢，特别适合焊接薄金属或钣金，以及无需背衬的根部焊道。短路金属转移模式也称为短弧微丝焊接、细丝焊接和浸渍转移模式。

② 球状金属转移模式　在球状金属转移模式中，通过电弧力和重力作用，恒定送入的实心或金属芯线电极在电弧中形成熔融小球。这种模式的特征是熔融液滴大于电极直径且形状不规则，每秒沉积几滴。相比轴向喷射金属转移模式，球状金属转移模式使用的电流较低，但高于短路金属转移模式。由于高电流水平容易产生飞溅，难以控制。球状金属转移模式常用于 100%CO₂ 保护气体的碳钢焊接，仅适用于平坦和水平位置。由于液滴较大，不适合垂直和头顶位置的焊接。由于不锈钢中镍和铬含量高，采用这种模式焊接不锈钢会降低耐腐蚀性，增加电阻。

③ 轴向喷射金属转移模式　轴向喷射金属转移模式是一种高能量金属转移模式，连续送入的电极丝将小熔液滴喷射到母材上。这种模式下，电压、送丝速度和电流值相对较高。其特点是细小的金属液滴从电极尖端轴向滴落，产生的飞溅很少，适用于水平和垂直位置的焊接，板厚可达 12mm。轴向喷射金属转移模式主要使用含有 80%氩气的气体混合物进行屏蔽，适用于焊接钢、不锈钢和铝，能够实现较高的沉积速率。

在熔化极气体保护电弧堆焊再制造中，根据焊接材料、位置和厚度的不同而选择不同的金属转移模式。短路金属转移模式适用于薄金属和钣金，球状金属转移模式适用于碳钢的平坦和水平位置焊接，而轴向喷射金属转移模式则适用于需要高沉积速率的钢、不锈钢和铝的焊接。在选择具体的焊接模式时，应根据实际需求，综合考虑电流、电压、屏蔽气体类型和导线直径等因素，以确保焊缝的质量和工艺的稳定性。

（4）技术应用实例

熔化极气体保护电弧堆焊再制造技术在工业领域展现了其独特优势，尤其是在修复和再制造大型金属构件方面。该技术在航空航天、汽车制造和船舶维修等领域的广泛应用，不仅显著提升了关键部件的使用寿命和性能，还有效降低了维护成本。

在航空航天领域，涡轮叶片需要承受高温燃气的冲击，并在高速旋转过程中产生巨大的离心力，这些极端条件会导致叶片表面材料逐渐磨损，甚至出现裂纹和结构性损伤。通过使用 GMAW 技术，技术人员能够精确地填补和修复这些损伤，确保叶片的性能和寿命。修复过程要求高度精密的焊接技术和材料选择，以满足航空发动机的高性能要求。例如，修复涡轮叶片时，不仅需要填补裂纹和磨损区域，还必须确保修复材料的耐高温性能与原材料相匹配，从而保证叶片在长时间使用中的稳定性和可靠性。

在汽车制造领域，发动机缸体和变速箱在长期高温运行和机械磨损的双重作用下，容易出现裂纹、磨损甚至金属疲劳。例如，发动机缸体在高温高压的工作环境中，缸壁会因反复热循环和压力变化产生裂纹，严重时可能导致发动机失效。同样，变速箱中的齿轮和轴承在长时间高负荷运转后会出现磨损和金属疲劳，影响变速箱的正常运转。通过 GMAW 技术，这些问题可以得到精确的填充和修复。修复发动机缸体和变速箱时，技术人员需要选择具有高强度和耐热性能的焊接材料，通过精密的焊接工艺，填补缸体的裂纹和磨损区域，从而恢复其原有性能并延长使用寿命。

在船舶维修领域，船舶长期浸泡在海水中，盐分和其他化学物质会对金属部件造成严重的腐蚀。此外，螺旋桨和推进器在运转过程中承受着强大的水流冲击和机械磨损，容易出现表面磨损、裂纹甚至断裂。技术人员可以利用 GMAW 技术精确地修复这些部件的表面损伤，恢复其航行效率和安全性。同样，修复螺旋桨过程中，不仅要填补损伤区域，还要确保修复材料能够抵御海水的腐蚀，并且在高负荷运行中保持结构强度，从而保证船舶的长期安全运行。

（5）技术未来发展趋势

熔化极气体保护电弧堆焊再制造技术在未来的发展中展示了多重创新和技术进步的前景。首先，随着工业 4.0 的推进，自动化和智能化将成为其重要发展方向。通过引入增强现实（AR）和虚拟现实（VR）技术，操作员可以在虚拟环境中模拟和优化焊接过程，减少实际操作中的错误，并提高生产效率。智能传感器和实时数据分析的应用将实现焊接过程的实时监测和质量控制，确保焊接质量和结构完整性。其次，GMAW 技术与增材制造（AM）技术的整合是技术发展的另一重要方向，例如激光增材制造（LAM）和电弧增材制造（WAAM），可以快速制造复杂结构和大型零件，并用于高性能合金和复合材料的修复与制造。未来的技术创新还包括针对多材料焊接和界面控制的研究，以应对航空航天和汽车工业中多材料混合焊接的需求。此外，节能环保是未来 GMAW 技术发展的重要方向，设计节能型设备和优化焊接工艺，以减少能耗和环境影响，符合可持续发展的要求。在应用创新方面，GMAW 技术不仅局限于传统制造业，还扩展到医疗设备和生物技术领域，为精密器械和医疗器械的制造和修复提供高精度和高可靠性。总体而言，熔化极气体保护电弧堆焊再制造技术在未来将继续通过技术创新和应用拓展，为各行业提供更高效、更精确和可持续的解决方案，推动工业制造向智能化和高效化发展。

10.6.3　等离子电弧堆焊再制造技术

（1）技术原理

等离子电弧堆焊（plasma arc welding，PAW）是一种利用高能等离子电弧作为热源的增材再制造技术。该技术利用焊枪的钨极作为电流的负极，修复工件作为电流的正极，二者之间产生的等离子体作为热源，热量转移至工件表面，并向该热能区域送入焊接粉末，使其熔化后沉积在工件表面，从而实现工件的修复与再制造。

等离子电弧堆焊系统主要组成部分有：①电源，提供稳定的直流或脉冲电流，维持能量输出和等离子弧的稳定性。②等离子焊枪，通过电弧放电产生高温等离子体。③保护气体，常用氩气、氦气等惰性气体，保护熔池不被氧化，并稳定等离子电弧。④送粉系统，通过气体将粉末材料输送到等离子弧中，粉末在高温下熔化并沉积到工件表面。⑤工件，需要进行堆焊修复的零件。

等离子电弧堆焊再制造的工作过程主要有以下几个步骤：首先，是电弧点燃，电源启动后，在焊枪电极与工件之间形成电弧。由于高电流通过，电弧区域温度迅速升高，气体电离形成等离子体。随后，气体流经电弧区，被加热到极高温度（可达 20000°C 以上），产生高温等离子体射流。等离子体射流集中在工件表面，将工件表面局部加热至熔点以上，形成熔池。此时粉末材料通过送粉系统，被气体携带进入等离子体弧区域，迅速加热熔化，并沉积到工件表面的熔池中。最后，熔化的粉末在工件表面冷却后形成致密的堆焊层，与基材形成牢固的冶金结合。通过控制焊枪移动和送粉速度，可以实现制备均匀的堆焊层。PAW 焊接系统，如图 10-41 所示。

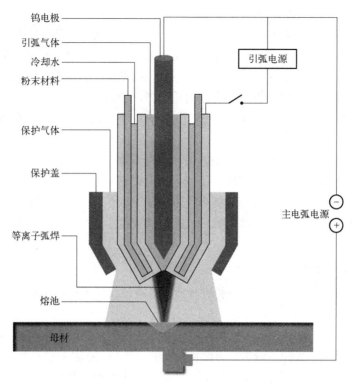

图 10-41　PAW 焊接系统

（2）技术特点

等离子电弧焊技术具有以下几个特点：①能量密度高，等离子电弧提供高能量密度，可以快速加热和熔化金属材料，这使得堆焊过程具有高效性和精准性。②精确控制，通过调整电流、电压、气体流量和焊接速度等参数，可以精确控制熔池的形状和大小，从而确保堆焊质量的一致性和稳定性。③高温高速度，等离子电弧的高温（可达几万摄氏度）和高速气流（气体速度可达声速），使得堆焊过程可以有效清除熔滴，防止杂质进入熔池，提高焊接质量。④材料适应性强，该技术可以适用于多种金属材料，包括碳钢、不锈钢、铝合金、钛合金及镍基合金等，其不仅适用于相同材料的修复，还可以实现不同材料的复合堆焊。⑤局部加热，离子堆焊技术能够在特定部位进行局部加热和修复，减少了对整体零件的热影响，避免了零件变形。

这些特点使得等离子电弧堆焊再制造技术在现代制造业中具有重要的地位，广泛应用于航空航天、汽车制造、石油化工和冶金等领域，不仅提高了零件的使用寿命和性能，还显著降低了维修和更换成本。

（3）等离子电弧种类

等离子电弧堆焊再制造技术按等离子弧形式分类可分为非转移型电弧、转移型电弧和混合型电弧三种，均是钨极接电源负极，工件和喷嘴接电源正极。

① 非转移型电弧　电弧形成于钨极与喷嘴之间，随着等离子气流的输送，形成的弧焰从喷嘴中喷出，形成高温等离子焰，主要适用于导热性较好的零件的再制造。但由于电弧能量主要是通过喷嘴传输，喷嘴的使用寿命较短，且能量不宜过大，不适合长时间的连

续工作，目前非转移型电弧应用较少。

② 转移型电弧　转移型电弧是在喷嘴与工件之间形成。转移型电弧难以直接形成，需要先在钨极与喷嘴之间形成细小的非转移型电弧作为引导，之后过渡到转移型电弧。当生成转移型电弧后，非转移型电弧同时切断。由于这种方式可以将更多的能量传递给工件，转移型电弧在等离子电弧堆焊再制造中应用较为普遍。

③ 混合型电弧　转移型电弧和非转移型电弧并存，主要应用于微束等离子电弧焊接和粉末堆焊中。

总结来说，非转移型电弧、转移型电弧和混合型电弧各有其适用范围和特点。非转移型电弧适合导热性良好的工件再制造，但由于能量传递限制，应用较少；转移型电弧由于能量传递效率高，广泛应用于堆焊再制造技术；混合型电弧结合了两者的优点，主要用于高精度焊接和粉末堆焊操作。这些电弧形式的选择取决于工件的材料性质和再制造的具体要求。

（4）技术重要参数

在等离子电弧堆焊工艺中，多个关键参数会影响最终堆焊层的质量、性能和工艺效率，其中影响较大的有以下几个参数。

① 焊接电流　在等离子电弧堆焊过程中，最重要的工艺参数是焊接电流，随着焊接电流的增加，等离子电弧能量增大，熔化和穿透能力增加。在再制造过程中如果电流过小，填充金属不易熔化，修复层与工件无法形成良好的冶金结合，电弧不稳定，容易造成气孔、夹杂及未熔合等多种缺陷。反之，如果电流过大，工件熔化过多，在增加稀释率的同时，会增加堆焊材料的烧损，降低堆焊层硬度；此外，由于热输入量较大，工件还易烧穿焊坏，造成保护不良、氧化物多、咬边等严重的焊接缺陷，影响堆焊层质量。焊接电流主要根据工件材料、堆焊速度和焊粉种类来选定，电流过大过小都会影响堆焊性能。

② 电弧电压　电弧电压过低时，不易引燃电弧，电弧较软，穿透能力弱，不过电弧电压小可以减小基材对堆焊材料的稀释率；电弧电压过高，容易引弧，但温度会升高，稀释率也增加，不易焊接，难以掌控。

③ 气体流量　气体流量包括离子气、保护气和送粉气等不同气体的流量，在堆焊过程中需要对其分别进行控制。如果流量过大，容易使电弧喷射速度加快，弧流冲力过大，造成翻渣现象，易把喷嘴烧坏；若气体流量过小，则对电弧压缩能力减小，电弧软弱无力，堆焊热量减少。气体流量对焊接质量影响较大，因此需要慎重选择。

④ 焊接速度　焊接速度是影响堆焊层质量的一个重要参数。在其他条件一定时，焊接速度增加，工件表面的热输入量减小；反之，如果焊速太低，会出现过热现象，直接影响焊接质量。

对以上各技术参数分析可知，等离子电弧焊成型质量受多个工艺参数综合影响。由此，对工艺参数进行综合调节，选取合适的参数组合，是获取优良堆焊层的必要条件。

（5）技术的粉末选择

合适的粉末材料是等离子电弧堆焊再制造成功的关键，需综合考虑基材材料、目的用途、粉末特性以及经济性等因素。常见的粉末材料可分为以下几类。

① 自熔性合金粉末　自熔性合金粉末主要由镍基、钴基、铁基、铜基等几类构成。

虽具有良好的综合性能，但由于镍和钴是稀缺金属，成本高，一般只用于有特殊表面性能要求的堆焊中。而铁基合金粉末具有原材料来源广、价格低的特点，同时具有良好的性能，因而得到越来越广泛的应用。

② 复合粉末　复合粉末近年来日益成为研究和应用的热点，它是由两种或两种以上具有不同性能的固相所组成，不同的相之间有明显的相界面，是一种新型工程材料。组成复合粉末的成分，可以是金属与金属、金属（合金）与陶瓷、陶瓷与陶瓷、金属（合金）与塑料、金属（合金）与石墨等，范围十分广泛，几乎包括所有固态工程材料。

不同的粉末材料有着不同的优势及用途，合理选择和使用粉末材料不仅能显著提升堆焊层的性能和使用寿命，还能有效降低生产成本，是实现高质量再制造的关键环节。

（6）技术典型应用

① 阀门密封面堆焊　阀门在使用过程中，经常处在较高的温度和较高的流体压力下，且阀门经常启闭，在此过程中，由于密封面间的相互摩擦、挤压、剪切，加之流体的冲刷和腐蚀等作用，阀门极易受到损伤。通过采用等离子电弧堆焊再制造技术将高熵合金粉末材料堆焊在损伤阀门密封面上，可以提高其耐磨损、耐腐蚀及高温性能，延长阀门使用寿命，同时节省贵重材料的使用，降低产品的成本，这一方法已在电站阀门行业得到普遍应用。

② 石油化工装备　石化工业中，生产设备工况条件具有三高（即高腐蚀、高磨损及高温）的特点，无法满足长期使用标准，采用等离子电弧堆焊工艺，将镍基或钴基合金材料堆焊在设备受损密封面上，可以达到提高设备使用寿命和运转安全性的目的。这种修复与再制造方法对提高装备耐磨、耐腐蚀及高温性能，延长其使用寿命，节省贵重材料的使用，降低产品成本具有重要意义。目前，这一技术已在石油、化工行业中得到广泛应用。

③ 矿山机械　采煤机截齿处于高冲击强度、高频磨损等恶劣工况，无法满足高寿命要求。采用等离子电弧堆焊再制造技术在损伤表面堆焊特殊合金粉末，可以显著提高采煤机截齿的耐磨、耐冲击性能，延长其服役寿命。目前，该技术在机械化综合采煤生产作业中获得了推广应用。

除了上述应用，等离子电弧堆焊再制造技术凭借其高效、高精度特性和广泛的适用性，已在各个工业领域展现出强大的应用潜力。通过合理选择和使用粉末材料，不仅能显著提升堆焊层的性能和使用寿命，还能有效降低生产成本，是实现高质量再制造的关键环节。随着技术的不断进步和完善，等离子电弧堆焊再制造技术将在更多领域发挥其独特的优势，为工业生产和设备维护提供更优异的解决方案。

（7）技术存在的主要问题及发展前景

等离子电弧堆焊主要以金属粉末作为堆焊材料，并且大部分堆焊材料是自熔性合金，堆焊质量对粉末质量的依赖性较大。在堆焊过程中会有少量粉末逸散而造成浪费。在堆焊过程中因粉末飞溅、长时间施焊易产生黏喷嘴现象，在堆焊黏性较强材料，例如镍基合金时，这个问题尤其突出，已经成为影响工艺稳定性的重要因素。以上问题除了与堆焊合金本身的特性有关之外，还与焊粉的粒度、形状及焊枪（特别是喷嘴）密切相关。在系统控制方面，由于等离子电弧堆焊工艺参数比较复杂，因此等离子焊接设备中要控制的对象比较多，主要包括转移弧整流电源、高频振荡电源、气量、冷却水、堆焊数控机床、送粉器和摆动器等，其中任何一个参数的变化都可能影响堆焊层的质量和性能。刚开始设备采用手动控制，堆焊质量与操作者技术有非常大的关系，后来发展到使用继电器逻辑电路及二极管矩阵逻辑电路作为程控系统，系统集成程度不高，给维修或因加工对象改变而修改工艺程序带来巨大的不便。为了进一步实现等离子电弧堆焊设备的小型化、控制系统化和操作自动化，目前在设备控制方面，越来越多的研究者在等离子电弧堆焊设备中引入可编程控制器（PLC）对设备进行系统控制，但是许多人只是将 PLC 作为一种替代传统的继电器控制系统的逻辑顺序控制器，未能充分发挥 PLC 的软件功能。通过充分发挥 PLC 的软件功能，可以增强设备的自动化和智能化程度，提高设备工艺适应性和运转稳定性，因此其有广阔的研究前景。

等离子电弧的温度极高，粉末熔化充分，从而使得堆焊层材料组织细小、均匀、致密。同时，等离子电弧堆焊再制造技术具有柔性好、加工速度快、对零件的复杂程度基本没有限制等特点，能直接制造出组织致密、满足实际使用要求的金属零件，并且几乎不受原料种类限制，因此在缩短制造加工周期、节省资源与能源、发挥材料性能、提高精度、降低成本方面具有很大的潜力，因而受到越来越多的关注，可见等离子电弧堆焊技术在未来具有很好的发展前景。

10.6.4　冷金属过渡堆焊再制造技术

（1）技术原理及特点

冷金属过渡（cold mental transfer，CMT）堆焊是 Fronius 公司基于短路过渡原理开发出来的新型焊接技术，可用于零部件的再制造。CMT 堆焊通过协调送丝监控系统与控制系统，令焊丝在接触熔池时立即降低电流熄灭电弧，并控制焊丝回抽，让熔滴在无电弧的情况下以相对较低的温度进入熔池，随后再次燃起电弧，实现冷熔滴-热电弧交替的焊接过程。它具有能量损耗小、无焊渣飞溅、焊接热输入量小、熔滴参数可控、焊缝品质优良等特点，被广泛应用于航空航天加工、精密仪器生产、极薄板材焊接、机车制造等领域。

CMT 堆焊由四个阶段组成：①电弧引燃之后，焊丝向前进给；②熔滴进入熔池之后，电弧进入熄灭状态，此时电流会自动减小；③焊丝回抽将会导致熔滴脱落，回复的电流会一直保持在较小的范围内；④焊丝回复到进给状态时，将进行熔滴过渡，循环往复。冷金属过渡堆焊技术的焊丝运动过程如图 10-42 所示。CMT 堆焊电信号周期定义为熔滴沉积到熔池所需的时间。电流电压波形的分析对于研究熔滴过渡过程中不同阶段的能量分布至关重要，该周期分为以下三个阶段：

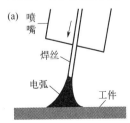

电弧引燃，
熔滴向熔池过渡

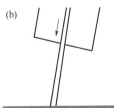

熔滴进入熔池，
电弧熄灭，电流减小

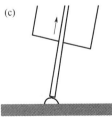

电流短路，焊丝回抽，熔滴
脱落，短路电流保持极小

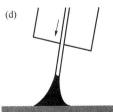

焊丝运动方向改变，
重复熔滴过渡过程

图 10-42　冷金属过渡堆焊技术的焊丝运动过程

① 峰值电流阶段　此阶段为恒定的电弧电压，对应一个大的电流脉冲，使焊接电弧容易点燃，然后加热焊丝电极，形成熔滴。

② 背景电流阶段　该阶段对应较低的电流，一直持续到短路发生。减小电流，防止焊丝尖上形成的小液滴发生球状转移。

③ 短路阶段　在这一阶段的电弧电压减小，接近于零，同时，将返回信号传送给送丝机，送丝机给送丝线施加回带力。该阶段有助于液相的断裂和材料向熔池中的转移。

影响 CMT 堆焊质量的因素有激励电流、送丝速度、外加磁场等。其中，激励电流对焊接接头的质量具有决定性的影响，是因为激励电流在 CMT 堆焊过程中起到热源作用，能熔化母材和焊丝，形成熔池。

（2）与其他再制造技术结合

为了适应工业生产的大规模应用，常常将 CMT 焊接与其他再制造技术结合，以达到更好的再制造效果，例如，CMT-激光复合焊、CMT-钎焊复合焊和基于 CMT 堆焊辅助的增材制造技术（3D 打印）等。

激光焊接，指采用连续或脉冲高能量密度的激光束作为热源，加热熔化母材，形成特定熔池，实现焊接的一种精密焊接方法，多应用于军事、航天、化工等制造行业。激光焊接具有焊接位置精确、污染小、薄材焊接效率高等特点，但其熔池周围易形成等离子气体，焊道凝固快，能量转换率低，焊接熔深小，对工业生产有一定的影响。为了扩大激光焊接的再制造范围，常常将其与其他工艺进行交叉复合，CMT-激光复合焊接工艺就是其中一种。

钎焊，指通过加热熔化低熔点钎料（熔点低于母材），填充母材间缝隙，实现金属的连接。由于不熔化母材的缘故，钎焊技术极易在焊缝中产生气孔和缺陷，甚至形成内部间隙，严重影响焊缝质量，无法适用于工业要求严格的领域。CMT-钎焊复合焊接工艺可熔化少量母材，以避免形成严重的焊接缺陷，促进钎焊广泛应用。

增材制造技术多应用于航空航天、生物医疗以及重要特殊结构工件的制造。但增材制造技术存在产品精度低、结构性能不均匀等缺点，CMT 堆焊可有效解决增材制造存在的问题，同时提高产品的综合性能，拓展增材制造的实践应用。

（3）技术应用

CMT 堆焊几乎可以应用于所有已知的材料，拥有广泛的应用领域，包括微电子器件领域、机车制造行业、航天领域、桥梁和钢结构领域等。最新的外根焊工艺表现出了优异的特性，被认定为西气东输工程的备选工艺之一。焊接技术由于具有热输入量小、无飞溅、焊接速度快、焊接质量好、装配间隙容忍度高、焊接变形小、焊缝均匀一致等优点，拓宽了普通焊接难以涉及的领域，如薄板或超薄板（0.3～3.0mm）的焊接、电镀锌板或热镀锌板的无飞溅钎焊、钢与铝异种材料连接等领域。

采用 $AlSi_5$ 焊丝对铝镁异种材料进行 CMT 堆焊时，超低的焊接热输入以及元素的添加阻止了脆性金属化合物的形成，有利于提高接头的强度，可用于部分零部件再制造。在镁基体侧产生了明显的多层组织，包括固溶体、共晶组织、$Mg_{17}Al_{12}$ 层和 Mg_2Al_3 层，拉伸试验中表现为典型的脆性断裂。

薄铝板由于质量轻、强度高，在汽车等行业得到广泛应用，解决薄铝板的焊接问题是加速其应用的重要因素。普通 MIG 堆焊由于容易造成烧穿，故难以用于薄铝板的焊接。热输入小的短路焊接虽可以用于薄铝板焊接，但存在飞溅问题。CMT 堆焊热输入小，可以控制熔深，同时可以实现无飞溅的熔滴过渡，适用于薄铝板焊接。利用 CMT 堆焊技术焊接 1mm 厚薄铝板时，间隙容忍度高，通过控制电流、电压波形以及送丝机构的送丝运动，熔滴过渡十分稳定，焊缝成型美观，无飞溅。CMT 堆焊通过与脉冲 MIG 焊接混合使用，可以增加铝板的焊接厚度。

镍基合金具有优异的高温性能，在航空航天工业中应用广泛。传统的炉中钎焊与真空钎焊由于热输入高，容易造成焊件的变形及镍基合金的氧化。采用 CMT 堆焊技术焊接 2mm 厚镍基合金与不锈钢时，电流 85A、电压 12.6V、焊接速度 1.2m/min、送丝速度 5m/min、气体流量 12L/min 下，焊缝质量最好，最大剪切强度可达 184.9Pa，破坏发生在焊缝的不锈钢侧，实现该合金的再制造。

（4）技术缺陷及解决方法

CMT 堆焊虽然以其高精度和低热输入而闻名，但仍存在缺陷。CMT 堆焊在进行零部件再制造过程中常出现一些问题，例如熔合不足、熔透不完全、气孔、飞溅和变形等。熔合不足和熔透不完全是由于热输入不足或焊接参数不当，气孔和飞溅是由污染或熔池中的气体缠绕造成的，变形是由焊接过程中产生的热应力引起的。目前人们已经找到了多种方法来减少这些缺陷的产生并提高 CMT 堆焊的质量，例如，优化焊接参数，如电压、电流、送丝速度和行进速度，以确保适当的熔化和熔透，同时将飞溅降至最低。焊前表面准备，如清洁和脱脂，有助于防止污染和减少气孔的可能性；使用惰性气体保护，如 Ar 或 He，可有效保护熔池免受大气污染，从而减少气孔和飞溅；可以采用适当的夹具和夹紧技术，通过最小化热应力的影响来减少变形。此外，作为 CMT 堆焊的创新技术，先进的 CMT 系统结合了弧长控制和波形调制等功能，可以增强电弧稳定性和控制，从而减少飞溅和熔合不足等缺陷的出现。这些方法均有助于提高 CMT 堆焊的可靠性，实现高质量的再制造。

（5）技术挑战与机遇

CMT 堆焊面临着几个科学挑战，主要挑战之一是材料兼容性。由于熔点、热胀系数和冶金兼容性的差异，铝和钢等不同材料的连接仍然很困难，这可能会导致脆性金属间化合物和连接强度降低。铝等材料的有效焊接还需要严格的表面处理，以去除可能阻碍焊接质量和一致性的氧化物。工艺稳定性是另一个关键问题，工艺参数不合理同样影响着再制造零部件质量。在不同的焊接条件和材料下保持稳定的电弧对于保持一致的焊接质量至关重要。弧长、电流和电压的变化会影响稳定性，导致飞溅和气孔等缺陷。精确控制熔滴过渡对于实现一致的焊接至关重要，特别是在薄壁和复杂零件上。转移的不一致性可能会导致不规则的熔滴形成和缺陷。热管理也带来了巨大的挑战。平衡热输入可以防止过度的热变形和残余应力，同时确保足够的渗透和融合是复杂的，特别是对于铝和铜等具有高热导率的材料。控制冷却速度对于避免裂纹和确保所需的显微组织性能至关重要。快速冷却可能导致硬化和脆化，而缓慢冷却可能导致不希望的晶粒生长。如何减少可能影响焊接完整性和力学性能的气孔和非金属夹杂物是一个长期存在的挑战。尽管面临这些挑战，CMT 堆焊仍为再制造的发展提供了许多可能。先进材料的应用潜力很大，例如高性能合金，包括钛和高温合金，这对航空航天和高性能应用至关重要。有效焊接金属基复合材料（MMC）和纤维增强材料的技术在汽车和航空航天领域开辟了新的途径。利用机器学习和人工智能将实时监控和自适应控制系统集成在一起，可以增强过程稳定性和质量控制，实现对焊接参数的实时精确调整。将 CMT 焊接与其他焊接工艺（如激光焊接）相结合，可以发挥这两种技术的优势，保证卓越的焊接质量和工艺效率。

10.6.5 基于电弧堆焊成型原理的再制造技术典型应用

电弧堆焊技术作为再制造的重要技术手段，被广泛应用于矿山、冶金、建筑、机械工程、车辆、石油化工和航空航天等领域装备的修复，大幅削减了制造新零部件带来的资源能源消耗和碳排放。接下来将介绍电弧堆焊技术在各领域的典型应用案例。

案例1：电弧堆焊技术在矿山机械领域的应用

（1）案例背景

某大型矿山企业的辊压机和立磨设备在长期使用中，辊套和衬板由于承受高压和物料冲击，磨损严重。这种磨损不仅导致设备工作效率下降，还增加了设备故障和停机的风险。更换全新的辊套和衬板成本高昂，且需要长时间的设备停机。因此，企业决定应用电弧堆焊再制造技术来修复这些磨损部件，延长其使用寿命并降低维护成本。

（2）解决方案与流程

① 检测与分析　技术人员首先使用三维扫描技术对辊压机的辊套和衬板进行了全面检测，获取了磨损部位的详细数据。通过扫描分析确定了修复区域的尺寸、磨损深度和形状，确保修复方案的精确性。

② 修复方案制订　根据检测结果，技术团队制订了修复方案，选择了高硬度、高耐磨性的合金材料，如高铬铸铁，用于堆焊操作。修复方案还确定了堆焊层的厚度、焊接路径、温度控制等关键参数，以确保堆焊材料能够与母材形成良好的冶金结合。

③ 电弧堆焊操作　修复工作通过自动化电弧堆焊设备进行。焊接机器人沿预定的焊接路径，使用高温电弧熔化焊接材料，逐层堆焊在磨损区域。每层堆焊材料都经过精确控制，以确保与原有母材的牢固结合。通过多层堆焊恢复了部件的原始形状和尺寸，同时增强了其耐磨性。

④ 焊后处理　堆焊完成后，首先，技术人员对修复部位进行了热处理，以消除焊接过程中产生的残余应力。随后，对堆焊层表面进行打磨处理，确保其光滑平整，并符合设备的原始设计规格。最后，对堆焊层进行了进一步的耐磨性和硬度测试。

⑤ 装配与试运行　将修复后的辊套和衬板重新安装到辊压机和立磨设备中，经过试运行检测，设备工作状态良好，恢复了正常的生产效率，停机时间明显减少。

（3）应用效果

经过电弧堆焊再制造技术修复后，设备的使用寿命得到了显著延长。修复后的辊套和衬板耐磨性提高，能够承受长时间的高强度作业。相比全新更换部件的方案，企业通过再制造技术节省了约50%的成本，同时减少了设备停机时间，提高了生产效率。修复后的设备运行稳定，满足了企业高强度生产需求。

（4）工艺特点与技术优势

① 显著的成本节约　通过修复磨损部件，避免了更换全新零件的高昂成本。

② 延长设备使用寿命　修复后的部件耐磨性能提升，显著延长了设备的整体使用寿命。

③ 缩短停机时间　再制造修复的周期短于零件更换的周期，减少了设备停机的时间，提升了生产效率。

④ 环保效益　通过再制造技术延长了零件的使用寿命，减少了资源浪费，符合可持续发展的理念。

案例 2：电弧对焊技术在阀门密封面上的应用

（1）案例背景

阀门密封面损坏的挑战：密封面承受着介质的冲刷、腐蚀，以及密封副之间摩擦带来的磨损。特别是在核电站、石油化工领域，阀门的使用要求极为严格，不仅要求耐腐蚀、耐磨损、耐高温，还要求能够在长时间检修周期（1～2 年）内不损坏。

阀门材料的高要求：阀门的密封面需要具备极高的耐磨性和耐腐蚀性，因此通常采用昂贵的合金材料，如钴基、镍基合金。然而，传统的手工电弧堆焊方法，由于母材冲淡率高，通常需要多层堆焊才能达到性能要求，这不仅耗费大量材料，还导致堆焊效率低，增加了制造成本。

（2）解决方案与流程

① 问题评估　对需要进行再制造的阀门进行全面检查，确定密封面的磨损、腐蚀、冲蚀等损坏程度。测量密封面的尺寸偏差，评估其对阀门密封性能的影响。了解阀门所处的工作介质、温度、压力等条件，确定对堆焊材料的要求。考虑工作环境中的腐蚀性因素、磨损机制等，为选择合适的堆焊工艺和材料提供依据。

② 方案设计　根据阀门密封面的工作要求和损坏情况，选择具有良好耐磨性、耐腐蚀性、耐高温性的堆焊材料。考虑堆焊材料的特性和阀门密封面的形状、尺寸，选择合适的堆焊工艺，并确定具体的堆焊工艺参数。

③ 工艺实施过程　对密封面进行预热，以减少焊接应力和防止裂纹产生。预热温度根据堆焊材料和阀门材质确定。根据需要，对密封面进行机械加工或喷丸处理，提高堆焊层的附着力。按照确定的堆焊工艺和参数进行堆焊操作，确保堆焊层的质量和均匀性。控制堆焊层的厚度，避免过厚或过薄影响密封性能。注意焊接过程中的安全防护，防止电弧辐射、烟尘等对操作人员造成伤害。

④ 焊后处理　对堆焊后的密封面进行缓冷处理，以降低焊接应力。进行机械加工，恢复密封面的尺寸和精度。对堆焊层进行无损检测，如探伤、硬度测试等，确保堆焊质量符合要求。

⑤ 质量检验与验收　外观上，检查堆焊层的表面质量，应无裂纹、气孔、夹渣等缺陷，密封面的平整度和表面粗糙度应符合设计要求。尺寸上，确保其符合阀门的装配要求。对再制造后的阀门进行密封性能测试，可采用水压试验、气压试验等方法，验证阀门的密封性能是否达到要求。经过质量检验合格后，对再制造的阀门进行验收，并出具验收报告。

（3）工艺特点与技术优势

该案例中，电弧堆焊技术在阀门密封面再制造中展现了多个方面的优势：

① 有效提高阀门的密封性能及其他工作性能；

② 有效修复阀门密封面损伤区域，延长阀门的使用寿命；

③ 降低成本，提高生产效率；

④ 减少对原材料的需求和废弃物的产生，更节能环保；

⑤ 可根据阀门的具体情况和工作要求选择合适的堆焊工艺与材料，适用性广泛。

阀门封闭面堆焊后形貌图，如图 10-43 所示。

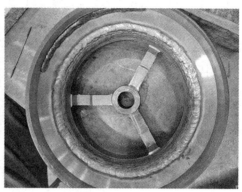

图 10-43 阀门经堆焊后形貌

除上述案例以外，电弧堆焊技术在矿山机械、航空航天、水利工程和汽车船舶等领域还存在广泛的应用。矿山机械行业的大型破碎设备，如辊压机、立磨机、高压辊磨机等耐磨件堆焊再制造近年来得到快速发展，堆焊技术在形状规则的大型零部件上的应用技术成熟且自动化程度高。冶金行业相关设备如轧辊等在长期应力下磨损、剥落的堆焊再制造仍是研究热点，通过增加堆焊材料合金元素、控制相占比等方法能够提高堆焊层质量，以防止出现在不匹配的堆焊条件下再制造支承辊的服役早期开裂。电力行业辅机设备耐磨件如因腐蚀和磨损失效的火电厂中速磨辊、水电站水轮机叶片、风机叶片等，可通过堆焊技术进行表面预保护和修复再制造。相关应用研究表明，采用金属陶瓷相堆焊耐磨层的磨煤机磨碗衬板及辊套的检修时间间隔可延长 1.5～2.0 倍。堆焊技术近年来逐渐应用于掘进设备的再制造。掘进设备如盾构机、TBM（隧道掘进机）等易磨损件（如密封跑道、主轴承大齿圈、刀具刀盘等）在运转过程中出现损伤后，可通过堆焊进行修复。

在航空航天领域，涡轮叶片需要承受高温燃气的冲击，并在高速旋转过程中产生巨大的离心力，这些极端条件会导致叶片表面材料逐渐磨损，甚至出现裂纹和结构性损伤。通过使用电弧堆焊再制造技术，技术人员能够精确地填补和修复这些损伤，确保叶片的性能和寿命。修复过程要求高度精密的焊接技术和材料选择，以满足航空发动机的高性能要求。例如，修复涡轮叶片时，不仅需要填补裂纹和磨损区域，还必须确保修复材料的耐高温性能与原材料相匹配，从而保证叶片在长时间使用中的稳定性和可靠性。

在汽车制造领域，发动机缸体和变速箱在长期高温运行和机械磨损的双重作用下，容易出现裂纹、磨损甚至金属疲劳。例如，发动机缸体在高温高压的工作环境中，缸壁会因反复热循环和压力变化而产生裂纹，严重时可能导致发动机失效。同样，变速箱中的齿轮和轴承在长时间高负荷运转后会出现磨损和金属疲劳，影响变速箱的正常运转。通过电弧堆焊再制造技术，这些问题可以得到精确的填充和修复。修复发动机缸体和变速箱时，技术人员需要选择具有高强度和耐热性能的焊接材料，通过精密的焊接工艺，填补缸体的裂纹和磨损区域，从而恢复其原有性能并延长使用寿命。

在船舶维修领域，船舶长期浸泡在海水中，盐分和其他化学物质会对金属部件造成严重的腐蚀。此外，螺旋桨和推进器在运转过程中承受着强大的水流冲击和机械磨损，容易出现表面磨损、裂纹甚至断裂。技术人员可以利用电弧堆焊再制造技术精确地修复这些部件的表面损伤，恢复其航行效率和安全性。同样，修复螺旋桨过程中，不仅要填补损伤区域，还要确保修复材料能够抵御海水的腐蚀，并且在高负荷运行中保持结构强度，从而保证船舶的长期安全运行。

电弧堆焊再制造技术优势显著。它可以在低成本的情况下，对受损的金属部件进行高效修复和强化。通过精确控制堆焊参数，能获得具有良好耐磨性、耐腐蚀性和耐高温性的堆焊层，在提高部件使用寿命的同时，减少资源浪费和新部件的生产需求。其操作相对简便，适用于多种金属材料。在市场前景方面，随着工业的不断发展，人们对设备可靠性和耐久性的要求越来越高，电弧堆焊技术必将在机械制造、石油化工、冶金等领域发挥更大的作用，有着广阔的市场前景。

10.7
多能场复合增材再制造技术

随着科技发展及工业需求的增加，多能场辅助电弧增材制造技术（多能场复合增材再制造技术）逐步占据主导地位。多能场辅助电弧增材制造技术起源于焊接技术，主要分为激光-电弧复合增材技术、磁场-电弧复合增材技术和超声-电弧复合增材制造技术，在不同能场的辅助下可对成型件的成型过程进行干预，细化晶粒，从而提高成型精度。另外，多能场辅助电弧增材制造技术还能有效改善合金凝固过程中的传质，改变元素分布和组织，进而提高合金性能。

10.7.1 激光-电弧复合能场堆焊技术

激光-电弧复合热源起初用于焊接技术，激光-电弧复合技术是一种将两种不同热源（激光和电弧）结合起来的高效、高质量方法，高能激光与适应性较强的电弧这两种技术可以优势互补。激光-电弧复合技术具有以下优点：节能高效，可大大提高成型率；可较好地改善焊缝形貌；可降低装配精度需求。研究人员通过大量试验发现，激光的加入对电弧具有明显的压缩作用，可以提高电弧的稳定性。激光-电弧在不同位置时的相互作用对复合成型具有决定性影响。Gui 等研究发现，当激光束与电极之间的距离较小时，电弧会被明显压缩；当激光作用于电弧中心时，电弧的预热会大大提高激光吸收率，较短的弧长将有助于进一步增强穿透力。Moradi 等采用激光-电弧复合焊接研究了厚度 4mm 的钢板成型表面质量的稳定性。当喷射电弧变得又长又宽时，熔滴会向侧面移动，此时增加电弧电压会严重破坏焊接表面的稳定性。激光的加入可以细化晶粒，获得较高的冷却速率，从而提高材料的力学性能。Zhang 等利用激光辅助 MIG 增材技术制造了 5356 铝合金。在加入激光辅助后，成型件表面氢气孔的数量减少，内部组织变得更细、更均匀，拉伸强度得到提高。如图 10-44 所示，刘国昌等基于 Simufact Welding 建立了激光辅助电弧复合增材的有限元模型，不同的堆积路径和激光功率对残余应力和变形的影响不同：交错式堆积成型件的残余应力小于同向式的，但是交错式堆积成型件的变形较大；激光功率越大，成型件的残余应力和变形越大。

彩图

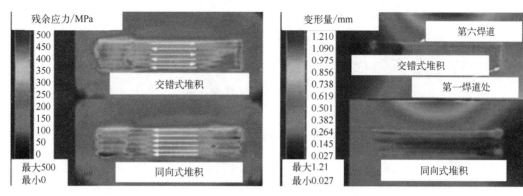

图 10-44　不同路径下应力和变形云图

如图 10-45 所示，Li 等采用 Abaqus 建立了激光辅助 CMT 复合增材数学模型，通过比较同向运动（SDM）、往复式运动（RM）和同步往复运动（SRM），探究了沉积方式对纵向残余应力的影响规律。

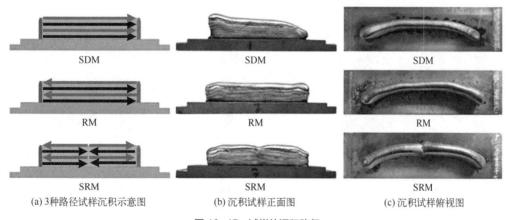

(a)3种路径试样沉积示意图　　(b)沉积试样正面图　　(c)沉积试样俯视图

图 10-45　试样的沉积路径

激光-电弧复合技术不仅可用于焊接，而且大量试验证明了激光-电弧复合技术在增材制造方面的可行性。激光的加入可以压缩电弧，控制其喷射长度，形成质量较好的表面。现阶段，激光-电弧复合的主要技术是激光与 MIG 焊和 TIG 焊相结合，改变微观组织结构，进而提高力学性能。同样，由于激光热源的加入，在增材制造过程中容易出现弯曲、翘起等缺陷，可以通过有限元模拟软件在增材制造前建立实验模型，预测并规避多热源带来的增材缺陷。

10.7.2　磁场辅助堆焊技术

磁搅拌作为一种改善合金性能的辅助方法被广泛应用。该方法不仅可以改变熔池的形状，细化晶粒，还可改善合金凝固过程中的传质，改变其元素分布和组织形貌，进而提高合金的性能。此外，基于磁搅拌的作用，沉积层内部气孔和氧化夹杂物等缺陷明显减少，摩擦性能和拉伸性能得到提高，如图 10-46 所示。

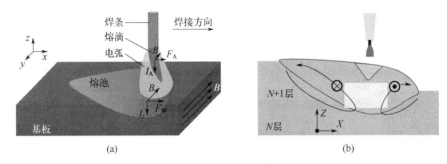

图 10-46　磁场-电弧复合增材示意图

磁搅拌技术最初被应用于焊接试验，通过磁搅拌改变电弧和熔池行为，进而细化组织结构，提高其力学性能。近年来，一种新的基于电弧的外加纵向静磁场辅助增材制造方法被提出，该方法通过添加外部纵向静磁场，诱导熔池中的切向搅拌力，促使金属液向熔池边缘移动，从而降低成型区的温度梯度。另外，切向搅拌力可降低层高、增加层宽，进一步提高增材成型件的表面精度。如图 10-47 所示，Wang 等通过数值模拟研究了外加复合磁场对熔滴行为的影响。研究发现，外加磁场提高了金属转移频率，减小了熔滴尺寸。

彩图

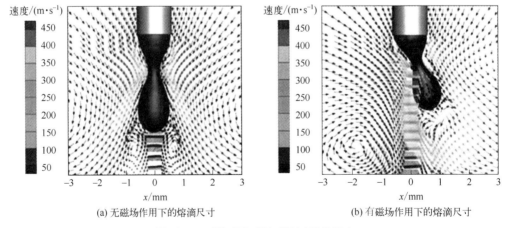

(a) 无磁场作用下的熔滴尺寸　　　　　　　　(b) 有磁场作用下的熔滴尺寸

图 10-47　外加复合磁场对熔滴行为的影响

许多国内外专家对磁场辅助电弧增材制造的宏观形貌和微观组织进行了大量研究。如图 10-48 所示，Zhang 等研究了外加纵向磁场对电弧等离子体特性和熔滴形貌的影响，研究发现，电弧在外加纵向磁场作用下旋转和膨胀，会大大提高电弧刚度，随着磁感应强度的增加，离轴液滴逐渐指向填充丝的轴线，当磁感应强度较高时，液面由平面变为斜面，从而形成熔滴。为了提高电弧增材制造的成型精度，王启伟等研究了纵向磁场作用下铝合金电弧熔覆成型工艺。研究表明，在纵向磁场作用下，随着励磁电流的增加，焊道的宽高比呈上升趋势，焊道形貌变为扁平状，熔覆层的表面平整度和精度有所提高。在此基础上，该团队又将纵向磁场与 MIG 技术结合，通过调整励磁电流在 6061 铝合金上制备熔覆层。研究发现，添加纵向磁场后有效减小了热输入，熔覆层的微观组织和力学性能得到较大改善。

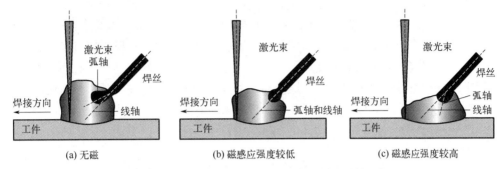

| (a) 无磁 | (b) 磁感应强度较低 | (c) 磁感应强度较高 |

图 10-48　磁感应强度对等离子体特性和熔滴形貌的影响

横向磁场产生的洛伦兹力可推动电弧运动，电弧密度发生偏转，这引起了许多学者的关注。周祥曼等为了探究外加横向磁场对电弧增材制造成型过程中电弧和熔池传质传热及微观组织转变的影响机理，建立了基于 GMAW 电弧增材制造的数值模型。研究发现，与无磁增材相比，在横向磁场作用下熔池底部等轴晶区域面积减小，整个结晶面上细密的胞状枝晶区域面积增大。在增材过程中，不可避免地会出现驼峰焊道现象。

综上所述，通过磁场辅助电弧增材制造技术可以控制电弧运动、熔滴过渡和熔池流动，达到提高沉积效率、细化组织晶粒的目的。不同形式的磁场影响成型件的机理也不同，当加入磁场为横向时，在洛伦兹力的作用下可以克服重力对熔滴方向和尺寸的影响，进而控制成型件的精度；当加入磁场为纵向时，电弧在磁场作用下会发生扩张，电弧形状由圆锥形变为钟罩形，使得电弧中心的电流密度和电流热输入变小，从而减缓热影响区组织的长大，成型件整体的力学性能得到提高。在后续的磁场辅助增材试验中还可将电流和电压传感技术与高速成像技术结合，更好地监测和研究电弧特性和熔滴转移特征。

10.7.3　超声能场辅助堆焊技术

超声能场辅助增材制造技术作为一种在线调控组织和性能的方法，其利用大功率超声波为动力源，驱动设备的冲击头高频冲击沉积件表面，能够有效细化晶粒、改善应力分布、提升构件的力学性能。根据超声能场辅助增材制造的作用效果不同，可将其分为三类：超声搅拌技术、超声冲击强化技术和新型超声能场辅助技术。

超声搅拌技术是通过多种介质（空气、金属丝、基板等）将声波传递到熔池中，从而在金属凝固过程中改善组织、提高力学性能。该技术主要应用于传统铸造中，其装置主要由超声波振动部件、超声波驱动电源和反应釜三部分构成。将超声冲击头置于熔体中，通过变幅杆将超声波能量传递给工具头，再由工具头将超声波能量传递至熔体，并产生声流和空化的作用，从而增加熔池金属凝固时的形核率，达到细化晶粒、均匀组织成分、减少试件残余应力的目的。

超声冲击强化技术属于表面强化技术，如图 10-49 所示为超声冲击强化装置，该装置可以按照冲击针数量的不同分为多束冲击针式与单束冲击针式。

超声冲击强化技术应用于增材制造时，按照规划的路径对固体成型材料进行超声冲击处理，此时成型层的温度较低，只能对工件浅表层的微观组织和力学性能有一定的加工硬化效果，难以达到改善整体增材制造构件的组织和力学性能的目的。新型超声外能场辅助技术是 Yuan 等为了克服超声冲击装置的不足，通过结构优化设计，把传统的超声冲击强化装置中的冲击针通过工具头和变幅杆刚性相连，如图 10-50 所示，实现了换能器-变幅杆-工具头的冲击频率一致性，保证了作用在工件表面上的频率真正达到超声频率；并且在高温时（在沉积层合金的再结晶温度以上）使大功率（2kW）的超声能量以超声频率形式直接作用于增材制造过程中沉积的每一层金属，提高了超声能场的作用效果和作用深度。通过逐层改变沉积层组织和性能的方式，可以提高增材制造零部件的力学性能。

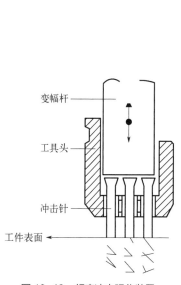

图 10-49　超声冲击强化装置

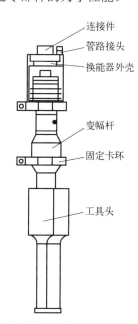

图 10-50　超声冲击强化装置结构图

超声能场辅助增材制造方法的作用机制主要包括两个方面：一是通过介质将超声传递到熔池中，实现熔池中的空化与声流作用；二是将超声作用于固态沉积层中，实现动态再结晶的效果。当采用创新结构设计的大功率新型超声冲击强化装置作用于沉积层时，不仅能够通过固态沉积层将超声传递到熔池中实现熔池中的空化与声流作用，还能在沉积层中实现动态再结晶。

10.8
本章小结

本章首先对增材再制造技术的性能评价方法进行阐述，然后重点介绍了基于沉积、喷涂、熔覆和电弧焊成型的再制造技术原理、工艺特点及应用领域。未来，增材再制造技术将呈现以下发展趋势。

① 高性能材料的研发和应用。探索不同化学和物理特性的多种材料组合，提高增材再制造材料的多样性和先进性，满足零件多样性和定制化的修复需求。

② 开发具有高灵活性、数字化和智能化的增材再制造系统。对再制造过程进行实时反馈，实现智能识别、诊断和决策，达到柔性化制造，实现再制造质量和精度控制。

③ 拓展零件修复的应用范围。满足不同工业领域关键零件对高质量再制造、现场再制造、在役再制造技术的多样化需求，加快增材再制造技术在极端条件和环境中的应用和推广。

④ 开展多能场复合增材再制造工艺研究。在再制造过程中引入磁场和超声等能场辅助，不断加强再制造技术体系研究，为增材再制造产业发展提供有力的技术支撑。

思考题

10.1　开展废旧零部件可制造性评价的意义是什么？

10.2　可再制造性评价位于整个增材再制造修复过程中哪个阶段？

10.3　废旧零部件微观裂纹剩余疲劳寿命不满足可再制造性要求，此时可以直接抛弃吗？如果不可以，该如何处置？

10.4　请查阅文献，归纳总结缺口疲劳强度与疲劳寿命预测的其他理论方法。

10.5　基于沉积原理的再制造技术有哪些？

10.6　化学气相沉积再制造技术的原理是什么？

10.7　物理气相沉积技术的材料有哪些？

10.8　电刷镀技术有什么特点？

10.9　沉积再制造技术的应用领域有哪些？

10.10　热喷涂技术的原理是什么？

10.11　请列出 4 种不同的热喷涂技术，并详述技术特点。

10.12　热喷涂设备的主要组成有哪些？

10.13　请说明热喷涂的常用材料及应用领域。

10.14　请说明冷喷涂的常用材料及应用领域。

10.15　影响冷喷涂工艺的因素有哪些？请详细说明。

10.16　详述激光熔覆的原理及工艺过程。

10.17　激光熔覆技术的特点有哪些？

10.18　影响激光熔覆的工艺参数有哪些？

10.19　等离子熔覆技术的特点有哪些？

附录　相关软件介绍

再制造技术软件资源阐述如下。

① 造型软件　目前常用造型软件包括 Pro/E、UG、SolidWorks 等；

② 结构分析软件　熔覆层结构分析主要内容有强度、刚度、稳定性、热影响等，结构分析主要是为了实现工艺优化。目前，应用比较多的分析软件有 ANSYS、MARC、MatLab 等。

参考文献

[1] 周伟民, 闵国全. 3D 打印技术[M]. 北京: 科学出版社, 2016.

[2] 王运赣, 王宣. 3D 打印技术[M]. 修订版. 武汉: 华中科技大学出版社, 2014.

[3] 陈森昌. 3D 打印与创客[M]. 武汉: 华中科技大学出版社, 2017.

[4] 刘福中. 家电产业与循环经济[M]. 北京: 中国轻工业出版社, 2010.

[5] 王海斗, 张文宇, 宋巍. 再制造二十年足迹及发展趋势[J]. 机械工程学报, 2023, 59(20): 80-95.

[6] 张帅. 选区激光熔化成型 $AlSi_{10}Mg$ 工艺调控与组织性能研究[D]. 济南: 山东大学, 2023.

[7] 崔小龙. 激光选区熔化 3D 打印过程的热积累研究[D]. 大连: 大连理工大学, 2023.

[8] 胡志恒. $AlCu_5MnCdVA$ 铝合金的激光选区熔化成型熔凝行为研究[D]. 武汉: 华中科技大学, 2018.

[9] 许玉婷, 李玉泽, 王建元. 选区激光熔化铝合金及其复合材料的研究进展[J]. 材料导报, 2024, 38(15): 41-53.

[10] 陈柯宇. 激光选区熔化成型 316L 不锈钢/(铜、镍、钨) 多材料工艺、组织及性能研究[D]. 武汉: 华中科技大学, 2023.

[11] 白红杰. 激光选区熔化 TC4 和 TC18 钛合金的成型工艺与组织性能研究[D/OL]. 南京: 南京理工大学, 2024.

[12] 尹瀛月. 选区激光熔化制备 Hastelloy X 合金组织及其电化学阳极行为研究[D]. 济南: 山东大学, 2024.

[13] 肖海成. 激光选区熔化增材制造 316L 不锈钢服役性能研究[D]. 长春: 吉林大学, 2022.

[14] 黄小强. 激光选区熔化镍基高温合金温度场分析及工艺优化研究[D]. 长沙: 湖南大学, 2022.

[15] 石浩. 激光选区熔化 WE43 镁合金工艺及 TPMS 多孔结构性能研究[D]. 济南: 山东大学, 2024.

[16] 熊博文, 徐志锋, 严青松, 等. 激光熔化沉积钛合金及其复合材料的研究进展[J]. 热加工工艺, 2010, 39(8): 92-96.

[17] Rizwan M, Lu J X, Chen F, et al. Microstructure evolution and mechanical behavior of laser melting deposited TA15 alloy at 500℃ under in-situ tension in SEM[J]. Acta Metallurgica Sinica(English Letters), 2021, 34(9): 1201-1212.

[18] Kempen K, Thijs L, Van Humbeeck J, et al. Mechanical properties of $AlSi_{10}Mg$ produced by selective laser melting[J]. Physics Procedia, 2012, 39: 439-446.

[19] 田彩兰, 陈济轮, 董鹏, 等. 国外电弧增材制造技术的研究现状及展望[J]. 航天制造技术, 2015(2): 57-60.

[20] 李沛剑, 杜鹃, 倪江涛, 等. 激光选区熔化成型技术在航空航天领域应用现状[J]. 航天制造技术, 2023, (5): 11-22.

[21] 杨胶溪, 柯华, 崔哲, 等. 激光金属沉积技术研究现状与应用进展[J]. 航空制造技术, 2020, 63(10): 14-22.

[22] 郜默繁, 何长树, 李送斌, 等. 电弧增材制造 Al-Zn-Mg-Cu 合金组织与性能的研究[J]. 航天制造技术, 2023(5): 28-33.

[23] 虞华森, 余祖英, 王晋, 等. 工艺参数对电弧增材制 5356 铝合金成型质量和组织性能影响[J]. 特种铸造及有色合金, 2024, 44(6): 797-802.

[24] 贺智锋, 赵婧, 柴如霞, 等. 基于钛合金丝材的增材制造技术研究进展[J]. 铜业工程, 2024(2): 88-105.

[25] Ding D H, Pan Z X, Cuiuri D, et al. A multi-bead overlapping model for robotic wire and arc additive manufacturing (WAAM)[J]. Robotics and Computer-Integrated Manufacturing, 2015, 31: 101-110.

[26] Attar H, Bermingham M J, Ehtemam-Haghighi S, et al. Evaluation of the mechanical and wear properties of titanium produced by three different additive manufacturing methods for biomedical application[J]. Materials Science and Engineering: A, 2019, 760: 339-345.

[27] Ahsan M R U, Tanvir A N M, Ross T, et al. Fabrication of bimetallic additively manufactured structure(BAMS)of low carbon steel and 316L austenitic stainless steel with wire+arc additive manufacturing[J]. Rapid Prototyping Journal, 2019, 26(3): 519-530.

[28] Wang C M, Jiang Z Q, Ma X Y, et al. Effect of solid solution time on microstructure and corrosion property of wire arc additively manufactured 2319 aluminum alloy[J]. Journal of Materials Research and Technology, 2023, 26: 2749-2758.

[29] Zhang X S, Chen Y J, Hu J L. Recent advances in the development of aerospace materials[J]. Progress in Aerospace Sciences, 2018, 97: 22-34.

[30] Safarzade A, Sharifitabar M, Shafiee Afarani M. Effects of heat treatment on microstructure and mechanical properties of Inconel 625 alloy fabricated by wire arc additive manufacturing process[J]. Transactions of Nonferrous Metals Society of China, 2020, 30(11): 3016-3030.

Materials, 2023, 16(14): 5059.

[100] 祁星博, 李怡佳, 邓淞任. 冷金属过渡焊接技术的研究与应用[J]. 中国金属通报, 2022, (11): 88-90.

[101] 王演铭, 王锋, 李智华. 金属陶瓷堆焊在中速磨煤机磨碗衬板和磨辊套上的应用[J]. 机械制造文摘（焊接分册）, 2021（5）: 10-14.

[102] 李方义, 戚小霞, 李燕乐, 等. 盾构机关键零部件再制造修复技术综述[J]. 中国机械工程, 2021, 32（7）: 820-831.

[103] Wang Y F, Chen X Z, Shen Q K, et al. Effect of magnetic Field on the microstructure and mechanical properties of inconel 625 superalloy fabricated by wire arc additive manufacturing[J]. Journal of Manufacturing Processes, 2021, 64: 10-19.